石綿作業主任者テキスト

テキスト

中央労働災害防止協会

序

　労働安全衛生法においては，一定の作業について，その作業方法，作業条件から生ずる危険性または有害性，また設備，機械，原材料等から生ずる危険性または有害性に対応して，当該作業または設備等に関する十分な知識，経験を有する者が，直接労働者を指揮し，あるいは適切に設備等を管理することにより，労働災害を防止することを目的として，作業主任者制度が設けられています。

　石綿は，その吸入により肺がん，中皮腫等の重篤な健康障害を引き起こすおそれがあることから，平成18年9月以降は，代替が困難な一定の適用除外製品等を除き，石綿および石綿をその重量の0.1％を超えて含有するすべての物の製造等が禁止され，平成24年には適用除外製品も含め全面禁止されました。

　また，石綿等の取扱い作業等による健康障害を防止するために，石綿作業主任者技能講習を修了した者から石綿作業主任者を選任することとされています。

　石綿作業主任者は，石綿障害予防規則の規定により，

　(1)　作業に従事する労働者が石綿等の粉じんにより汚染され，またはこれを吸入しないように，作業の方法を決定し，労働者を指揮すること

　(2)　局所排気装置，プッシュプル型換気装置，除じん装置その他労働者が健康障害を受けることを予防するための装置を1月を超えない期間ごとに点検すること

　(3)　保護具の使用状況を監視すること

を行うこととされています。石綿作業主任者は，石綿等を使用した建築物の解体等の作業のみならず，その他の所定の石綿等の取扱い作業においてもこれを選任し，湿潤化，隔離，立入禁止区域の決定等作業方法の決定・指揮や局所排気装置等の点検を行うとともに，保護具の使用状況を監視する等の職務を行うことが求められています。

本書は，石綿作業主任者の職務と責任や作業主任者として知っておくべき知識をまとめたテキストです。

　このたび，法令の改正に対応し内容の最新化とともに一層の充実を図るために，改訂いたしました。

　事業場における労働者の石綿による健康障害の予防には，石綿作業主任者の的確な職務の遂行が重要な要素となっています。本書が石綿ばく露防止対策の徹底のためにお役に立てば幸いです。

令和5年2月

中央労働災害防止協会

石綿作業主任者技能講習カリキュラム

　石綿作業主任者は，石綿作業主任者技能講習を修了した者から選任することと定められている。学科講習科目は以下のとおり（第4編関係法令第3章「石綿作業主任者技能講習規程」参照）。

講習科目	範囲	講習時間
健康障害及びその予防措置に関する知識	石綿による健康障害の病理，症状，予防方法及び健康管理	2時間
作業環境の改善方法に関する知識	石綿等の性質及び使用状況 石綿等の製造及び取扱いに係る器具その他の設備の管理 建築物等の解体等の作業における石綿等の粉じんの発散を抑制する方法 作業環境の評価及び改善の方法	4時間
保護具に関する知識	石綿等の製造又は取扱いに係る保護具の種類，性能，使用方法及び管理	2時間
関係法令	労働安全衛生法，労働安全衛生法施行令及び労働安全衛生規則中の関係条項 石綿障害予防規則	2時間

（平成18年2月16日付厚生労働省告示第26号「石綿作業主任者技能講習規程」より）

目　　次

序

第1編

石綿による障害とその予防措置

◆この編で学ぶこと
○石綿の基本知識として，石綿の種類，定義，物理的・化学的特性を知る。
○石綿の有害性を理解し，健康障害の予防対策，健康管理に関して学ぶ。

第 1 章　石綿の基礎知識

1.　石綿の種類と定義

　石綿は「いしわた」「せきめん」「アスベスト」と呼ばれており，かつては天然に産する繊維状鉱物の総称として使われてきたが，鉱物学で定義されたものではない。国際労働機関（ILO）は 1986（昭和 61）年の石綿条約で「石綿とは繊維状けい酸塩鉱物で蛇紋石族造岩鉱物のクリソタイル（白石綿／温石綿）および角閃石族造岩鉱物群のアクチノライト，アモサイト（茶石綿），アンソフィライト，クロシドライト（青石綿），トレモライト，あるいはそれらを 1 つ以上含む混合物をいう」と定義し（**図 1-1-1**），吸入性石綿繊維を幅 3μm（マイクロメートル）未満で長さは少なくとも幅の 3 倍以上とした。

　石綿障害予防規則（以下「石綿則」という。）においては，「石綿等」とは，労働安全衛生法施行令（以下「安衛令」という。）第 6 条第 23 号に規定する石綿等をいい，石綿もしくは石綿をその重量の 0.1% を超えて含有する製剤その他の物をいう。また，「石綿」とは，繊維状を呈しているアクチノライト，アモサイト，アンソフィライト，クリソタイル，クロシドライトおよびトレモライト（以下「クリソタイル等」という。）

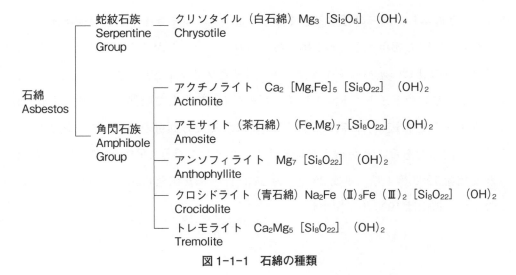

図 1-1-1　石綿の種類

をいう（平成 18 年 8 月 11 日付け基発第 0811002 号）。

　また，製造等の禁止の対象となる「石綿もしくは石綿をその重量の 0.1% を超えて含有する製剤その他の物」とは，石綿をその重量の 0.1% を超えて含有する物のことをいい，塊状の岩石であって，これに含まれるクリソタイル等が繊維状を呈していない物は含まない。ただし，塊状の岩石であっても，これを微細に粉砕された岩石の重量の 0.1% を超えた場合は，製造等の禁止の対象となる。また，粉状のタルク（滑石），セピオライト（海泡石），バーミキュライト（蛭石），天然ブルーサイト（水滑石）は石綿をその重量の 0.1% を超えて不純物として含有している場合は，当該対象となる可能性がある。

　建築物の壁面仕上材等としてモルタルやノロ等に混入して使用されてきた石綿 "テーリング"，"カレドリア（calidria）" は肉眼では粉であるが，ともに短繊維クリソタイルである。

　今まで使用されてきた石綿の約 9 割以上がクリソタイルである。クリソタイルは主に二酸化ケイ素（SiO_2）と酸化マグネシウム（MgO）からなる含水塩鉱物である。また，角閃石族石綿は酸化マグネシウムの他に，酸化鉄（Fe_2O_3、FeO），酸化カルシウム（CaO），酸化ナトリウム（Na_2O）等を含む含水塩化物である。

　表 1-1-1 に石綿の物理的・化学的特性を示した。また表 1-1-2 には石綿 6 種類の平均的な化学組成を示した。

　トレモライト石綿とアクチノライト石綿はともに同じ結晶構造を持ち，化学成分の鉄分の多少で区別される。鉄分が多ければアクチノライト，少なければトレモライトであるが，X 線回折パターンによる石綿の種類の判別では「トレモライト／アクチノライト」と表示し，同一の種類として扱ってよい。トレモライト石綿は韓国産のものが一時期，吹付石綿用としてわが国に輸入されていたことがある。

　アメリカのリビー産バーミキュライト（商品名ゾノライト）には角閃石族のウィンチャイト，リヒテライト，トレモライト石綿が不純物として随伴していたことが分かり，ウィンチャイト，リヒテライトは JIS 法による X 線回折の回折パターンはトレモライトと同じであることから，トレモライト類として扱う（平成 21 年 12 月 28 日付け基安化発 1228 第 1 号，平成 26 年 3 月 31 日付け基安化発 0331 第 3 号一部改正）。このリビー鉱山は 1990 年に閉山した。

表 1-1-1　石綿の物理的・化学的特性

※空気中

石　綿　種	蛇紋石群 Serpentine group	角閃石群 Amphibole group				
	クリソタイル (白石綿・温石綿) Chrysotile	クロシドライト (青石綿) Crocidolite	アモサイト (茶石綿) Amosite	アンソフィライト Anthophyllite	トレモライト Tremolite	アクチノライト Actinolite
化学構造式	$Mg_6Si_4O_{10}(OH)_8$	$Na(Fe^{2+}>Mg)_3Fe_2^{3+}$ $Si_8O_{22}(OH)_2$	$(Mg<Fe^{2+})_7$ $Si_8O_{22}(OH)_2$	$(Mg>Fe^{2+})_7$ $Si_8O_{22}(OH)_2$	$Ca_2Mg_5Si_8$ $O_{22}(OH)_2$	$Ca_2(Mg,Fe)_5$ $Si_8O_{22}(OH)_2$
硬　　　　度	2.5～4.0	4	5.5～6.0	5.5～6.0	5.5	6
比　　　　重	2.55	3.37	3.43	2.85～3.1	2.9～3.2	3.0～3.2
比熱(kcal/g/℃)	0.266	0.201	0.193	0.210	0.212	0.217
抗張力(kg/cm²)	31,000	35,000	25,000	24,000	5,000未満	5,000未満
比抵抗(MΩcm)	0.003～0.15	0.2～0.5	500未満	2.5～7.5	－	－
柔　軟　性	優	優	良	良～不良	良～不良	良～不良
表面電荷(ゼータ電位)	＋	－	－	－	－	－
耐　酸　性	劣	優	良	優	優	良
耐アルカリ性	優	優	優	優	優	優
脱構造水温度(℃)※	550～700	400～600	600～800	600～850	950～1,040	450～1,080
耐　熱　性	良，450℃位から もろくなる	クリソタイルと 同様	クリソタイルより やや良	アモサイトと同様	クリソタイルよ り良	不良

(出典：神山宣彦「石綿・ゼオライトのすべて」（環境庁大気保全局企画課監修），日本環境衛生センター，1987)

表 1-1-2　石綿の化学組成

組成	クリソタイル	クロシド ライト	アモサイト	アンソフィ ライト	トレモライト	アクチノ ライト
SiO_2	38～42（%）	49～56（%）	49～52（%）	53～60（%）	55～60（%）	51～56（%）
Al_2O_3	0～2	0～1	0～1	0～3	0～3	0～3
Fe_2O_3	0～5	13～18	0～5	0～5	0～5	0～5
FeO	0～3	3～21	35～40	3～20	0～5	5～15
MgO	38～42	0～13	5～7	17～31	20～25	12～20
CaO	0～2	0～2	0～2	0～3	10～15	10～13
Na_2O	0～1	4～8	0～1	0～1	0～2	0～2
K_2O	0～1	0～1	0～1	0～1	0～1	0～1
$H_2O(+)$	11.5～13	1.7～2.8	1.8～2.4	1.5～3.0	1.5～2.5	1.8～2.3

(出典：WHO（1986）Asbestos and Other Natural Mineral Fibres. *Environmental Health Criteria 53*, WHO, Geneva.

2．石綿の物性

　石綿は，織物として織ることができ（紡織性），引張り強度が極めて大きく（高抗張性），燃えないで高温に耐え（不燃・耐熱性），柔軟でかつ摩耗に耐え（耐摩耗性），酸・アルカリ等の薬品に侵されにくく（耐薬品性），腐らないで変化しにくく（耐腐食性），熱・電気を通しにくく（絶縁性），表面積が大きいので他の物質との密着性に優れており（親和性），価格が安い（経済性）等の多くの優れた性質を有する。そのために石綿製品は，建材，工業製品，民生用として自動車分野，薬品等を製造する化学設備分野，建設機械等を製造する産業機械分野，電車・船等の陸・海運の輸送分野，ビル等の建築業分野，ボイラー等の多くの業種で使用されてきた。

3．石綿の法規制

　石綿および石綿含有製品は，特定化学物質等障害予防規則（昭和47年労働省令第39号。現在の特定化学物質障害予防規則。以下「特化則」という。）で規制されていた。1995（平成7）年に安衛令の改正によりクロシドライトおよびアモサイトの製造・輸入・使用等が禁止された。2004（平成16）年10月1日からは建材，摩擦材，接着剤等10品目への石綿含有製品の製造・輸入・使用等が禁止され，2006（平成18）年9月1日からは，石綿をその重量の0.1％を超えて含有する物が全面的に禁止された（ガスケット，グランドパッキン等の一部の代替化困難な製品については禁止措置が猶予されていたものがあるが，2012（平成24）年3月1日には猶予措置は完全に撤廃された）。

　なお，安衛令の改正（2018（平成30）年6月1日施行）により，石綿の分析のための試料の用に供される石綿，石綿の使用状況の調査に関する知識または技能の習得のための教育の用に供される石綿，これらの原料または材料として使用される石綿もしくは石綿をその重量の0.1％を超えて含有する製剤その他の物（以下「石綿分析用試料等」という。）は，製造等が禁止される有害物等から除外され，製造の許可を受けるべき有害物とされた。

　規制対象となる石綿の含有率は，1975（昭和50）年の特化則において5重量％超であったが，1995（平成7）年に1重量％超となった。さらに，2006（平成18）年には，安衛令の改正により0.1重量％に変更になっている（**表1-1-3**）。

表1-1-3　石綿の法規制の変遷

時　期	内　　容
1973年10月1日 （S48年）	特化則で，石綿を第2類物質に指定
1975年10月1日 （S50年）	特化則で，石綿等＝石綿含有量5%以上及び吹付け石綿の原則禁止
1995年4月1日 （H7年）	安衛令の改正。アモサイト及びクロシドライトの製造，輸入，使用等の禁止，石綿等＝石綿含有量1%以上
2004年10月1日 （H16年）	安衛令の改正。建材，摩擦材，接着剤への石綿使用禁止
2005年7月1日 （H17年）	特化則から分離，石綿則の制定
2006年9月1日 （H18年）	安衛令の改正，石綿全面禁止（一部代替化が可能でないものを除く），石綿等＝石綿含有量0.1%以上
2011年3月1日 （H23年）	安衛令の改正，石綿ほぼ完全禁止（政令では化学工業施設の設備での径1500mm以上のジョイントシートガスケットは例外）
2012年3月1日 （H24年）	安衛令の改正，石綿全面完全禁止（石綿分析用試料等は許可対象物質に変更）

第2章　石綿による健康障害

1. 石綿の有害性

(1)　吸入石綿の挙動

　吸入性石綿繊維については，世界保健機構（WHO）や国際労働機関（ILO）では，長さと幅の比（アスペクト比）を3：1以上でかつ幅3μm未満としている。

　石綿繊維を含む粉じんのヒトへの吸入経路は鼻腔→咽頭→喉頭→気管→気管支→細気管支→肺胞道→肺胞囊である（図1-2-1）。一般に粉じんが鼻腔・咽頭を通過し，気管・気管支に到達しても，5μm（マイクロメートル）以上の粒子は渦状に流れる気流によって気道粘膜に付着し，通常はすみやか（数時間以内）に繊毛の運動により取り除かれる（粘液繊毛クリアランス）。肺胞腔に到達するのは2～3μm以下の微細な粒子であるが，石綿繊維の場合は，幅が極めて細いので，実際には長さ数十μmの石綿繊維が肺内に検出されることもまれでない（写真1-2-1）。

　呼吸細気管支および肺胞は粘液でなく表面活性物質で覆われているので，この部分

（→）；吸入・摂取ルート

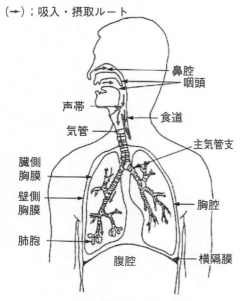

図1-2-1　粉じんの吸入経路

提供：神山宣彦（労働安全衛生総合研究所）
写真1-2-1　肺内に検出された石綿繊維（長さ約37μm）

に沈着した粒子は肺胞マクロファージ（貪食細胞）の貪食作用により取り除かれる（肺胞クリアランス）。粉じんを含んだマクロファージは肺胞道ならびに終末細気管支に移動し，気道に押し出されなかったものも肺間質およびリンパ管系に入る。しかし吸入された粉じんが大量だと，上述の除去の機序が機能せず，肺胞に粉じんが除去されずに沈着する。

　石綿が肺組織や胸膜（肺と胸部の内側を覆う膜。8ページ参照）などの体内に長く滞留することが原因となって，肺がんや中皮腫が発生すると考えられている。呼吸細気管支および肺胞に沈着した石綿繊維は，長いものは肺胞マクロファージが貪食できずにマクロファージ自体が破壊される。破壊されたマクロファージからリソゾーム酵素が放出され，その結果，炎症を誘発したり，線維増殖因子などの活性物質や，スーパーオキサイド（活性酸素）などが出現することによってさまざまな生物学的反応が生じると推測されている。肺がんについてはプロモータ（がん化を促進させる因子）として，中皮腫についてはイニシエータ（DNAに損傷を与えて突然変異を起こす因子）として作用すると考えられている。

(2)　石綿関連疾患の分類

　石綿を吸入することによって生じる疾患を「石綿関連疾患」と呼んでおり，腹膜（精巣鞘膜を含む）中皮腫以外は全て呼吸器系の疾患で，肺実質の病変と胸膜病変に分けられる。肺実質の病気としてはじん肺の一種である石綿肺，肺がんがあり，胸膜の病気としては，中皮腫（胸膜，心膜）と胸膜疾患（良性石綿胸水，びまん性胸膜肥厚）があげられる（図1-2-2）。

1)　石綿肺

　石綿肺は大量に石綿を吸入することによって発症する。病理学的には間質性肺線維症であり，臨床的には間質性肺炎の原因が石綿粉じんの吸入である場合に「石綿肺」と診断される。間質性肺炎のなかで最も多いのは原因不明の間質性肺炎（IIP）であるが，進行した場合には「石綿肺」との鑑別は難しい。早期の「石綿肺」の診断には胸部HR（高分解能）CTが有用であり，気腫合併肺線維症（CPFE）[注]との鑑別にも有用である。

　高濃度ばく露の機会が減少してきた1980年代以降では，石綿ばく露開始から30～40年以上の後に，胸部エックス線で下肺野に不整形陰影を呈する初期病変が現れるなどしている。過去においては，石綿吹付け作業，石綿紡織業における

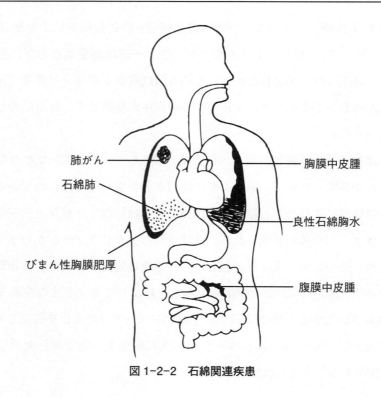

肺がん

石綿肺

びまん性胸膜肥厚

胸膜中皮腫

良性石綿胸水

腹膜中皮腫

図1-2-2　石綿関連疾患

　混綿作業等の高濃度ばく露であれば10年未満のばく露期間であっても発症していた。吹付け石綿の乾式除去作業も高濃度の石綿粉じんが飛散するので，不適切な防じんマスク等の着用で作業すれば，将来石綿肺を発症する危険性は十分あり得る。

　石綿肺の予後（病気や治療などの医学的な経過についての見通し）は他のじん肺に比べて良くない。特に，肺がん，中皮腫，気胸，胸水，気管支炎などの合併に注意が必要である。石綿肺の画像所見を改善させる治療薬はなく，ステロイド治療は無効である。

2)　肺がん

　通常の肺がんと比して，石綿ばく露によって生じる肺がんに発生部位，病理組織型（扁平上皮がん，腺がん，小細胞がんなど）に差異はない。石綿ばく露開始から20～50年の潜伏期間の後に発症することが多い。石綿のばく露量が多いほ

注)　CPFE（Combined Pulmonary Fibrosis and Emphysema）：胸部CTで上肺野の肺気腫と下肺野の肺線維症を呈する症候群で，重喫煙者の男性に多い。肺高血圧症と肺がんを合併するリスクが高い[1]。

参考文献1)　日本呼吸器学会COPD ガイドライン第6版作成委員会：COPD（慢性閉塞性肺疾患）診断と治療のためのガイドライン第6版, 日本呼吸器学会, (株)メディカルレビュー社, 東京, 2022

ど肺がんのリスクは高くなる。これを，ばく露濃度とばく露期間の積で表される「累積石綿ばく露量」（例えば 1 繊維／cm^3 の職場環境下（1 日 8 時間，週 40 時間労働）に 25 年従事してきた場合は，25 繊維・年と表現する）でみると，肺がんのリスクは 25～100 繊維・年の累積石綿ばく露量で 2 倍になる。ただ，クリソタイル単独ばく露の場合（長いクリソタイルを使用する石綿紡織の場合を除く）は，クロシドライトなどの角閃石石綿ばく露に比べて 10 分の 1 程度肺がんのリスクは小さいとの報告がある[2),3)]。

　じん肺に肺がんが合併する頻度が高いことが内外で報告されているが，肺組織を調べると石綿小体が大量に検出され，石綿ばく露による肺がんと考えるべき事例が報告されている。はつり作業従事者にみられるじん肺合併肺がんのなかには，石綿を使用していた建築物の解体に従事した結果，石綿粉じんのばく露がある場合もあったものと推測される。

3)　中皮腫

　中皮腫は，中皮細胞に由来する胸膜・腹膜・心膜・精巣鞘膜より発生する腫瘍である。WHO（2021）では，中皮腫は全て悪性であるとし，びまん性中皮腫と限局性中皮腫に分類した[4)]。かつて限局性良性中皮腫と呼ばれていた腫瘍は，孤立性胸膜繊維腫瘍（SFT）と，また多嚢胞性中皮腫／良性嚢胞性中皮腫は現在では腹膜封入嚢胞と命名されており，現在では中皮腫には分類されていない。またWHO（2015）の分類で高分化乳頭状中皮腫と呼ばれていた腫瘍は石綿との関連が深いびまん性悪性中皮腫とは性格がかなり異なることがわかってきたことから，2021 年分類では“中皮腫”ではなく，“中皮腫瘍”と呼ぶよう勧告している。

　中皮腫は胸膜に発症する場合が最も多く 90% 前後，腹膜は 10% 前後で，心膜や精巣鞘膜は非常に稀である。これらの中皮腫のうち，石綿ばく露との関係が明らかなものは，びまん性悪性中皮腫である。また部位によっても石綿の関与の程度は異なり，男性の胸膜中皮腫では 80～90% に，女性では 60～75% に石綿ばく露歴が認められるのに対し，腹膜中皮腫では，男性の約 60 % に認められ，角閃石石綿や高濃度の石綿ばく露例が非常に多い。女性では石綿ばく露を認めるのは 25% 未満と少なく，発症年齢も男性よりやや若い。心膜・精巣鞘膜原発の中皮腫

参考文献 2)　Hodgson JT, Darnton A.（2000）*Ann Occup Hyg* 44（8）：565-601.
参考文献 3)　Berman DW, Crump KS.（2008）*Crit Rev Toxicol* 38（Suppl.1）：49-73.
参考文献 4)　WHO Classification of Tumours Editorial Board. *Thoracic Tumours*, 5th Edition. IARC, Lyon, 2021.

は，石綿ばく露歴を伴う例もある。限局性悪性中皮腫の頻度は極めて稀であり，石綿ばく露とは無関係である。

　海外では石綿と類似の天然鉱物線維であるエリオナイト（トルコ，アメリカ，メキシコ）や，フルオロ－エデナイト（イタリアシシリー島）による中皮腫も発症している。アメリカモンタナ州リビー産のバーミキュライトによる中皮腫は，不純物として含まれている，トレモライト類石綿（3ページ参照）によるものである。

　診断には胸腹腔鏡下による生検による病理組織学的検査（微量組織を採取して顕微鏡で組織の状態を観察する検査）が必須であり，免疫組織化学染色法（組織中の目的とする物質に対する特異的な抗体を用いて，それを標識として識別する）と，CT画像等を組み合わせて診断を行う。病理組織学的検査によって，上皮様，肉腫様，両者の要素を持つ二相性の3型に分類され，肉腫様の亜型として繊維形成性がある。肉腫様（繊維形成性を含む）中皮腫は診断が難しく，かつ予後も非常に悪く，ほとんどは1年以内に死亡に至る。他方，上皮様中皮腫は胸水や腹水を大量に採取し，セルブロック法（胸水等を固化・固定，包埋，薄切の工程を経て異形細胞を調べる手法）を用いて免疫染色を駆使する細胞診と，経過の分かる複数回のCT画像等とを組み合わせて診断することも可能となってきた。確定診断に際しては，免疫化学染色で2つ以上の陽性マーカー（例：カルレチニン）と2つ以上の陰性マーカー（例：クロウディン4）が必須とされている。また，早期に上皮様中皮腫と診断されれば，胸膜剥皮術（P／D）により長期生存も可能である。化学療法（抗がん剤）はシスプラチンとペメトレキセド（商品名アリムタ）の併用療法が標準治療であるが，副作用等で継続して治療できないこともよくある。2018（平成30）年8月には分子標的治療薬の一種である免疫チェックポイント阻害剤のニボルマブ（商品名オプジーボ）が，2021（令和3）年5月からはイピリムマブ（商品名ヤーボイ）との併用療法も，一定の条件下で使用可能になり，無増悪期間の延長が期待されている。わが国を含む諸外国では，上述の免疫チェックポイント阻害剤を始めとする新しい抗悪性腫瘍薬等種々の治験（ヒトでの効果と安全性を調べる臨床試験）が行われている。

　悪性中皮腫は，わが国では近年増加傾向が見られ，なかでも男性のびまん性胸膜中皮腫の増加が著しい。石綿肺をおこさない程度のばく露量によっても発症するが，疫学調査ではばく露量が多いほど胸膜中皮腫発症のリスクは高い。また，

胸膜中皮腫の発症リスクはばく露開始からの経過年数の3乗ないし4乗にも相関すると考えられている。生涯リスク（ヒトの一生を通じて特定の因子に基づく健康障害等が発生する潜在的可能性をいう。ここでは石綿ばく露による胸膜中皮腫の発症可能性を指す。）は子供の頃からばく露すれば20歳からのばく露と比べて70歳時点では当然高くなる。ばく露開始から発症までの期間を潜伏期間と呼ぶが，2000（平成12）年ころまでは20〜40年であったが，最近では平均50年前後である。一般にばく露濃度が高いほど，潜伏期間は短くなる傾向がみられるが，10年未満の例はない。

　胸膜中皮腫の発症リスクは石綿の種類によって異なり，クロシドライトが最も危険性が高く，次いでアモサイト，クリソタイル，アンソフィライトの順である。職業ばく露の条件下ではあるが，クリソタイルのリスクを1とすると，アモサイトは10〜15倍，クロシドライトは50〜100倍であるとする報告がある[1),5)]。なお，トレモライト，アクチノライトはクリソタイルよりも危険性が高いと推測されている。

4)　非腫瘍性胸膜疾患

　石綿ばく露によって生じる非悪性の胸水を「良性石綿胸水」という。石綿ばく露から10年以内に発症することもあるが，自覚することが稀であり，多くは30〜50年後である。症状は胸水貯留による動作時の息切れであるが，少量だと気付かず，健診時の胸部エックス線検査で見つかることもある。悪性腫瘍や結核などの他に胸水の原因となる疾患（例えばリウマチや自己免疫性疾患等）や薬剤の使用が見あたらないことを確かめる除外診断が必要である。何度も繰り返すことによりびまん性の胸膜肥厚をきたしたり，胸水が被包化され消退しない場合には，拘束性の呼吸機能障害（肺の容積が縮小し，パーセント肺活量が低下する）をもたらす。

　円形無気肺は，良性石綿胸水後に発生する場合が多いが，石綿以外の原因でも起こることがある。胸部エックス線検査やCTで胸水または肥厚した胸膜に接する末梢肺野の腫瘤影として認められる。

　石綿によるびまん性胸膜肥厚は，良性石綿胸水の後遺症として生じることが多いが，稀には，明らかな胸水貯留を認めず，徐々にびまん性の胸膜肥厚が進展す

参考文献5)　Hodgson JT, Darnton A. (2010) *Occup Environ Med* 67 (6) 432.

る場合がある。これらの胸膜病変は病理学的にはいずれも臓側胸膜*の慢性線維性胸膜炎であるが，壁側胸膜*にも病変は及ぶ。胸膜中皮腫発症と同程度の少量の石綿ばく露で胸膜プラークを除くこれら胸膜疾患が発症するかどうかは定かでないが，おおむね職業上ある程度以上の石綿ばく露を受けてから30〜50年後に発症するものと推測されている。

(3)　石綿ばく露の医学的所見

　石綿を過去に吸入したことがあっても気付かないことがしばしばある。胸部エックス線検査やCTで胸膜プラークが認められた場合，一定量以上の石綿小体が肺組織中に計測された場合には，過去の石綿ばく露の医学的所見として重要になる。

1)　胸膜プラーク

　胸膜プラークは壁側胸膜に生じる局所的な肥厚であり，肉眼的には白色〜象牙色を呈し，凹凸を有する平板状の隆起として認められる。通常は，びまん性胸膜肥厚と異なり，臓側胸膜との癒着はない。石綿や石綿と類似の天然鉱物繊維であるエリオナイト（ゼオライトの一種）によって生じる。通常ばく露開始から20年以上を経て，胸部エックス線検査で認められるようになる（**図1-2-3**）。胸部エックス線検査（正面像）での胸膜プラークの診断は難しく（ことに側胸部の非石灰化プラークと胸膜軟部陰影や肥満による肥厚像との鑑別），国際的に統一された診断基準はないが，多くの場合左右両側に少なくとも1つ以上の，または片側に複数の胸膜プラークが認められる。胸部CTでは胸部エックス線検査（正面像）に比べてその検出率は約2倍以上であり，肋骨随伴陰影との鑑別も容易に行えるが，CTの撮影・画像表示条件にも左右される。結核等の炎症の後遺症としての胸膜が石灰化し，石灰化胸膜プラークと紛らわしい所見を呈する場合がある。また胸部CTで，後胸壁下部に認められる均一なめらかな両側対称性の肥厚像は，肋間静脈や脂肪層である場合がほとんどであるが，経験の乏しい読影者では胸膜プラークと間違えることがよくある。診断に際しては経験豊かな医師による読影が望ましい。胸膜プラークは石綿肺とは異なるが，いまなお石綿肺と誤って診断される場合がある。

　画像上認められる胸膜プラークは少なくとも20年以上前（石灰化の場合は40年

---

*臓側胸膜，壁側胸膜：肺は2つの胸膜に包まれており，このうち肺に密着している膜を「臓側胸膜」，胸郭壁の内側を覆う膜を「壁側胸膜」という（図1-2-1参照）。

以上前）の石綿ばく露の重要な指標であり，徐々に石灰化が進行するとともに厚みも増す。石綿小体とともに石綿関連疾患の労災・救済認定の際の重要な医学的所見である。画像で広範囲に認められる例では，ごく小さな胸膜プラークが数少ない例に比べて，よりばく露量が多かったと推測される結果が得られている[7]。胸膜プラークそのものでは，通常呼吸機能の低下はないが，胸部エックス線でも認められない程度の軽度の石綿肺が出現し

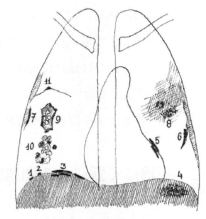

図1-2-3　石灰化胸膜プラークの出現部位（Pierre Zivy, 1982）[6]

てきた場合には，幾らかの呼吸機能の低下（拘束性障害）をもたらす。同じ石綿ばく露を受けても胸膜プラークの所見を有する者は，そうでない者に比べて肺がんや胸膜中皮腫の将来リスクは有意に高いという報告がある[8],[9]。

2)　石綿小体

石綿小体とは石綿繊維がフェリチン（水溶性の鉄貯蔵蛋白）で被覆されたものをいい，胸膜プラークと同様，過去の石綿ばく露の重要な指標である。通常，典型的な石綿小体は，幅は2〜5μmで，金色〜褐色の特徴的な形態を示す（**写真1-2-2**）。太く長い繊維は細く短い繊維に比べて被覆されやすい。一般住民の肺内に見いだされる石綿小体の多くは角閃石族の石綿を核としており，頻度としてはアモサイトが最も多い。大量の石綿繊維を吸入した場合には，繊維の種類にかかわりなく石綿小体が肺内に大量に見いだされる。クリソタイルでも長い繊維では容易に小体を形成する。まれには石綿以外の繊維状のものを核として石綿小体のようなものを形成することがあり，含鉄小体と呼ぶ。用いた試料（気管支肺胞洗浄液，手

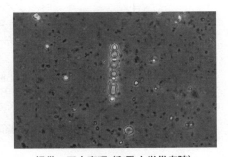

提供：田中真理（和歌山労災病院）
写真1-2-2　肺組織溶解液中の石綿小体（倍率400倍）

引用文献6)　Zivy P. *Pulmonary and pleural radiology of 6,063 workers exposed to asbestos in an industrial environment.* Societe des Publications Essentielles, Paris, 1982.
参考文献7)　Yusa T, et al.（2015）*Am J Ind Med* 58（4）444-455.
　　　　8)　Pairon JC, et al.（2014）*Am J Respir Crit Care Med* 190（12）1413-20.
　　　　9)　Pairon JC, et al.（2013）*J Natl Cancer Inst* 105（4）293-301.

術肺，剖検肺）や肺組織の部位，処理方法などが異なるために，施設間での個々の数値（乾燥肺1gあたりの石綿小体数）を厳密には比較することは困難であるが，わが国では独立行政法人労働者健康安全機構のアスベスト疾患ブロックセンター（全国7労災病院）で測定マニュアルに従った石綿小体の計測が行われている。各センター間の精度管理も行われており，比較可能である。

2.　石綿ばく露による関連疾患の潜伏期間

　石綿関連疾患のなかでも中皮腫は最も潜伏期間が長く，また他の疾患に比べてより少ないばく露量でも発症することが知られており（**図1-2-4**）[10]，今までのところ，どれだけの石綿なら吸入しても安全であるか（胸膜中皮腫の発症をみないか），具体的なばく露量はわかっていない。ばく露量が低くなってきた昨今では，悪性胸膜中皮腫の発症が今後最も懸念される。

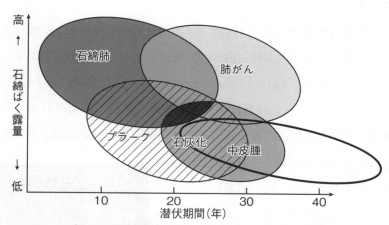

（Von Heinz Bohlig & Herbert Otto, 1975）に加筆
注：太線の楕円は21世紀の胸膜中皮腫を示す
石綿ばく露量が少なくなるにつれ一般に潜伏期間は長くなる

図1-2-4　主な石綿関連疾患の石綿ばく露量と潜伏期間

引用文献10）Bolhig VH, Otto H. Asbest und Mesotheliom, *Georg Thieme Verlag*, Stuttgart, 1975.

3.　喫煙の影響

　紙巻きタバコには，ベンゾ (a) ピレン，β-ナフチルアミン，タール，ベンゾ (a) アントラセン，4-アミノビフェニルなどの発がん物質とともに，気道粘膜で粉じんを除去する繊毛に損傷を与える化学物質 (ホルムアルデヒド，アセトアルデヒド，シアン化水素，フェノール類等) が含まれている。そのため，粉じんの吸入 11 カ月後の肺内の残留率を比べると，非喫煙者では約 10 ％であったのに対し，喫煙者では約 50 ％であったという報告がある (図 1-2-5)[11]。石綿が体内に長く滞留することは，中皮腫や肺がんの原因となるといわれている。

　石綿は非喫煙者に対しても肺がんのリスクを高めると考えられるが，喫煙と石綿の両者のばく露を受けると，肺がんのリスクは相加作用を上回ることが知られている (図 1-2-6)。喫煙の肺がんリスクは石綿のおよそ 2 倍である[12]。石綿除去作業者の喫煙別の肺がんリスクを調べた調査がイギリスから報告されている[13]。それによると，985 人の死亡者のうち肺がんによる死亡は 115 人であったが，非喫煙者は 1 人であり，過去喫煙者は死亡者 225 人中肺がん死亡 26 人 (非喫煙者の 16 倍)，喫煙者は死亡者 622 人中肺がん死亡 86 人 (非喫煙者の 43 倍) であった[13]。石綿関連肺がんの大半は，喫煙をやめることによって防ぐことができる。

　離禁煙補助薬としては，ニコチンガム，ニコチン貼付薬，内服薬 (バレニクリン酒石酸塩) が市販や健康保険で利用できる。また，ウェブサイトでの禁煙サポートも活用することが可能になった。事業者は，喫煙者に対し「離煙・禁煙」を支援することが重要である。

4.　健康管理

　事業者は，石綿を取り扱う労働者に対して石綿関連疾患に関する教育を実施することが重要である。石綿関連疾患の大半は石綿ばく露開始から 20 年以上のちに，しばしば退職後に発症することも十分ありうることを理解してもらう必要がある。

　健康管理については，各健康診断の実施を徹底するとともに，その結果に基づく適

参考文献11)　Cohen D, et.al. (1979) *Science* 204 (4392)：514-7.
　　　　12)　Markowitz SB, et al. (2013) *Am J Respir* Crit Care Med 188 (1) 90-6.
　　　　13)　Frost G, et al. (2008) *Br J Cancer* 99 (5)：822-9.

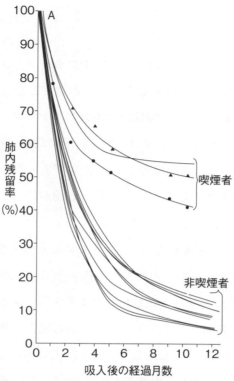

図 1-2-5　喫煙経験別粉じん（Fe$_3$O$_4$）の肺内
残留率（吸入後約 1 年）[11]

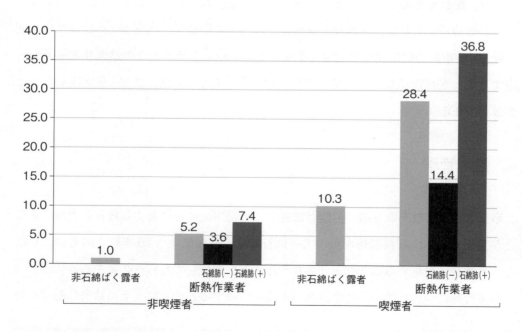

非喫煙者の石綿ばく露による肺がんリスクは 5.2 倍，喫煙者の肺がんリスクは 10.3 倍であるが，両者のばく
露があり石綿肺（−）では 14.4 倍と，ほぼ相加作用（10.3＋5.2）を示す疫学データである。

図 1-2-6　喫煙と石綿ばく露による肺がんリスク[12]

切な事後措置を実施する必要がある。なお，所定の石綿取扱い作業の業務歴，石綿による不整形陰影や石綿による胸膜肥厚（胸膜プラーク，びまん性胸膜肥厚）の所見など，一定の要件を満たす労働者については，離職の際または離職後に申請により「石綿」に係る健康管理手帳が交付される。石綿肺の管理区分が 2 または 3 の者については，「じん肺」に係る健康管理手帳もあわせて受け取ることができる。

(1)　健康診断の実施

　事業者は常時使用する労働者に対しては，一般健康診断を実施しなければならない。また，建築物や船舶の解体，改修工事等で石綿粉じんへのばく露作業に常時従事する労働者に対して，雇入れまたは当該業務への配置替えの際に石綿健康診断を受診させなければならない。

　当該業務に引き続き従事する労働者については，6 カ月以内ごとに 1 回定期に石綿健康診断を受診させるほか，じん肺健康診断も必要となるので注意を要する。

　なお，石綿等の製造または取扱いの業務（直接業務）に加えて，直接業務に伴い石綿の粉じんを発散する場所における直接業務以外の業務（周辺業務）に常時従事し，または従事していた労働者も，石綿健康診断の対象となる。

　また，石綿健康診断の健診結果記録は，その労働者が当該事業場において当該業務に従事しないこととなった日から 40 年間保存しなければならない（じん肺健診記録は，法定保存期間は 7 年であるが，一緒に 40 年間保存することが望ましい）。

1)　一般健康診断

　　この健康診断は常時使用する労働者を対象として実施されるもので，労働者の雇入れの直前または直後に行う雇入時の健康診断と雇入れ後一定期間ごとに実施する定期健康診断などがある。

①　雇入時の健康診断（労働安全衛生規則第 43 条）

　　この健康診断は，雇い入れた際における適正配置と入職後の健康管理の基礎となる資料の確保等のために行われるもので，検査項目は**表 1-2-1** に示すように 11 項目ある。

　　なお，この健康診断は，その目的からして検査項目の省略は認められず，11 項目全部について実施しなければならない。

②　定期健康診断等（労働安全衛生規則第 44 条，第 45 条）

　　この健康診断は，1 年以内ごとに 1 回，定期に行われる。検査項目は

表1-2-1　雇入時の健康診断項目

1. 既往歴および業務歴の調査
2. 自覚症状および他覚症状の有無の検査
3. 身長，体重，腹囲，視力および聴力の検査
4. 胸部エックス線検査
5. 血圧の測定
6. 貧血検査（血色素量および赤血球数の検査）
7. 肝機能検査（GOT，GPTおよびγ-GTPの検査）
8. 血中脂質検査（LDLコレステロール，HDLコレステロール
   および血清トリグリセライドの量の検査）
9. 血糖検査
10. 尿検査（尿中の糖および蛋白の有無の検査）
11. 心電図検査

表1-2-2　定期健康診断項目

定期健康診断項目

1. 既往歴および業務歴の調査
2. 自覚症状および他覚症状の有無の検査
3. 身長，体重，腹囲，視力および聴力の検査
4. 胸部エックス線検査および喀痰（かくたん）検査
5. 血圧の測定
6. 貧血検査（血色素量および赤血球数の検査）
7. 肝機能検査（GOT，GPTおよびγ-GTPの検査）
8. 血中脂質検査（LDLコレステロール，HDLコレステロールおよび血清トリグリセライドの量の検査）
9. 血糖検査
10. 尿検査（尿中の糖および蛋白の有無の検査）
11. 心電図検査

○健康診断項目の省略

次の場合，医師が必要でないと認めるときは健診項目を省略することができる。
・身長については，満20歳以上の者
・腹囲については，(a)40歳未満の者（35歳の者を除く），(b)妊娠中の女性その他の者であって，その腹囲が内臓脂肪の蓄積を反映していないと診断された者，(c)BMIが20未満である者，(d)自ら腹囲を測定し，その値を申告した者（BMIが22未満の者に限る）
・胸部エックス線検査については，40歳未満の者（20歳，25歳，30歳および35歳の者を除く）で次のいずれにも該当しない者。(a)病院等一定の施設で業務に従事する者，(b)常時粉じん作業に従事する労働者で管理区分1の者または従事させたことのある労働者で現に粉じん作業以外に常時従事している管理区分2の労働者
・喀痰検査については，(a)胸部エックス線検査によって疾病の発見されない者，(b)胸部エックス線検査によって結核発病のおそれがないと診断された者
・6.～9.と11.の検査については，40歳未満の者（35歳の者を除く）

○聴力検査

1,000ヘルツおよび4,000ヘルツの純音を用いるオージオメータによる聴力の検査を原則とするが，35歳，40歳を除く45歳未満の者については医師が適当と認める聴力検査方法によることができる。

表1-2-2に示すとおりであるが，一部の項目については医師が必要でないと認めるときは検査を省略できる。

なお，深夜業などの特定業務に従事する労働者に対しては，安衛則第45条に基づき，健康診断は6カ月以内ごとに1回行わなければならないが，建材の取扱い作業従事者に関係する特定業務としては重量物の取扱い等業務，深夜業

を含む業務，有害物の取扱い業務等がある。

2）　石綿健康診断

　この健康診断は，石綿による健康障害を早期に発見するとともに，労働者の健康を保持するための保健指導，作業転換などの措置を講ずる際の基礎的資料とするために行うもので，雇入れまたは石綿含有建材を取り扱う業務への配置替えの際およびその後6カ月以内ごとに1回，定期に**表1-2-3**に示す項目について医師による健康診断が行われる。

　なお，過去にこのような業務に従事させたことのある労働者で，現在も使用している者についても引き続き6カ月以内ごとに1回，この健康診断が行われる。この健康診断の結果，他覚症状が認められる者，自覚症状を訴える者，その他の異常の疑いがある者のうち，医師が必要と認めた場合は，さらに一定の項目についての健康診断（二次健診）が行われる。

　なお，3）に述べるじん肺健康診断を行った場合には，石綿健康診断と同一の検査項目については省略されることがある。

3）　じん肺健康診断

　肺内に粉じんが集積することにより肺の組織が線維化し，多くの場合息切れ，せき，たんなどの症状が出てくる。これがじん肺と呼ばれる疾病で，じん肺のうち，石綿粉じんの吸入によって起こるじん肺を「石綿肺」という。

　じん肺健康診断は，じん肺を早期に発見し，適切な事後措置などの健康管理を進めるために行うもので，粉じん作業に常時従事することとなった者，または従事していた者に対して行われる。

　なお，じん肺法の対象となる粉じん作業は，粉じんが発生する場所における作業として定義されており，粉じんを発生させる作業に直接従事していなくとも，その付近で作業していれば健康診断の対象となる。

　じん肺健康診断の検査項目を**表1-2-3**に示すが，健康診断の実施時期，対象者により就業時健康診断，定期健康診断，定期外健康診断および離職時健康診断がある。

　なお，石綿取扱い労働者に関連する健康診断の実施頻度，記録の保存期間は**表1-2-4**に示す。

表 1-2-3　石綿作業者の健康診断の内容

名　称		石綿健康診断	じん肺健康診断
管理対象		・石綿等の取扱い，または試験研究のための製造に伴い石綿の粉じんを発散する場所における業務に常時従事する者 ・上記の業務に常時従事したことのある在籍労働者	じん肺法施行規則別表に該当する石綿粉じん作業に従事する者
法的規制		石綿障害予防規則	じん肺法
健康診断	第一次	1. 業務の経歴の調査 2. 石綿によるせき，たん，息切れ，胸痛等の他覚症状または自覚症状の既往歴の有無の検査 3. せき，たん，息切れ，胸痛等の他覚症状または自覚症状の有無の検査 4. 胸部エックス線直接撮影による検査	1. 粉じん作業についての職歴の調査 2. 胸部エックス線（直接撮影による胸部全域）による検査 上記1，2の検査の結果，じん肺の所見または疑いのある場合には，下記の3，4，5の検査を行う。 3. 胸部に関する臨床検査（既往歴の調査，胸部の自覚症状および他覚所見の有無の検査，喫煙歴） 4. 肺機能検査（スパイロメトリーおよびフローボリューム曲線による検査，動脈血ガスを分析する検査） 5. 結核精密検査 6. その他厚生労働省令で定める検査（合併症） （具体的にはじん肺法施行規則で①結核菌検査，②たんに関する検査，③エックス線特殊撮影による検査，のうち医師が必要と認めるものと定められている）
	第二次	1. 作業条件の調査 2. 胸部エックス線直接撮影による検査の結果，異常な陰影（石綿肺による線維増殖性の変化によるものを除く）がある場合で，医師が必要と認めるときには，特殊なエックス線撮影による検査，喀痰の細胞診または気管支鏡検査	
健康診断回数		6カ月以内ごとに1回	3年以内ごとに1回：常時粉じん作業に従事している労働者で管理1の者および，現在粉じん作業についていない者で管理2の者 1年以内ごとに1回：常時粉じん作業に従事している労働者で管理2，3の者および，現在粉じん作業についていない者で管理3の者
その他		イ　雇入時健康診断 ロ　当該業務への配置替え時健康診断	イ　就業時健康診断 ロ　定期健康診断（現に従事している者，他の業務への配置転換者） ハ　定期外健康診断 ニ　離職時健康診断

表 1-2-4　石綿取扱い労働者に関連する健康診断の種類と頻度，記録保存期間

健康診断の種類	規則の名称	頻度	記録の保存期間
一般定期	労働安全衛生規則第44，45条	1回/年	5年間
石綿	石綿障害予防規則第40，41条	2回/年	常時従事しないこととなった日から40年間
じん肺	じん肺法施行規則第8，14条	1回/3年*	3年間
深夜業等特定業務	労働安全衛生規則第45，51条	2回/年	5年間

＊じん肺所見のない者（管理1）

(2)　事後措置

1)　健康診断の事後措置

　　一般健康診断や石綿健康診断を行った結果，本人の健康を保持するために必要があると認められるときは，労働時間の短縮，作業環境の測定，設備の整備等の事後措置が講じられる。

2)　じん肺管理区分に基づく就業上の措置（じん肺法第20条の2〜第23条）

　　じん肺法には，じん肺管理区分に応じた健康管理のための措置が定められており，その概要は**図1-2-7**のとおりである。なお，図中，勧奨，指示とあるのは都道府県労働局長による「粉じん作業以外の作業」への作業転換の勧奨または指示である。

(3)　健康管理手帳

　次に該当する者には，離職の際，または離職の後に住所地の都道府県労働局長に申請すると，所定の審査を経て健康管理手帳が交付される。

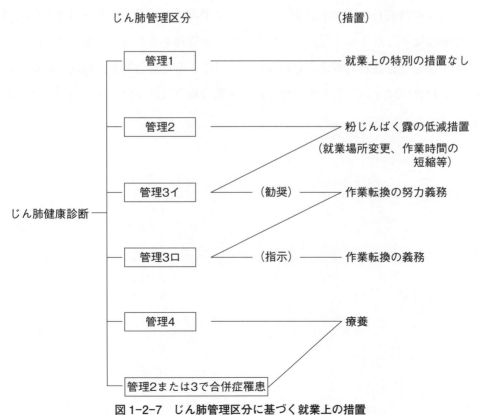

図1-2-7　じん肺管理区分に基づく就業上の措置

1) 石綿の健康管理手帳

① 石綿等を製造し，または取り扱う業務（直接業務），もしくは直接業務に伴い石綿の粉じんを発散する場所における直接業務以外の業務（周辺業務）に従事した者のうち，両肺野に石綿による不整形陰影があり，または石綿による胸膜肥厚がある者。ここでの「胸膜肥厚」とは胸膜プラークおよびびまん性胸膜肥厚を指す。

② 直接業務に従事した者のうち，下記に該当する者

ア　石綿等の製造作業，石綿等が使用されている保温材，耐火被覆材等の張付け，補修もしくは除去の作業，石綿等の吹付けの作業または石綿等が吹き付けられた建築物，工作物等の解体，破砕等の作業（吹き付けられた石綿等の除去の作業を含む）に1年以上従事した経験を有し，かつ初めて石綿等の粉じんにばく露した日から10年以上を経過している者

イ　石綿等を取り扱う作業（アの作業を除く）に10年以上従事した経験を有している者

2) じん肺の健康管理手帳

じん肺法施行規則別表に規定する粉じん作業（石綿製品の切断作業等）に係る業務に従事した者のうち，じん肺管理区分が管理2または3であること。

この手帳を交付された者は，定められた項目による健康診断を，石綿の健康管理手帳の場合には年に2回，じん肺の健康管理手帳の場合には年に1回，無料で受けることができる。

第**2**編
作業環境の改善方法

◆**この編で学ぶこと**

○石綿含有製品（石綿工業製品，石綿含有摩擦材，石綿含有保温材，石綿含有建材，その他石綿含有製品）のそれぞれの特性を知る。

○建築物等の解体等における石綿のばく露防止対策として，具体的な作業手順を学習する。

○製造または取扱い作業における作業環境の工学的対策の知識を得る。

第1章　石綿含有製品

　第1編で述べたように，石綿には種々特性があり，かついろいろな原材料と混ざりやすいため，各種の石綿含有製品が製造されていた。

　この石綿含有製品を大きく区分すると，①石綿工業製品，②石綿含有摩擦材，③石綿含有保温材，④石綿含有建材，⑤その他石綿含有製品となる。

　図2-1-1に石綿含有製品と物性，用途等の関係を示すが，データが平成7年のものであるため，この時点ですでに製造等が行われていない石綿含有吹付け材，石綿含有耐火被覆板，石綿含有断熱材，石綿含有保温材，石綿管，石綿含有けい酸カルシウム板第一種，石綿含有ビニル床タイルなどは含まれていない。また，**図2-1-1**中のその他の不明石綿製品とは，塗料，接着剤等と思われる。

1．石綿工業製品

　石綿工業製品は，全体の石綿使用量に占める割合は少ないものの，種類が多く，また用途も多岐にわたったが，平成18年9月1日から，ジョイントシートガスケットなど一部の限定された製品を除き製造・使用等が禁止され，その後適用が除外されていた一部製品についても他の材料への代替化が可能となったことから，平成24年3月をもって製造・使用等がすべて禁止された。以下に，過去に使用されていた主要な石綿工業製品について述べる。

（1）　石綿紡織品

　石綿紡織品には，石綿糸，石綿テープ，石綿ロープ，石綿布等があり，石綿糸については，後述するグランドパッキンの原料となり，石綿布については，後述する摩擦材の材料の一部として使用された。

　また，石綿布は加工することによって，石綿手袋（**写真2-1-1**），石綿耐火服になったり，防火幕，火花よけ用，また，ダクト（配管）の伸縮継ぎ手の一部，石綿布団（外側に布，内側に石綿原綿またはロックウールが詰め込まれる）等の用途に使用されて

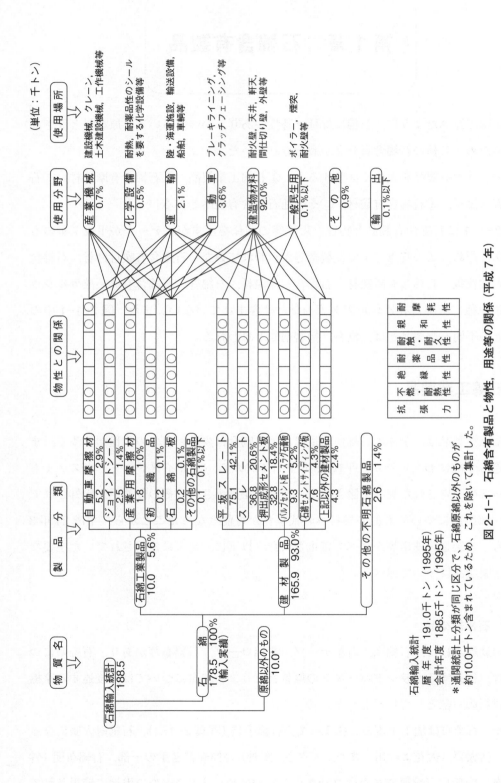

図2-1-1 石綿含有製品と物性、用途等の関係（平成7年）

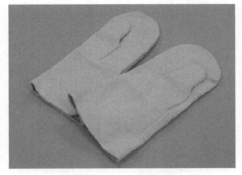

写真 2-1-1　石綿手袋

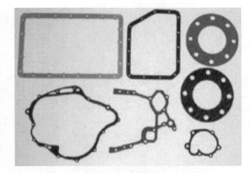

写真 2-1-2　石綿ジョイントシート
（ガスケット）

いた。石綿テープはダクトに巻いたり，炉等のドアパッキンとして使用されていた。

　この石綿紡織品は，昭和49年以前は耐酸用としてクロシドライトを使用した時期があるが，業界の自主規制により昭和50年以降クロシドライトを使用した紡織品は製造されておらず，クリソタイルに切り替えられた。

　なお，安衛令の改正により，石綿含有製品の製造・使用等は，平成18年9月1日から全面禁止となっている。

(2)　石綿ジョイントシート

　石綿ジョイントシート（**写真 2-1-2**）は，主にゴムと石綿が原料であり，石綿含有率は主に65%以上である。これはそのまま使用されることはなく，所定の寸法，形状に打ち抜かれたものが使用され，化学プラント，石油精製プラントなどの配管のシール材として使用された。使用石綿はクリソタイルであるが，昭和49年以前は，耐酸用のシール材として，クロシドライトが使用されていた。なお，平成18年9月1日から一部の限定された用途の石綿ジョイントシートのみ製造・使用等が許されていたが，平成24年3月をもって製造・使用等が禁止された。

(3)　石綿含有ガスケット

　石綿ジョイントシート以外の石綿含有ガスケットとしては，ビーターシートガスケット，包みガスケット／セミメタリックガスケット（中芯に石綿ジョイントシート，石綿板等），ふっ素樹脂含浸石綿ガスケット（石綿テープ，石綿布にふっ素樹脂を含浸）があり，過去の用途は前述（2）と同じであった。

写真2-1-3　石綿含有角打グランドパッキン

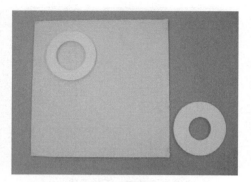

写真2-1-4　石綿板（ミルボード）

(4)　石綿含有パッキン

　石綿含有パッキン（**写真2-1-3**）には，石綿糸を原料とした丸打グランドパッキン，角打グランドパッキン，プラスチックパッキンがあり，化学工場等などのバルブ，ポンプ部の稼働部分におけるシールが目的で一部使用されていた。

(5)　石綿板

　石綿板（**写真2-1-4**）はミルボードともいわれ，クリソタイルと粘土鉱物等を原料として抄造して製造されるが，厚さが数mm程度で柔らかく，石綿含有建材の強度はまったくなく，別のものである。この石綿板にはガスケット用石綿板，電気絶縁用石綿板，ディスクロール用石綿板がある。この石綿板は工業用途が主であるが，さまざまな加工をすることにより，過去に一部家電製品（トースター，ドライヤー，暖房機の断熱等）に使用されていた。

(6)　石綿紙

　石綿紙は紙を作るのと同じように製造され，ビニル床タイルの裏打ち用（昭和62年に使用中止）とし，壁紙用，また高圧用のシール材としての渦巻形ガスケットのフィラー部に使用されていた。

(7)　絶縁板

　絶縁板（**写真2-1-5**）は，主に石綿とセメントが原料で，電気絶縁用としてアークシールド，乾燥機の壁体，開閉器などに使用されていた。

写真 2-1-5　電気絶縁用石綿セメント板

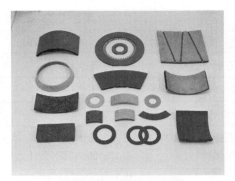

写真 2-1-6　石綿含有摩擦材

写真 2-1-7　石綿含有保温材

2.　石綿含有摩擦材

　石綿含有摩擦材（**写真 2-1-6**）は主にクリソタイルまたは石綿布と樹脂で固めたもので，自動車用と産業用（クレーン，エレベータ等）のブレーキライニング，ブレーキパッド，クラッチフェーシング，クラッチライニングがあり，使用石綿はクリソタイルである。平成 16 年 10 月 1 日以降は輸入・製造・使用等が禁止となった。

3.　石綿含有保温材

　石綿含有保温材には，①石綿とバインダーだけの石綿保温材，②少量の石綿と天然鉱物等を原料にして成形したけいそう土保温材，パーライト保温材，石綿けい酸カルシウム保温材（**写真 2-1-7**），バーミキュライト保温材，③少量の石綿に他の天然鉱物等を混ぜてできた不定形保温材（水練り保温材：施工現場で水と調合）がある。通

表2-1-1　石綿含有保温材の製造期間等

保温材名	石綿の種類	石綿含有率(%)	製造期間	密度(g/cm^3)
石綿保温材	アモサイト	90以上	大正3～昭和55	0.3 以下
けいそう土保温材	アモサイト	1～10	明治23～昭和49	0.5 以下
パーライト保温材	アモサイト	1～5	昭和36～昭和55	0.2 以下
石綿けい酸カルシウム保温材	アモサイト（一部クロシドライト）	1～25	昭和26～昭和55	0.22以下
水練り保温材 注1)	クリソタイル アモサイト 注2)	1～25	～昭和63	－

注1）表中の水練り保温材とは配管等の保温の最終仕上げとして,バルブ,フランジ,エルボ等の部分に塗り材を使用するものである。
注2）トレモライトを使用している可能性がある。

常、前述の①または②と③の組み合わせで，化学プラント，大型ボイラー等の本体または配管の保温に用いられてきたが，ビル等の建築物に設置の小型ボイラー等の場合は，フランジ，バルブ，エルボ部分に前述の③を施工している場合が多い。これらの製造期間を**表2-1-1**に示すが，これらの使用石綿は主にアモサイト（一部クロシドライトが使用された時期がある）である。なお，前述③に使用の石綿については，最近の分析調査結果で，意図的に使用したトレモライトが見つかることがある。

4.　石綿含有建材

石綿含有建材は，鉄骨等の耐火被覆材として，吸音・結露防止材として，内装材（天井，壁，床材），外装材，屋根材，煙突材，煙突断熱材として，それぞれ使用されてきた。

(1)　石綿含有建材の使用目的

石綿含有建材に石綿を使用する目的は，セメント等との密着性に優れていることや，均一に混ざりやすく品質が一定していること，また，石綿は引っ張り強さが極めて大きく，かつ石綿が不燃性で耐久性があるため，薄くて強度があるものができることなどによるものであった。また，紫外線，雨などの気象条件に対しても，耐候性に優れているため，外装材にも使用された。特に耐火被覆材として使用された石綿含有吹付け材，耐火被覆板は，超高層ビルで火災が起こったときに，鉄骨の軟化を防いで，

人命救出の時間を稼ぐ目的で使用された。

(2)　石綿含有建材の種類と特徴

1)　石綿含有吹付け材

　　石綿含有吹付け材（写真2-1-8）には，吹付け石綿，石綿含有吹付けロックウール，石綿含有吹付けバーミキュライト（ひる石），石綿含有吹付けパーライト（真珠岩）があった。これらの用途は，鉄骨耐火被覆用，天井・壁の吸音用，天井の結露防止用である。

①　鉄骨耐火被覆用では，吹付け石綿の場合，セメントと石綿で構成されており，石綿含有率が約60重量％で，石綿含有吹付けロックウール（乾式）の場合，石綿含有率が1〜30重量％である。また，各社の個別認定品であったエレベータまわり等の特定部位の石綿含有吹付けロックウール（湿式）に関しては，数％の石綿にロックウール，セメント，バーミキュライト等の天然鉱物が使用されていた。

②　吸音・結露防止用では，吹付け石綿の場合，セメントと石綿で構成されており，石綿含有率が約70重量％で，石綿含有吹付けロックウールの場合，石綿含有率が1〜30重量％である。

2)　石綿含有耐火被覆板

　　石綿含有耐火被覆板は，石綿含有吹付け材の代わりに用いられ，表面仕上げができる建材として既存建築物等に使用されている。石綿含有耐火被覆板には，吹付け石綿の配合比率で成形した石綿含有耐火被覆板と，1〜30％の石綿とけい酸質，石灰質原料で反応させ成形した平均厚み25mm以上の石綿含有けい酸カルシウム板第二種がある。

写真2-1-8　石綿含有吹付け材の施工例

写真 2-1-9　石綿含有断熱材の施工例

写真 2-1-10　石綿含有成形板の施工例

3)　石綿含有断熱材

石綿含有断熱材（**写真 2-1-9**）には，断熱・結露防止用としての屋根用折板裏断熱材と煙突用断熱材がある。前者は屋根折板にクリソタイル 90 ％以上のフェルト状の断熱材を張りつけたもので，この断熱材は，ガラス長繊維のフェルト等に代替化されている。後者は，時代が古い順に，①アモサイトを円筒状にしたもの，②石綿管にアモサイト 90 ％以上を含むもので巻いたもの（断熱材）である。

4)　石綿含有成形板

石綿含有成形板（**写真 2-1-10**）には，石綿とセメント，けい石等を原料とした石綿スレート（形状により，波板，平板等がある），石綿とけい酸カルシウムを原料とした石綿含有けい酸カルシウム板第一種，石綿とスラグ，パルプを原料とした石綿含有スラグせっこう板，パルプセメント板等があり，耐火性能，耐候性能等により内装材，外装材，屋根材等の用途に使用されていた。

5)　建築用仕上塗材および下地調整塗材

建築用仕上塗材は，建築物の内外装仕上げに用いられており，セメント，砂，着色顔料などを混合した塗材，合成樹脂系薄塗材や，凹凸模様の複層塗材等があり，過去に石綿を使用した時期があった。

また，コンクリート下地に建築用仕上塗材を施工する場合，下地との表面の穴埋めや，段差を比較的平滑にする目的で下地調整塗材を使用する場合があり，これにも石綿を使用した時期があった。

(3)　石綿含有建材の使用部位

石綿含有建材は使用目的に応じて，既存建築物等の種々の個所に使用されているが，その使用部位の例を**表2-1-2**に示す。また，代表的な石綿含有建材の石綿の種類，

表 2-1-2　石綿含有建材の使用部位の例

使用部位	石綿含有建築材料の種類
内装材(壁,天井)	スレートボード,けい酸カルシウム板第一種,パーライト板,スラグせっこう板,パルプセメント板,石こうボード,ソフト幅木
天井/壁 吸音断熱材	石綿含有ロックウール吸音天井板,吹付け石綿,石綿含有吹付けロックウール,石綿含有ひる石・パーライト吹付け
天井結露防止材	屋根用折板裏断熱材
床材	ビニル床タイル,フリーアクセスフロア
外装材(外壁,軒天)	窯業系サイディング押出成形セメント板,スレートボード,スレート波板,けい酸カルシウム板第一種
耐火被覆材	吹付け石綿,石綿含有吹付けロックウール,石綿含有耐火被覆板,けい酸カルシウム板第二種
屋根材	スレート波板,住宅屋根用化粧スレート
煙突材	石綿セメント円筒,石綿含有煙突用断熱材

注1)屋根用折板裏断熱材は,昭和58年以降石綿を使用していない。
注2)ビニル床タイルは,平成元年以降石綿を使用していない。
注3)フリーアクセスフロアは,平成元年以降石綿を使用していない。
注4)耐火被覆板は吹付け石綿の成形板タイプで,昭和50年以降けい酸カルシウム板第二種に変わっている。
注5)けい酸カルシウム板第二種は,平成4年以降アモサイト石綿を使用していない。
注6)石綿含有煙突用断熱材は昭和63年以降アモサイト石綿を使用していない。

表 2-1-3　代表的な石綿含有建材の石綿の種類,含有率の例

石綿含有建材名	石綿の種類	石綿含有率(重量%)	質量換算
スレート波板	クリソタイル	5～20	15～25kg/枚
スレートボード	クリソタイル,クロシドライト	10～30	8～16kg/枚
けい酸カルシウム板第一種	クリソタイル,アモサイト	5～25	5.5kg/m²
けい酸カルシウム板第二種	クリソタイル,アモサイト	20～25	10kg/m²
スラグせっこう板	クリソタイル	5	6kg/m²
パルプセメント板	クリソタイル	5	6kg/m²
押出成形セメント板	クリソタイル	5～25	55kg/m²
窯業系サイディング	クリソタイル	5～15	13kg/m²
住宅屋根用化粧スレート	クリソタイル	5～20	18kg/m²
ロックウール吸音天井板	クリソタイル	4	4.8kg/m²

注1)表中の石綿含有率は製造メーカーおよび年代によって異なる。
注2)表中の質量換算は,石綿含有建築材料の種類および寸法,厚さによって異なるため,代表値を示している。なお,スレート波板,スレートボードは種類が多種のため,範囲で示した。
注3)アモサイト,クロシドライトを使用していない場合がある。

含有率の例を**表 2-1-3**に示す。

5.　その他の石綿含有製品

　前述した石綿含有製品以外には，クリソタイルを数％含有しているものとして石綿含有接着剤，石綿含有塗料，石綿含有潤滑用グリース，石綿含有モルタル等のほか，クリソタイルを80％以上含有しているろ過材，石綿発泡体があった。また，クロシドライトとセメントを原料とした下水道用途の石綿管があった。なお，平成18年9月1日からは，石綿を0.1重量％を超えて含むすべての石綿含有製品の製造・輸入・譲渡・提供または使用が禁止となった（一部の適用除外製品についても平成24年3月をもって全面禁止された）。

6.　石綿含有製品が使用された建築物等

　前述1.〜5.に記載の石綿含有製品の使用用途は次のとおり。

（1）　建築物

　建築物には，戸建住宅，共同住宅，鉄筋コンクリート（RC）構造ビル，鉄骨（S）造ビル，工場建屋等があり，これらに石綿含有製品を使用した部位については，国土交通省発行の「目で見るアスベスト建材」（第2版）を参照のこと。

　なお，建築物に施工され，石綿を含む可能性のあるものとしては，吹付け材，各種用途での成形板，煙突用セメント管，フェルト状断熱材，床用タイル，建築用仕上塗材（建築用下地調整塗材を含む）等がある。

（2）　工作物

　工作物には，主にボイラー，タービン，化学プラント，焼却施設等があり，これらはいずれも熱源の放散を防ぐために，それぞれの本体や配管に3.に示した保温材を使用している。また，配管と配管のつなぎ目に石綿を含む可能性のあるシール材が使用されたり，熱によるダクト伸縮を緩和するために伸縮継ぎ手（石綿紡織品を使用している可能性あり）を使用している場合がある。なお，建築物内に小型ボイラーを設置している場合は，ボイラー配管の曲り部等に石綿を含む可能性のある塗材を使用している場合があることに留意する。

（3）　船舶

　船舶については，（一財）日本船舶技術研究協会発行『船舶における適正なアスベストの取扱いに関するマニュアル（第 3 次改訂 2022 年 2 月）』の図 2–1「船舶におけるアスベストが使用されている可能性がある主な部位」に記載されているので参照のこと。ただし，船舶の使用部位に関しては，IMO（国際海事機関）や先進諸国の法規制，年代により，石綿を含むものの使用時期が異なることに留意する。

（4）　鉄道車両

　鉄道車両に関しては，厚生労働省のパンフレット『鉄道車両に使用されていたアスベスト含有部品等の取扱いにご留意ください』に石綿を含む可能性のあるものに関する記述があるので，参照のこと（https://www.mhlw.go.jp/file/06-Seisakujouhou-11300000-Roudoukijunkyokuanzeneiseibu/0000187166.pdf）。

第2章　建築物等の解体等における石綿のばく露防止対策

Ⅰ　「解体等の作業」等とばく露防止対策の概要

　既存建築物や工作物（以下「建築物等」という。）には，鉄骨の柱，梁等の耐火被覆材，機械室等の吸音・断熱材などとして，石綿含有吹付け材が使用されている可能性がある。このほか，煙突の断熱材やボイラー設備の保温材，各種配管の保温材としても石綿含有建材が使用されている。また，耐火性，耐久性，耐候性が求められる内外装材・屋根材にも石綿含有建材が使用されている。このように数多くの建材にさまざまな形で石綿が使用されてきた。

　このような建築物等を解体・改修（以下「解体等」という。）する場合，石綿による疾病を未然に防止するためには，石綿のばく露防止対策を講じることが必要不可欠である。

　石綿含有建材等を使用した建築物等の解体等の作業におけるばく露防止対策は，石綿粉じんの発生量に応じたレベルごとに決定されるべきものである。そのレベルは，本来，解体されるであろう建築物等に使用されている石綿含有建材の種類，石綿の種類，石綿の含有量，解体方法などにより異なるものであるが，これらすべてを考慮したうえで発じん量を見積もることは困難であり，解体される建材の種類でおおむね発じん量のレベルの高低が推測されることから，解体される建材の種類を**表2-2-1**に示すように分類し，それぞれに応じた対応を定めている。

　発じん性の高い石綿含有吹付け材（レベル1）の除去作業での「隔離された作業場」においては，電動ファン付き呼吸用保護具またはこれと同等以上の性能を有する空気呼吸器，酸素呼吸器もしくは送気マスク（以下「電動ファン付き呼吸用保護具等」という。）の使用が義務付けられている。また，石綿含有保温材等（レベル2）の除去作業においても，切断，穿孔，研磨等の作業を伴うものについては，石綿含有吹付け材と同様，隔離，集じん・排気装置による負圧管理，前室（セキュリティーゾーン）の設置等の措置（以下「隔離等」という。）が義務付けられている。また，令和2年10月6日に改正された「建築物等の解体等の作業及び労働者が石綿等にばく露するおそれがある建築物等における業務での労働者の石綿ばく露防止に関する技術上の指針」

表 2-2-1　石綿含有建材の分類

建材の種類	石綿含有吹付け材（レベル1）	石綿含有保温材等（レベル2）	石綿含有成形板等（レベル3）	石綿含有仕上塗材
対応石綿含有材	①吹付け石綿 ②石綿含有吹付けロックウール（乾式） ③湿式石綿吹付け材（石綿含有吹付けロックウール（湿式）） ④石綿含有吹付けバーミキュライト ⑤石綿含有吹付けパーライト	【石綿含有耐火被覆材】 ①耐火被覆板 ②けい酸カルシウム板第二種 【石綿含有断熱材】 ①屋根用折板裏石綿断熱材 ②煙突用石綿断熱材 【石綿含有保温材】 ①石綿保温材 ②けいそう土保温材 ③石綿含有けい酸カルシウム保温材 ④バーミキュライト保温材 ⑤パーライト保温材 ⑥不定形保温材（水練り保温材）	①外壁・軒天 スレートボード，スレート波板，窯業系サイディング，押出成形セメント板，けい酸カルシウム板第一種 ②屋根 スレート波板，住宅屋根用化粧スレート ③内壁・天井 スレートボード，スラグせっこう板，パーライト板，パルプセメント板，けい酸カルシウム板第一種，せっこうボード，ロックウール吸音天井板，ソフト幅木 ④床 ビニル床タイル，長尺塩ビシート，フリーアクセスフロア材 ⑤煙突 セメント円筒 ⑥その他 セメント管，ジョイントシート，紡織品，パッキン	①建築用仕上塗材（吹付けバーミキュライト，吹付けパーライトは除く） ②建築用下地調整塗材[注]
発じん性	著しく高い	高い	比較的低い	比較的低い
具体的な使用箇所の例	①建築基準法の耐火建築物（3階建以上の鉄骨構造の建築物，床面積の合計が 200 m² 以上の鉄骨構造の建築物等）などの鉄骨，はり，柱等に，石綿とセメントの合剤を吹付けて所定の被膜を形成させ，耐火被膜用として使われている。昭和 38（1963）年頃から昭和 50（1975）年初頭までの建築物に多い。特に柱，エレベーター周りでは，昭和 63（1988）年頃まで，石綿含有吹付け材が使用されている場合がある。 ②ビルの機械室，ボイラ室等の天井，壁またはビル以外の建築物（体育館，講堂，温泉の建物，工場，学校等）の天井，壁に，石綿とセメントの合剤を吹付けて所定の被膜を形成させ，吸音，結露防止（断熱用）として使われている。昭和 31（1956）年頃から昭和 50（1975）年初頭までの建築物が多い。	①ボイラ本体およびその配管，空調ダクト等の保温材として，石綿保温材，石綿含有けい酸カルシウム保温材等を張り付けている。 ②建築物の柱，はり，壁等に耐火被覆材として，石綿耐火被覆板，石綿含有けい酸カルシウム板第2種を張り付けている。 ③断熱材として，屋根用折板裏断熱材，煙突用断熱材を使用している。	①建築物の天井，壁，床等に石綿含有成形板，ビニル床タイル等を張り付けている。 ②屋根材として石綿スレート等を用いている。 ③煙突や上下水道管に石綿セメント円筒や石綿セメント管が使用されている。 ④ダクトや配管のつなぎ部にジョイントシート（シール材）や石綿紡織品，パッキンなどが使用されている。	①建築物の外壁に仕上塗材が塗られている。 ②内装仕上げに仕上塗材が塗られている。 ③建築用仕上塗材を施工する際，建築用下地調整塗材を使用している。

注）建築用下地調整塗材は，本マニュアル[1]では仕上塗材として区分するが，法令上は石綿含有成形板等の作業基準が適用される。

1）　出典：「建築物等の解体等に係る石綿ばく露防止及び石綿飛散漏えい防止対策徹底マニュアル令和3年3月」（厚生労働省労働基準局安全衛生部化学物質対策課，環境省水・大気環境局大気環境課）

（以下「技術指針」という。）では，すべての隔離作業場内の作業において電動ファン付き呼吸用保護具等を使用することとされた。一方で，隔離等と同等以上の効果を有する措置を講じた場合はこの限りではないとされ，技術の開発によって，そのばく露防止対策が異なってくることが認められている。このように，それまで建材でのみ分類されていた対応が，その解体方法による発じん量の違いにも考慮して対応が規定されることとなった。

　例えば，レベル3建材の中でも，けい酸カルシウム板第一種は切断，破砕等により，粉じんの飛散が比較的高いことから，切断や破砕を伴う除去の場合は，湿潤化の上，隔離養生（負圧は不要）の措置を講じるなど，発じんの程度により異なった措置の方法が示されている。

　レベルごとの作業に伴うばく露防止対策をまとめたものが**表2-2-2**（42〜43ページ）である。なお，石綿則において規定されている作業は以下のように分類できる。

① 　石綿取扱い作業

　ア）解体等の作業（レベル1〜3の除去作業）

　イ）石綿則第10条第1項の規定による石綿含有吹付け材，石綿含有保温材等の封じ込め作業・囲い込み作業

　ウ）その他の作業（小規模な修繕，点検等）

② 　石綿則第10条第2項に規定する臨時の作業（石綿含有吹付け材近接作業）

　このうち，①ア）の「解体等の作業」およびイ）の「封じ込め作業・囲い込み作業」は**表2-2-2**に示すとおりであるが，この場合でも，それぞれの作業前の足場の設置，機械等搬入等の準備作業等で，石綿含有建材の疑いのある建材に接触することがなく，石綿のばく露がまったくないような作業は石綿則の対象外の作業となる。また，養生作業，除去後の清掃作業等のような作業で，石綿との接触もしくは石綿のばく露の可能性がある作業では，半面形防じんマスク（RL2，RS2）以上の呼吸用保護具および専用の作業衣または保護衣の着用が必要となる。さらに，解体等の作業，封じ込め作業・囲い込み作業で使用した器具，工具，足場等については，付着した石綿等を除去した後でなければ，作業場外に持ち出してはならない。

　このほか，①ウ）の「その他の作業（小規模な修繕，点検等）」は石綿則に基づく「石綿を取り扱う作業」に該当し，呼吸用保護具の着用，湿潤化，石綿作業主任者の選任等の措置が必要である。

　また，建築物の壁，柱，天井等に吹き付けられた石綿，保温材等が損傷，劣化等

により石綿粉じんを発散させ，かつ労働者が石綿にばく露するおそれがある場所で，労働者を臨時に就業させるときも，呼吸用保護具および専用の作業衣または保護衣を着用させる必要がある（②の臨時の作業）。

表2-2-2　レベルごとのばく露防止対策

●レベル1の除去作業における呼吸用保護具，保護衣等および措置

作業		呼吸用保護具	保護衣等	措置
建材	工法			
吹付け材 ・吹付け石綿 ・石綿含有吹付けロックウール ・石綿含有吹付けバーミキュライト ・石綿含有吹付けパーライト	通常の方法	①	保護衣（使い捨て）	・作業場の隔離 ・集じん・排気装置による負圧管理 ・前室等の設置　・湿潤化 ・取り残しの確認
	その他特殊工法	粉じん飛散等の実情に応じて個別に判断する		

共通事項　事前調査，作業計画の作成，建設工事計画届（または解体等の作業届），特別教育，作業主任者の選任，掲示，更衣施設・洗身設備の設置，保護具の管理，清掃，作業記録，健康管理
　　　　　（特別管理産業廃棄物としての処理，特別管理産業廃棄物管理責任者の設置）

●レベル2の除去作業における呼吸用保護具，保護衣等および措置

作業		呼吸用保護具	保護衣等	措置
建材	工法			
耐火被覆材 ・石綿耐火被覆板 ・石綿含有けい酸カルシウム板第二種	切断・穿孔・研磨等の作業を伴う場合	①	保護衣（使い捨て）	・作業場の隔離 ・集じん・排気装置による負圧管理 ・前室等の設置　・湿潤化 ・取り残しの確認
断熱材 屋根用折板裏石綿断熱材	切断・穿孔・研磨等の作業を伴う場合	①	保護衣（使い捨て）	・作業場の隔離 ・集じん・排気装置による負圧管理 ・前室等の設置　・湿潤化 ・取り残しの確認
	特殊工法（審査証明取得工法）	①，②，③	作業衣（または保護衣）	・封じ込め，折板からの掻き落とし作業においては，隔離，集じん・排気装置による負圧管理，前室等設置，湿潤化，取り残しの確認 ・その他の作業では，当該作業員以外立入禁止，湿潤化
煙突用石綿断熱材	切断・穿孔・研磨等の作業を伴う場合	①	保護衣（使い捨て）	・作業場の隔離 ・集じん・排気装置による負圧管理 ・前室等の設置　・湿潤化 ・取り残しの確認
保温材 ・石綿保温材 ・けいそう土保温材 ・パーライト保温材 ・石綿けい酸カルシウム保温材 ・不定形保温材（水練り保温材）	切断・穿孔・研磨等の作業を伴う場合	①	保護衣（使い捨て）	・作業場の隔離 ・集じん・排気装置による負圧管理 ・前室等の設置　・湿潤化 ・取り残しの確認
	特殊工法（グローブバッグ工法）	①，②，③	作業衣（または保護衣）	・グローブバッグによる隔離 ・石綿部の湿潤化 ・当該作業員以外立入禁止
	切断等の作業を伴わない場合：原型のまま取外し	①，②，③	作業衣（または保護衣）	・湿潤化 ・当該作業員以外立入禁止
	石綿取扱作業以外：非石綿部での切断工法	①，②，③	作業衣（または保護衣）	・当該作業員以外立入禁止

共通事項　事前調査，作業計画の作成，解体等の作業届，特別教育，作業主任者の選任，掲示，更衣施設・洗身設備の設置，保護具の管理，清掃，作業記録，健康管理
　　　　　（特別管理産業廃棄物としての処理，特別管理産業廃棄物管理責任者の設置）

●レベル3の除去作業における呼吸用保護具，保護衣等および措置

作　業		呼吸用保護具	保護衣等	措　置
建　材	工　法			
・石綿含有成形板	切断，穿孔，研磨等の作業を伴う場合	①，②，③	作業衣（または保護衣）	・ビニルシート等による隔離（負圧は不要）注)1 ・湿潤化注)2
	原形のまま取り外し	①，②，③，④	作業衣（または保護衣）	・湿潤化注)2
・石綿含有けい酸カルシウム板第一種	切断，穿孔，研磨等の作業を伴う場合	①，②，③	保護衣（使い捨て）	・ビニルシート等による隔離（負圧は不要）注)1 ・湿潤化注)2
・石綿含有仕上塗材	電動工具を用いて除去する場合			

共通事項　事前調査，作業計画の作成，特別教育，作業主任者の選任，更衣施設・洗身設備の設置，保護具の管理，清掃，作業記録，健康管理，（石綿含有産業廃棄物としての処理）
注)1　場合によっては粉じん濃度を低減するために集じん・排気装置を設置する。
注)2　湿潤化とは，常時に湿潤な状態を保つことをいう。

●レベル1，2の封じ込め・囲い込みにおける呼吸用保護具，保護衣等および措置
レベル1

作　業		呼吸用保護具	保護衣等	措　置
建　材	工　法			
吹付け材	・吹付け石綿 ・石綿含有吹付けロックウール ・石綿含有吹付けバーミキュライト ・石綿含有吹付けパーライト	・封じ込め ・破砕・切断・穿孔を伴う囲い込み	①	保護衣（使い捨て）	・作業場の隔離 ・集じん・排気装置による負圧管理 ・前室等の設置 （養生材等は，特別管理産業廃棄物として処理）
		・破砕・切断・穿孔を伴わない囲い込み	①，②，③，④	作業衣（または保護衣）	当該作業員以外立入禁止 （吹付け材，石綿粉じんが付着したものは特別管理産業廃棄物として処理）

共通事項　事前調査，作業計画の作成，解体等の作業届，特別教育，作業主任者の選任，掲示，更衣施設・洗身設備の設置，保護具の管理，清掃，作業記録，健康管理

レベル2

作　業		呼吸用保護具	保護衣等	措　置
建　材	工　法			
耐火被覆材	・石綿含有耐火被覆板 ・石綿含有けい酸カルシウム板第二種	・封じ込め ・破砕・切断・穿孔を伴う囲い込み	①	保護衣（使い捨て）	・作業場の隔離 ・集じん・排気装置による負圧管理 ・前室等の設置 （養生材等は，特別管理産業廃棄物として処理）
断熱材	屋根用折板裏石綿断熱材				
耐火被覆材	・石綿含有耐火被覆板 ・石綿含有けい酸カルシウム板第二種	・破砕・切断・穿孔を伴わない囲い込み	①，②，③，④	作業衣（または保護衣）	（養生材等は，石綿含有産業廃棄物として処理）
断熱材	屋根用折板裏石綿断熱材				

共通事項　事前調査，作業計画の作成，解体作業の作業届，特別教育，作業主任者の選任，掲示，更衣施設・洗身設備の設置，保護具の管理，清掃，作業記録，健康管理

呼吸用保護具
① 電動ファン付き呼吸用保護具（粒子捕集効率99. 97 %以上（PL3, PS3），漏れ率0.1 %以下（S級），大風量形）またはこれと同等以上の性能を有する空気呼吸器，酸素呼吸器もしくは送気マスク
② 全面形取替え式防じんマスク（RL3, RS3）
③ 半面形取替え式防じんマスク（RL3, RS3）
④ 半面形取替え式防じんマスク（RL2, RS2）

II　建築物の解体等の事前調査

1.　事前調査の基本事項

　建築物等の解体等の作業を行うときは，事前に建築物内のどの部位に石綿含有建材が施工されているかを調査・把握することは，石綿によるばく露防止対策を行ううえで極めて重要である。この事前調査には，書面調査，現地調査[注]があり，図2-2-1の手順で行うが，書面調査の結果（石綿含有の有無に関係なく）を基に，必ず現地調査を実施する。

　図2-2-1の中で，現地調査の結果，石綿含有が不明な建材について，「石綿含有とみなした措置（以下「みなし措置」という。）をするか」または「現地で試料を採取して分析調査の措置（以下「分析調査の措置」という。）をするか」については，発注者が判断することとなる。この判断において，みなし措置を行った場合は，石綿則の規定

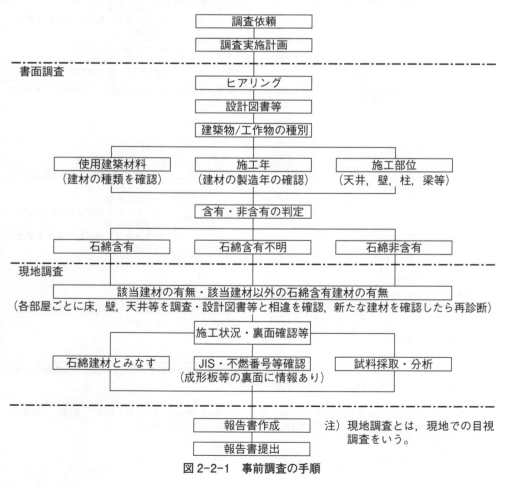

注）現地調査とは，現地での目視調査をいう。

図2-2-1　事前調査の手順

に従って石綿ばく露防止対策の措置を行う。

　なお，事前調査は，「建築物石綿含有建材調査者講習登録規程」（平成30年厚生労働省・国土交通省・環境省告示第1号）第2条第2項の講習を修了した特定建築物石綿含有建材調査者及び建築物石綿含有建材調査者（一戸建て等石綿含有建材調査者）並びに日本アスベスト調査診断協会に登録された者等，石綿に関し一定の知見を有し的確な判断ができる者が行うこと（平成30年10月23日付け基発1023第6号）とされており，令和5年10月1日からは，石綿則第3条第6項に基づく義務とされる。

　前述した建築物石綿含有建材調査者と同様な措置が船舶（鋼製に限る）の事前調査に関しても定められており，船舶石綿含有資材調査者が行う。また，工作物に関しては工作物石綿事前調査者（令和8年1月1日より施行）が行う。

　事前調査等を行ったときは，結果に基づく記録を作成し，調査終了日から3年間保存するものとされた。

2.　書面調査の手順

　書面調査は，**図2-2-1**の「事前調査の手順」に示す手順で行うが，使用建材には各種あり，それらの施工部位も異なるので，Ⅰで述べたレベルに基づき，レベル1の石綿含有吹付け材，レベル2の石綿含有保温材，石綿含有耐火被覆材，石綿含有断熱材，レベル3の石綿含有成形板その他についての石綿有無の書面調査手順を以下に示す。

　なお，各レベルの書面調査の際に目安として，石綿含有製品の製造期間を示している場合があるが，施工期間における石綿の有無は，この製造期間と物流期間の関係に配慮する必要がある。

(1)　レベル1の吹付け材

　吹付け材は，前述したように鉄骨の耐火被覆，吸音・結露防止等の目的で使用される。吹付け材の場合の石綿有無の書面調査は，次に示す施工時期，施工部位，商品名をもとに総合的に判断した上で，現地調査を実施する。

1)　施工時期

　吹付け石綿，石綿含有吹付けロックウール（乾式：国土交通省通則指定），湿式石綿含有吹付け材（石綿含有吹付けロックウール（湿式）：国土交通省個別指定）のおおむねの使用期間の目安を**図2-2-2**に示すが，**図2-2-2**中の備考欄に留意すること。

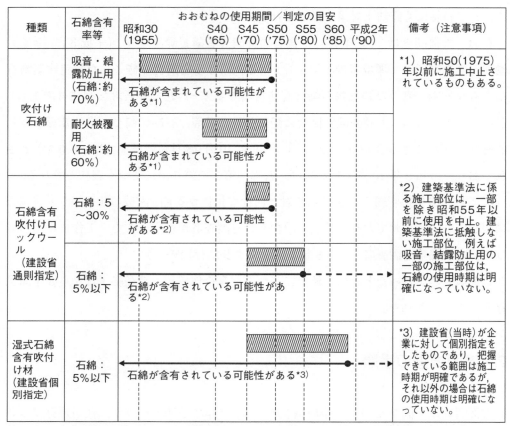

図 2-2-2　石綿含有吹付け材の石綿含有率，使用されていたおおむねの期間および判定の目安

表 2-2-3　吹付け石綿商品名

①ブロベスト　②オパベスト　③サーモテックスA　④トムレックス　⑤リンペット
⑥コーベックスA　⑦ヘイワレックス　⑧スターレックス　⑨ベリーコート　⑩防湿モルベルト

注）昭和50（1975）年以前に施工中止されており，石綿含有率は60〜70重量％である。
　　なお，トムレックスは吹付けを意味することで使用される場合があるので，昭和50（1975）年
　　以降の設計図書に，この商品名がある場合は石綿含有の有無の確認が必要である。

表 2-2-4　石綿含有吹付けロックウール（乾式）商品名（国土交通省通則指定）

①スプレーテックス　②スプレーエース　③スプレイクラフト　④サーモテックス
⑤ニッカウール（S62.12大臣指定取り消し）　⑥ブロベストR　⑦ヘイワレックス
⑧浅野ダイアブロック（S50.10大臣指定取り消し）　⑨ノザワコーベックスR　⑩ア
サノスプレーコート　⑪スターレックスR（S57.7大臣指定取り消し）　⑫オパベス
トR　⑬バルカロック　⑭ベリーコートR　⑮タイカレックス

注1）昭和55（1980）年以前に施工中止されており，石綿含有率は5重量％以下である。
　　　ただし，上記①の商品でカラー用は昭和62（1987）年まで石綿が使用されていた
　　　ので注意を要する。
注2）上記商品のなかには，無石綿となっても，商品名を変えずに販売されている場合が
　　　あり，特に施工時期が昭和55（1980）年以降の場合は，注意が必要である。

表 2-2-5　湿式石綿含有吹付け材商品名（建設省個別指定）

①トムウェット　②バルカーウェット　③ブロベストウェット　④アサノスプレーコートウェット　⑤ATM-120　⑥サンウェット　⑦スプレーウェット　⑧吹付けロックンライト

注1）昭和63（1988）年以前に施工中止されており，石綿含有率は5重量％以下である。ただし，上記④の商品は生産量は少ないが平成元年まで石綿を使用していた。
注2）上記商品のなかには，無石綿となっても，商品名を変えずに販売されている場合があり，特に施工時期が昭和55（1980）年以降の場合は，注意が必要である。

〔参考〕使用時期は不明であるが，石綿含有吹付け材のうち，石綿含有吹付けバーミキュライト，パーライト等の商品名は次のとおり。

石綿含有吹付けバーミキュライト：
　　①バーミライト　②ミクライトAP　③ウォールコートM折版用　④ゾノライト吸音プラスター　⑤モノコート　⑥バーミックスAP
石綿含有吹付けパーライト：①アロック　②ダンコートF
その他石綿含有吹付け材：①ケニテックス　②エコニー・キックス　③ブォルキンPVF

なお，石綿含有吹付けバーミキュライト，石綿含有吹付けパーライトについては，製造時期等が不明であり，意図的に石綿を使用している可能性があることに留意する。

2)　施工部位

　吹付け材の施工部位は，天井，壁，鉄骨，柱，梁等であるので，設計図書等を参照する際は，これらの施工部位にどのような素材（吹付けか否か）を使用しているか確認する。

3)　石綿含有吹付け材の商品名

　表 2-2-3～表 2-2-5 に示す商品名には石綿が含まれているので，設計図書等により確認することになるが，各表下の注に留意すること。

(2)　レベル 2 の石綿含有保温材

　保温材は前述したように保温・断熱が主であり，工作物本体の保温・断熱および配管経路での保温・断熱が施工部位となる。また，工作物関連は，定期メンテナンスにより，一部分メンテナンス時に，無石綿の保温材に変更している場合があるので，注意が必要である。保温材の石綿有無の書面調査の方法を以下に示す。

1)　成形保温材

　成形保温材は，プラント，ボイラー，タービン本体および配管の保温のために用いられており，表 2-1-1（32 ページ），表 2-2-6 に記載されているものに合

表 2-2-6　石綿含有保温材の商品名

一般名称	製品名	製造開始年月	製造終了年月	含有量（重量比%）	備考	石綿の種類
石綿けい酸カルシウム保温材	シリカ（カバーボード #650 シリカ）	S27	S53	4～5%	S54 以降，無石綿化にて製造	茶
	シリカ（カバーボード #1000 シリカ）	S40	S53	6%	S54 以降，無石綿化にて製造	白
	ダイパライト（カバーボード）	S51/11	S54/2	7～10%	S54/2～S55/2 在庫出荷	茶
	インヒビライト（カバーボード）	S52/6	S54	7%	S54～S55/2 在庫出荷	茶
	エックスライト（ボード）	S40/4	S54/2	10%	S54/2～S55/2 在庫出荷	茶, 白
	ベストライト（カバー）	S35/5	S54	4.6%	S54～S55/2 在庫出荷	茶
	ベストライト（ボード）	S40/4	S54	10%	S54～S55/2 在庫出荷	茶, 白
	ダイヤライト ダイヤライトL	S35	S54	3%	筒型成形の配管保温材。S54～H6 無石綿化にて製造	茶
	シリカライト	S15	S55	1～25%		茶
	スーパーテンプボード	S38	S53	5～10%	S54 無石綿化，現在も製造・販売継続	茶
石綿保温材	スポンジボード スポンジカバー	S47	S53	不明	設備機器，設備配管用保温材	茶, 白
	カポサイト	S35	S54	80～100%	S55 以降販売中止	茶
けいそう土保温材	珪藻土保温材1号	S39	S49	1～10%		茶
パーライト保温材	三井パーライト保温材	S40	S49/9	1.17%	筒型成形の配管保湿材。H12 製造終了	茶

致する場合は石綿含有と判定する。また，製造者から石綿を含有していないとの証明がある場合はなしと判定する。

2）　不定形保温材（水練り保温材）

不定形保温材は，前述1）の成形保温材の隙間を埋めるために使用される補助的な保温材で，少なくとも昭和63（1988）年まで，石綿が使用されていたこと（含有率1～25%）に留意して，上記1）と併せて総合的に石綿の有無を判定すること。

(3)　レベル2の耐火被覆板，断熱材

耐火被覆板は，前述したように化粧目的と鉄骨の耐火被覆等の目的のため吹付け材の代わりに，また，断熱材は前述したように断熱を目的に煙突，屋根用折板に使用さ

表2-2-7　主な耐火被覆材，断熱材

一般名	商品名	製造期間
〔耐火被覆材〕 石綿含有耐火被覆板	トムボード	～昭和48
	ブロベストボード	～昭和50
	リフライト	～昭和58
	サーモボード	～昭和62
	コーベックスマット	～昭和53
〔耐火被覆材〕 石綿含有けい酸 カルシウム板第一種	ヒシライト	～平成9
〔耐火被覆材〕 石綿含有けい酸 カルシウム板第二種	キャスライトL，H	～平成2
	ケイカライト・ケイカライトL	～昭和62
	ダイアスライトE	～昭和55
	カシライト1号・2号	～昭和63
	ソニックライト1号・2号	～昭和51
	タイカライト1号・2号	～昭和61
	サーモボードL	～昭和62
	ヒシライト	～平成9
	ダイオライト	―
	リフボード	～昭和58
	ミュージライト	～昭和61
耐火被覆塗り材	ひる石プラスター	―
石綿含有屋根用折板裏断熱材	フェルトン	～昭和58
	ブルーフェルト一般用	～昭和46
	ウォールコートM折板用	～平成元
石綿含有煙突用断熱材	カポスタック	～昭和62
	ハイスタック	～平成2

注）詳細な商品の種類については，国土交通省・経済産業省の「石綿(アス
ベスト)含有建材データベース」（https://www.asbestos-database.jp/）
を参照のこと。

れた。これら材料の石綿有無の書面調査方法は次のとおり。

1)　耐火被覆板

　表2-2-7に示す商品名（製造期間を含む）がある場合は，石綿含有と判断する。

2)　断熱材

　表2-2-7に示す商品名（製造期間を含む）がある場合は，石綿含有と判断する。
また，屋根折板用と煙突用の断熱材については，製造メーカーが明確であること
から，平成2（1990）年以降に製造されたものは石綿が使用されていない。しか
し，煙突用については断熱材に石綿は含まれていないが，その基材の管（円筒）
には石綿が含まれている可能性が高いので，断熱材に含まれていなくても，基材

表2-2-8　建築物における考えられる施工部位と主な石綿含有建築材料の例

施工部位	石綿含有建築材料の種類	製造期間	代替品開始年
内装材(壁,天井)	スレートボード	～平成16	昭和63
	石綿含有けい酸カルシウム板第一種	～平成16	昭和59
	パルプセメント板	～平成16	昭和62
	スラグせっこう板	～平成16	平成5
	押出成形セメント板	～平成18	平成12
	石綿含有ロックウール吸音天井板	～昭和62	—
	石綿含有せっこう板(ボード)	～昭和61	—
耐火間仕切り	石綿含有けい酸カルシウム板第一種	～平成16	昭和59
床材	ビニル床タイル	～昭和63	—
	フロア材	～昭和63	—
	押出成形品	～平成16	平成12
外装材(外壁,軒天)	窯業系サイディング	～平成16	昭和48
	スラグせっこう板	～平成16	平成5
	パルプセメント板	～平成16	昭和62
	押出成形セメント板	～平成16	平成12
	スレートボード	～平成16	昭和63
	スレート波板	～平成16	—
	石綿含有けい酸カルシウム板第一種	～平成7	昭和59
屋根材	住宅化粧用スレート	～平成16	—
煙突材	石綿セメント円筒	～平成16	—

注1)石綿含有ロックウール吸音天井板は石綿含有率は5%未満であるが,密度が0.5未満のため,解体・改修にあたっては,石綿粉じんの飛散に留意すること。また,製造者によっては,この製造期間以前に石綿を含まない製品もあるので確認すること。
注2)製造会社により製造期間が異なる。
注3)石綿含有けい酸カルシウム板第一種は,平成7年以前石綿の種類として,クリソタイルとアモサイトを使用していたが,平成7年のアモサイトの禁止に伴い,平成7年以降はクリソタイルを使用していた可能性がある。

の石綿有無の分析を行い,石綿ありの場合はレベル3の措置をとること。

(4)　レベル3の成形板その他

　成形板その他のうち,石綿含有成形板に関しては,平成16年10月1日から労働安全衛生法第55条に基づき製造等が禁止されたが,それ以前は,石綿代替化材料と同時並行的に販売されている場合もある。平成16年10月より前の窯業系建材には石綿が含有されている可能性が高いと判断すべきであるが,その目安を**表2-2-8**(吹付け材,耐火被覆材,断熱材は除く)に示すが,この結果を踏まえた上で,現地調査を実施する。なお,詳細な調査が必要な場合は,国土交通省・経済産業省の「石綿(アスベスト)含有建材データベース」(https://www.asbestos-database.jp/: 定期的に見直しを行っているので最新版に留意すること)を参照。

(5)　建築用仕上塗材

　建築用仕上塗材は，建築物の内外装仕上げに用いられている。石綿含有の仕上塗材に関しては，日本建築仕上材工業会のホームページ (https://www.nsk-web.org/) に掲載されている塗材は石綿を含有している可能性が極めて高い。

　なお，掲載されていない塗材に関しては，石綿有無の確認が必要である。

3.　現地調査の手順

　書面調査を行った結果に基づき，書面調査で記載されていた建材（吹付材，成形板等）が，実際に使用されているかを現地で確認するとともに，建築物内の施工状況や成形板の裏面の確認等を行い，石綿の有無を調査する。現地調査の結果，石綿の有無が不明な建材については，前述 (44 ページ) に記載した「みなし措置」とするか「分析調査の措置」とするかを判断することになるが，分析調査の措置を選択した場合は，現地にて試料を採取して，適切な分析機関に依頼することになる。

　なお，現地調査時の留意事項は次のとおりである。

・該当建築物等の現地調査において，空調ライン等換気設備がある場合は，稼働を止めること。これは石綿有無にかかわらず，該当建材からの環境中への粉じんの拡散を防ぐためである。

・現地調査にあたっては，呼吸用保護具を携帯し，建材の試料採取や建材等に接触する（天井裏の調査等）可能性がある場合は必ず呼吸用保護具を着用すること。

(1)　吹付け材

　現地調査で，石綿らしきものが見つかった場合は，石綿を含有しているか，石綿とロックウールを含有しているものか，それともロックウールのみか，または代替化繊維であるセピオライト等のいずれかである。

　なお，石綿含有の吹付け材としては，吹付けパーライト，吹付けバーミキュライト（黄金色，商品名：ゾノライト）があることに留意すること。

(2)　成形板その他

　成形板は表面化粧している場合もあるので，判別ができない場合は原則として分析調査を行う。平成元年以降に生産された石綿含有建材には，一枚一枚の建材の裏側に

石綿（asbestos）を含有している意味で「a」マーク表示（**図2-2-3**）がされているので確認すること。ただし，安衛令の一部改正により，同じaマーク表示の成形板等であっても，石綿含有量が年代によって異なるので注意が必要である。また，「a」マークの表示がない場合でも，石綿が含まれている可能性があることに留意する。

(3)　試料採取での留意事項

　現地での調査でも，石綿の有無が確定できない場合は，分析調査を行うために，現地での試料採取を行うが，試料を採取する場合は次の点に注意する。

1)　共通の試料採取の注意

・試料採取にあたっては，石綿含有の可能性があるので，必ず呼吸用保護具を着用し，可能であれば湿潤化（水または飛散抑制剤）して採取すること。

・試料は試料採取範囲（同一建材を使用していると考えられる施工範囲）から3カ所以上から採取する。

　なお，後述する定性分析方法1（偏光顕微鏡法）で石綿の有無を分析する場合は，1カ所を1試料として分析を行うが，定性分析方法2（X線回折分析法・位相差分散顕微鏡法）で石綿の有無を分析する場合は，3カ所以上から試料を採取したものを均一混合して1試料として分析することに留意する。

・一度に複数の場所で採取する場合には，採取場所ごとに，採取用具は洗浄し，手袋は使い捨てを使用する等，他の場所の試料が混入しないように，十分注意する必要がある。

・密封した容器には，試料番号，採取年月日，採取建物名，施工年，採取場所，採取部位，採取したものの形状（板状，不定形状等）を記入すること。

・採取部位を補修する場合は，石綿を含まない材料を使用し，また，接着剤を使

〈表示されている建材〉
平成元年〜平成7年の製造　石綿含有率5％を超えたもの
平成7年〜平成16年9月の製造　石綿含有率1％を超えたもの

図2-2-3　「a」マーク表示

用する場合は，ホルムアルデヒド，VOC（揮発性有機化合物）が含まれているものは避けること。

2) 吹付け材の試料採取の注意

　　吹付け材は，現場施工のため，材料組成が不均一になっている可能性が極めて高く，また，石綿含有率も年代により異なり，かつ昭和 50 年以降は石綿を含む吹付けを施工している業者と石綿を含まない業者が混在して施工している場合があるので，試料採取にあたっては，次の点に留意する。

・該当吹付け材施工部位からは，必ず施工表層から下地まで貫通して試料の採取を行うこと。

・平屋建ての建築物で施工範囲が 3,000 m^2 未満の場合，原則として，該当吹付け材施工部位の 3 カ所以上，1 カ所当たり 10 cm^3 程度の試料をそれぞれ採取しそれらの試料をひとまとめにして密閉式試料ボックスに収納すること。

・平屋建ての建築物で施工範囲が 3,000 m^2 以上の場合（3,000 m^2 以上の場合は 2 業者で施工することがある），600 m^2 ごとに 1 カ所当たり 10 cm^3 程度の試料をそれぞれ採取し，それらの試料をひとまとめにして密閉式試料ボックスに収納すること。

・一建築物であって，施工等の記録により，耐火被覆の区画に関し，耐火被覆の業者（吹付け業者）が明確な場合，業者ごとの区画を一つの施工範囲としその範囲ごとに，3 カ所以上，1 カ所当たり 10 cm^3 程度の試料をそれぞれ採取し，それぞれ密閉式試料ホルダーに入れ密閉した上で，それらの試料をひとまとめにして密閉式試料ボックスに収納すること。

・一建築物であって，耐火被覆の区画に関し，記録がなく，かつ耐火被覆の業者（吹付け業者）が不明確な場合，各階を施工範囲とし，それぞれ密閉式試料ホルダーに入れ密閉した上で，それらの試料をひとまとめにして密閉式試料ボックスに収納すること。

3) 耐火被覆材の試料採取の注意

　　耐火被覆材には，吹付け材，耐火被覆板またはけい酸カルシウム板第二種，耐火塗り材がある。吹付け材を除く耐火被覆材は施工部位が梁，柱と明確であり，各階の梁，柱全体を試料採取範囲とする。

・耐火被覆材と耐火被覆材の境界に耐火塗り材が使用されている可能性があるため，その境界を中心に試料を採取すること。

・施工範囲から奇数階および偶数階のそれぞれ1フロアを選定する。この1フロアの梁，柱から代表的な部位を1つ選び，そこから3カ所以上，1カ所当たり10 cm^{3}程度の試料をそれぞれ採取し，それぞれ密閉式試料ホルダーに入れ密閉した上で，それらの試料をひとまとめにして密閉式試料ボックスに収納すること。

4)　**断熱材の試料採取の注意**

　屋根用折板裏断熱材に関しては，石綿含有率が非常に高いため，試料採取としては特に留意する必要はないが，煙突用断熱材の試料採取にあたっては次の点に留意する必要がある。

　なお，屋根用折板裏断熱材においては3カ所以上，1カ所当たり100 cm^{2}程度の試料を，煙突用断熱材においては3カ所以上，1カ所当たり10 cm^{3}程度の材料を，それぞれ採取し，それぞれ密閉式試料ホルダーに入れ密閉した上で，それらの試料をひとまとめにして密閉式試料ボックスに収納する。

・煙道側に断熱層がある場合や煙道側の円筒管にひび割れがあり，断熱層が露出しているおそれがあるような場合は，煙道中に含まれる硫黄酸化物等により，石綿が変質し，他の物質に変わっている可能性があるため，試料採取にあたっては，表層からの試料採取を行わず，必ず下地に接するまで試料を採取すること。

・煙道側の円筒管の裏側に断熱層がある場合は，断熱層に石綿を含む場合と，断熱層は石綿が含まないが，円筒管に石綿を含む場合があるので，断熱層と円筒管を分離して試料採取を行うこと。

5)　**保温材の試料採取の注意**

・保温材については，第1章3.に述べたように，成形保温材と不定形保温材があり，不定形保温材は成形保温材に比べて，石綿含有の期間が長いため，試料採取にあたっては，成形保温材と成形保温材のつなぎ目を貫通して試料を採取すること。また，保温材は高温域で使用されるため，配管表面に接触している部位は高温によりアモサイトが変質しているおそれがあるため，そのような部位から試料の採取はしないこと。

・施工部位の3カ所以上から1カ所当たり10 cm^{3}をそれぞれ採取して密閉容器に入れ，それらの試料をひとまとめにして収納すること。

・化学プラント，火力発電所の場合は，系統単位を調査範囲とし，その系統において，定期検査を行っている場合は30 mごとに，定期検査を行っていない場

合は 60 m ごとに，3 カ所以上，下地まで貫通し，1 カ所当たり 10 cm³ 程度の
試料をそれぞれ採取して試料ボックスに入れ，それらの試料をひとまとめにし
て収納する。

・原子力発電所の場合は，配管の溶接線の肉厚のチェックのために，所定の範囲
　（2 m 程度）で定期検査を行うことになっているので，この範囲からの試料採
　取は避け，系統単位を施工範囲とし，60 m ごとに，3 カ所以上から，1 カ所当
　たり 10 cm³ 程度の試料をそれぞれ採取して試料ボックスに入れ，それらの試
　料をひとまとめにして収納する。

6)　成形板の試料採取の注意

　石綿を添加し製造された成形板（例：スレート，けい酸カルシウム板）は，使
用目的から，ほぼ施工部位が特定できるので，試料採取範囲は，構造部材であれ
ばフロア単位ごとに，建築物内設備機器に使用の部材であれば，その設備機器単
位ごとに行う。試料の採取は，試料採取範囲から 3 カ所を選定して，1 カ所当た
り 100 cm² 程度の試料をそれぞれ採取して試料ボックスに入れ，それらの試料を
ひとまとめにして収納する。この他，試料採取にあたって次の点に留意すること。

・試料採取範囲内において，改修の有無に関する確認を行うこと。改修が行われ
　た場合は，施工範囲全体に石綿を含んでいないものを施工したか，それとも部
　分的に施工したかにより，石綿の有無分析に大きな影響を及ぼす。そのため，
　改修が行われたことが明確な場合は，試料数を 3 カ所から 5 カ所にして行うこ
　とが望ましい。

・成形板には，表面を化粧したものがあり，表面のみの試料採取はしないこと。

7)　建築用仕上塗材の試料採取の注意

　建築用仕上塗材は，採取面に無じん水*を散布してから，カッターナイフ，ス
クレーパ等で建築用仕上塗材表面部分から内部に刃先を入れ，少しずつ剥離して
採取する。試料の採取は，採取範囲から 3 カ所を選定して，1 カ所当たり 10 cm³
程度の試料をそれぞれ採取して試料ボックスに入れ，それらの試料をひとまとめ
にして収納する。この他，試料採取にあたって次の点に留意すること。なお，建
築用仕上塗材の試料採取の詳細については，厚生労働省「石綿則に基づく事前調
査のアスベスト分析マニュアル【第 2 版】」を参照のこと。

＊無じん水：精製水または蒸留水を孔径0.45μm のメンブランフィルタでろ過した水。

・建築用仕上塗材のうち，薄付け仕上塗材の場合は，比較的広い面積で試料を採取する。また，厚付け仕上塗材の場合は，主材層から部分的に試料を採取するとともに，同一敷地内で棟の施工業者が異なるときは，別々に試料を採取する。

・改修（再塗装）において，塗材に亀裂等なしの場合は，建築用仕上塗材が調査対象になるので，建築用下地調整塗材が混入しないように採取する。

・解体においては建築用仕上塗材および建築用下地調整塗材が調査対象になるので，建築用下地調整塗材まで採取し，コンクリート等が付着していないことを確認する。

4.　分析調査の実施

　現場調査で採取した試料は，1つの試料にしたうえで，建材中の石綿含有率の分析を行うことのできる分析機関に発注して行う。なお，分析機関については，（公社）日本作業環境測定協会のホームページ（https://www.jawe.or.jp）に掲載されているので，参考にすること。

　ただし，分析による調査は，令和5年10月1日から，適切に分析調査を実施するための知識および技能を有する者として厚生労働大臣が定めた者が行うことになっている。

5.　建築材料中の石綿有無の分析方法の概要

　石綿は結晶構造をもつ繊維形態をしたもので，この特徴を活かした分析方法が，JIS A 1481 規格群「建材製品中のアスベスト含有率測定方法」（JIS A 1481−1，2，3，4，5）に規定されているが，厚生労働省では，さらに，石綿則の観点から，これらの規格群に基づいた分析上の留意点等を記載した「石綿則に基づく事前調査のアスベスト分析マニュアル【第2版】」（以下「分析マニュアル」という。）を公表している。この分析マニュアルは，定性分析方法1（偏光顕微鏡法），定性分析方法2（X線回折分析法・位相差分散顕微鏡法），定量分析方法1（X線回折分析法[*]），定量分析方法2（偏光顕微鏡法），定性分析方法3（電子顕微鏡法），天然鉱物中の石綿含有率分析方法で

---

[*] ISO（国際標準機関）の翻訳であるJIS A 1481-5（X線回折分析法）に関しては，定量分析法1で記述されているが，主な相違は，検量線の作製方法である。

構成されており，分析にあたっては，これらを適宜組み合わせて，法規制対象の石綿含有率0.1％の精度を担保すること。以下，定性分析方法1，2及び定量分析方法1，2の概要を記載する。分析にあたっては，この分析マニュアルを参照のこと。

　定性分析方法1（偏光顕微鏡法）は，繊維状粒子が存在する場合，偏光顕微鏡を使用して，形態・屈折率・色・多色性・複屈折等を観察することにより，石綿の有無を判定している。定性分析方法2（X線回折分析法・位相差分散顕微鏡法）は，結晶性および石綿特有の回折ピークにより判定するX線回折分析法と，繊維形態と屈折率をみることのできる位相差・分散顕微鏡との併用によって，石綿の有無を判定している。

　定量分析方法1（X線回折分析法）は，前述の定性分析方法1，2に基づく判定結果が石綿ありの場合，どの程度石綿を含有しているかをX線回折定量分析方法により，石綿の含有率を求めている。

　定量分析方法2（偏光顕微鏡法）は，前述の定性分析方法1，2に基づく判定結果が石綿ありの場合，どの程度石綿を含有しているかを，偏光顕微鏡を用いて，石綿の含有率を求めている。

　前述の定性分析方法1，2及び定量分析方法1の概要を図2-2-4〜図2-2-6に示す。

　なお，バーミキュライトを含む吹付け材については，採取した試料を塩化カリウム処理した後に，X線回折分析装置を用いて，標準試料のクリソタイル，トレモライトの回折ピークと比較して，石綿の有無を判定する。その概要を図2-2-7に示す。

　また，バーミキュライトからウィンチャイト，リヒテライトが検出される場合もあるので，これらの物質については，石綿に準じたものとし，石綿，ウィンチャイト，リヒテライトの合計が，その重量の0.1％を超えて含有する場合には，石綿則に準じたばく露防止対策を講じなければならない。

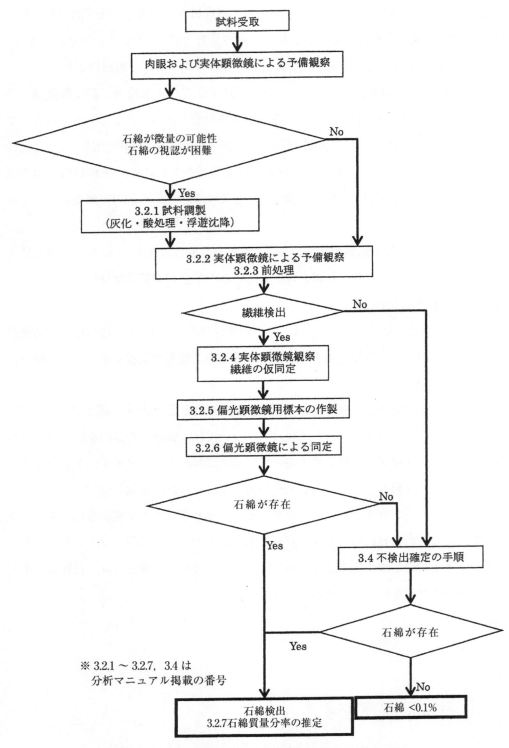

図 2-2-4　定性分析方法 1（偏光顕微鏡法）での分析の流れ

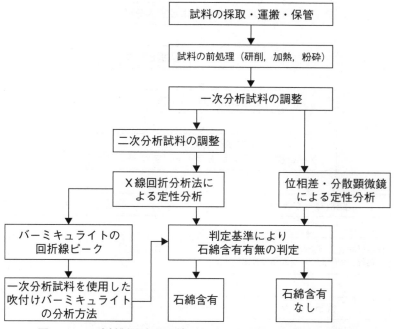

図 2-2-5　建材製品中の石綿含有の判定のための定性分析手順

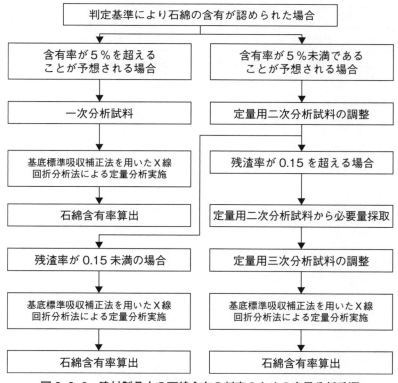

図 2-2-6　建材製品中の石綿含有の判定のための定量分析手順

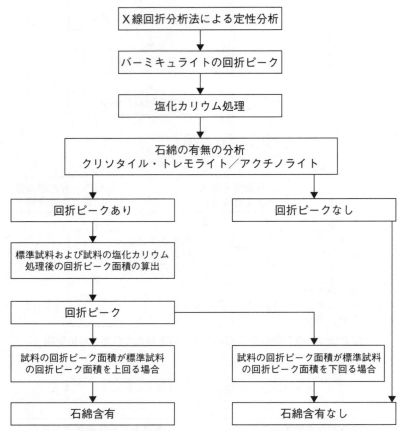

図 2-2-7　吹付けバーミキュライトの分析手順

Ⅲ　建築物の解体等における石綿粉じんばく露防止対策

1. 全レベル共通の事項

(1)　作業計画の作成【全レベル共通】

　事業者は，建築物，工作物または船舶（鋼製に限る）の解体または改修（封じ込めまたは囲い込みを含む）の作業を行うときは，これら「解体等対象建築物等」（解体等作業に係る部分に限る）の事前調査の結果等を踏まえ，石綿粉じん対策等を盛り込んだ作業計画を作成し，関係労働者に周知するとともに，この計画に従って施工しなければならない。石綿作業主任者は，この作業計画の作成にあたって中心的な役割を担うことが求められる。

　なお，作業計画は，後述する「建設工事計画届」の対象とはならない石綿含有成形品（いわゆるレベル3建材（石綿含有吹付けバーミキュライトおよび石綿含有吹付けパーライトを除く石綿含有建築用仕上塗材を含む））の除去作業についても作成しなければならないことに留意する。

　作業計画には次の事項を盛り込まなければならない。

1)　安全衛生管理体制

　　法令に基づき，統括安全衛生責任者，安全衛生責任者，石綿作業主任者等の必要な安全衛生管理体制（図2-2-8）。

　　なお，廃棄物の処理および清掃に関する法律により，産業廃棄物の処理委託にあたっては，元請業者が収集運搬業者，処分業者とそれぞれ書面により委託契約することが義務付けられている。また，作業環境測定機関との委託契約については法的制約はないが，元請業者が直接契約することが望ましい。

2)　作業方法，順序

　　解体工事に先立ち石綿含有建材を撤去・解体するなど，除去する石綿含有建材ごとの除去の手順・方法。

3)　粉じん発散防止，抑制措置

　　除去する石綿含有建材に応じた適切な湿潤化（散水，薬剤塗布等）の方法。
　　湿潤化が困難な場合は，その代替措置。

4)　労働者の粉じんばく露防止措置

　　除去する石綿含有建材の種類や作業方法に応じた，使用する呼吸用保護具，保

61

護衣（作業衣）の種類。

5) 隔離，立入禁止措置

　　除去する石綿含有建材の種類や作業方法に応じた，適切な隔離または立入禁止措置の範囲・方法。

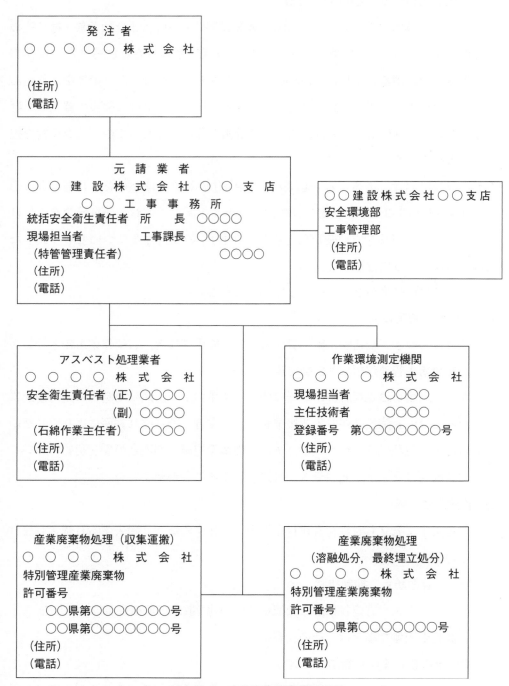

図2-2-8　安全衛生管理体制（例）

表2-2-9　解体等の作業において必要となる届出一覧

		レベル1	レベル2	レベル3	期日等
	安衛法：第88条（工事計画届）	解体等対象建築物等の石綿含有吹付け材除去・封じ込め・囲い込み作業	解体等対象建築物等の保温材等の除去・封じ込め囲い込み作業		14日前までに労働基準監督署長に届出
	石綿則：第4条の2（事前調査結果等の報告）（大防法も同様）	① 解体等工事であって，床面積の合計が80m²以上 ② 改修工事にあっては，請負代金の合計が100万円（税込み）以上 ③ 石綿含有建材がない場合も報告対象 ④ 原則電子システムによる報告 ＊施行日：令和4年4月1日			遅くとも解体等工事に着手する前
参考	大防法（特定粉じん排出等作業届）	建築物・工作物の石綿含有吹付け材除去・封じ込め・囲い込み	建築物・工作物の保温材等の除去・封じ込め・囲い込み作業		14日前までに都道府県知事等に届出
	建設リサイクル法（分別解体等届出）	特定建設資材（コンクリート・木材等）を使用した建築物・工作物の解体等工事（指定規模以上のもの）			7日前までに都道府県知事等に届出
	条例	自治体ごとに異なる			

6）　その他

作業環境測定（大気環境測定を含む），廃棄物の処理方法。

その他周辺環境対策等に関しても計画に記載することが望ましい。

事業者が，解体工事に関し施工計画書を作成している場合には，その中に上記項目を盛り込めばよい。また，施工中に事前調査では把握することができなかった石綿含有建材を発見した場合には，解体等の作業を中止し，その場所に立入禁止措置等を講じ，そのつど作業計画を見直すことや届出の出し直しの要否を確認することなどが必要となる。

（2）　届出【レベル1，2】

石綿含有吹付け材，石綿含有保温材・断熱材・耐火被覆材の除去作業および封じ込め，囲い込みの作業（石綿粉じんが発散し，労働者がばく露するおそれがあるとして石綿則第10条第1項に基づき行う石綿含有吹付け材，保温材等の封じ込め，囲い込みの作業。以下同じ）においては，表2-2-9に示す届出が必要となる。参考として大気汚染防止法（以下「大防法」という。）等の届出も併記している。なお，石綿則においては事業者が届出することとされているが，大防法では届出義務者は発注者とされている。

このうち，安衛法，石綿則に基づく届出の詳細は作業に応じて以下のとおりとなる。

1)　解体等対象建築物等の除去等作業の建設工事計画届

　　①　対象作業

　　　・解体等対象建築物等に吹き付けられた石綿等【レベル1】注) の除去，封じ込めまたは囲い込みの作業

　　　・解体等対象建築物等に張り付けられた石綿含有の保温材，耐火被覆材【レベル2】注) 等の除去，封じ込めまたは囲い込みの作業（石綿等の粉じんを著しく発散するおそれのあるものに限る）。

　　　　注) レベル分けについては，表2-2-1「石綿含有建材の分類」(P.39) を参照。

　　②　提出書類

　　　・建設工事計画届（安衛則様式第21号）（以下「計画届」という。）

　　　・作業を行う場所の周囲の状況および四隣との関係を示す図面

　　　・建築物の概要を示す図面

　　　・工事用の機械，設備等の配置を示す図面

　　　・工法の概要を示す書面または図面（粉じん発散防止・抑制措置を含む）

　　　・労働災害を防止するための方法および設備の概要を示す書面または図面（粉じんばく露防止措置を含む）

　　　・工程表

　　③　届出期日，届出先

　　　・工事開始の14日前までに

　　　・作業場所を管轄する労働基準監督署長

　計画届を提出すべき業種は建設業と土石採取業に限られているため，これら以外の業種の場合は，石綿則第5条の作業届の提出が必要である。

　なお，前記1)の建設工事計画届を提出する場合には，作業届の提出は要しない。

(3)　石綿作業主任者の選任，特別教育等【全レベル共通】

　石綿含有建材が使用されている建築物等の解体等の作業では，石綿作業主任者を選任すること，労働者に特別教育を実施すること，石綿健康診断を受診させることが，事業者に義務付けられている。元請業者が，除去等の作業を下請負人に発注する場合は，契約時，作業計画書，安全衛生関係書類の作成時，あるいは現場に初めて作業従

64

表 2-2-10　石綿作業主任者の選任等

	レベル1の建材の除去・封じ込め作業・囲い込み作業	レベル2の建材の除去・封じ込め作業・囲い込み作業	レベル3の建材の除去作業
石綿則	石綿作業主任者の選任		
	特別教育の実施（解体等対象建築物等の解体等の作業に係るすべての労働者）		
	石綿健康診断の実施（石綿等の取扱い業務等に常時従事する（した）労働者）周辺作業に従事した者 注)		
廃棄物処理法	特別管理産業廃棄物管理責任者の設置（排出事業者：元請業者）		

注)周辺作業とは関係者以外の立入禁止措置を講じるよう規定された作業場内で石綿を取り扱わない作業のことをいう。

事者が入場する時等これらを確認する必要がある。

　また，レベル1，2の建材の除去作業においては，「廃棄物の処理および清掃に関する法律」（以下「廃棄物処理法」という）において，特別管理産業廃棄物管理責任者を設置することが求められているが，これは産業廃棄物の排出事業者（建設業にあっては元請業者）に義務付けられているものである（**表 2-2-10**）。

1)　石綿作業主任者の選任

　石綿作業主任者は，石綿作業主任者技能講習を修了した者から選任することとなっている。石綿作業主任者技能講習は平成 18 年 4 月から実施されており，それ以前の旧特定化学物質等障害予防規則の技能講習修了者から選任することもできる。石綿作業主任者は次のことを実施する。

・作業計画の作成等作業の方法を決定し，その作業を指揮監督する。

・呼吸用保護具，保護衣（または作業衣）の使用状況を監視する。

　このほか，除去作業のレベルに応じて，次のことを実施する。

【レベル 1】

・作業場所の隔離，セキュリティーゾーンの設置，集じん・排気装置の設置等が適切に実施されるように指揮する。

・集じん・排気装置を点検する。

・隔離した作業場内の負圧が適切に維持されていることを適時，確認する。

・隔離した作業場所への当該労働者以外の立入禁止措置および各種の掲示を実施する。

・除去作業終了後，隔離を解く前^{注)1}に，石綿等に関する知識を有する者^{注)2}（以下「有資格者」という。）により取り残しがないことを目視確認する。

・作業場内の石綿粉じんを作業場外で再飛散させないように，使い捨て保護衣の管理，呼吸用保護具の管理を適切に行う。

・除去した廃石綿等が，二重梱包され所定の場所で適切に保管されていることを監視する。

・作業中および作業終了後，隔離撤去後に，作業場所，休憩場所の清掃を実施する。

・作業の実施結果を記録する。

【レベル2】

・レベル2の除去作業のうち，切断，穿孔，研磨等の作業を伴う場合は，レベル1と同様，作業場所の隔離等の措置を実施するよう指揮するほか，負圧の監視や取り残しの確認等の措置もレベル1と同様に行う。

・当該労働者以外の立入禁止（切断等の作業を伴わない除去作業）の区域を設定し，立入禁止表示を行うとともに，各種掲示を実施する。

【レベル3　石綿含有建築用仕上塗材】

・レベル3建材を除去する場合は，切断や破砕等（以下「切断等」という。）以外の方法（原形のまま取り外す）により実施するように周知し指揮する。ただし，切断等以外の方法で除去することが技術上困難な場合は，湿潤な状態で除去作業等を実施することを指揮および監視する。

・レベル3建材の中で，けい酸カルシウム板第一種の除去にあたっては，切断等を伴う方法により実施する場合は，作業場外部に石綿粉じんが飛散しないように隔離（負圧は不要）のうえ，常時湿潤な状態を保つことが求められているため，その措置を実施するように指揮および監視をする。

・石綿含有建築用仕上塗材の除去にあたって，電動工具を用いる作業^{注)3}の場合は，石綿粉じんが飛散しないように隔離（負圧は不要）のうえ，常時湿潤な状態を保つ^{注)4}ことが求められているため，その措置を実施するように指揮およ

注)1　大防法では，すべての石綿含有建材（特定建築材料）の除去を完了した後
注)2　・建築物石綿含有建材調査者（ただし，令和5年10月1日から適用）
　　　・当該除去作業に係る石綿作業主任者
注)3　ディスクグラインダーまたはディスクサンダーを用いて除去する作業をいい，高圧水洗工法，超音波ケレン工法等により除去する作業は含まれない。
注)4　「常時湿潤な状態を保つ」処置の方法として，剥離剤を使用する方法も含まれる。

び監視をする。

・関係者以外の立入禁止の区域を設定し，立入禁止表示を行うとともに，各種掲示を実施する。

【レベル2，3　石綿含有建築用仕上塗材】（共通）

・石綿粉じんを立入禁止区域外に再飛散させないように，呼吸用保護具，保護衣または作業衣の石綿粉じんを拭き取るなど適切に管理する。

・作業中および作業終了後，作業場所，休憩場所の清掃を実施する。

・作業の実施状況および結果を記録し，保存する。

2）　特別教育

石綿等が使用されている建築物等の解体等および石綿則第10条第1項に基づくすべての除去等作業に従事する労働者は，特別教育修了者であることが必要となる。特別教育は，事業者が行うこととされているが，外部の教育機関等が実施する講習を受講させることでもよい。

（関連する特別教育）

・足場の組立て等作業従事者特別教育（安衛則第36条第39号）

・フルハーネス型墜落制止用器具特別教育（安衛則第36条第41号）

（4）　立入禁止措置，掲示等

1）　立入禁止措置等

除去する建材のレベルによって，異なった措置が必要となる（**表2-2-11**）。

【レベル1】　隔離措置が必要であり，隔離した作業場内には適切な保護具等を着用した当該作業を行う労働者以外は立入禁止となる。

【レベル2】　切断，穿孔，研磨等の作業を伴う場合は隔離措置が必要であり，レベル1と同様。その他の場合は隔離は必要ないものの，作業場内は適切な保護具等を着用した当該作業を行う労働者以外立入禁止となることはレベル1と同様である。そのため立入禁止区域を明確にすることが求められる。

また，特定元方事業者[注]は他の作業と同時作業とならないよう作業間調整を行うことが求められており，やむを得ず他の作業と同時

注）特定元方事業者とは，元方事業者のうち建設業と造船業に属するものをいう。

表 2-2-11 除去する建材のレベルごとの立入禁止措置等および各種掲示

	レベル1	レベル2	レベル3
立入禁止等	隔離	切断等を伴う場合，隔離その他の場合，当該労働者以外立入禁止	切断等を伴う場合，負圧を伴わない隔離，関係者以外立入禁止
掲示	立入禁止，喫煙・飲食禁止，石綿作業主任者の氏名・職務 石綿取扱注意，事前調査の結果		
	建築物の解体等の作業に関するお知らせ		

作業となる場合には，当該作業を行う労働者に石綿等使用建築物等の解体等作業である旨を周知することが必要となる。

【レベル3】 関係者以外立入禁止であり，工事関係者以外の第三者の立入禁止措置をとる。

石綿含有仕上塗材をディスクグラインダー等電動工具を使用して除去するときや，けい酸カルシウム板第一種を切断，破砕等するときは，ビニルシート等により作業場所を隔離（負圧は不要）しなければならない。

2) 掲示

石綿則においては，図 2-2-9 の 4 種類および図 2-2-10 〜 図 2-2-12 に示す事前調査結果の標識の掲示を義務付けている。当該立入禁止区域の出入りの部分等，労働者の見やすい場所に掲示しなければならない。

また，厚生労働省から関係団体に発せられた通知により，建築物の解体・改修工事において，近隣住民の不安解消のための情報開示を目的として「建築物の解体等の作業に関するお知らせ」看板を設置するよう指導されている。

また「事前調査の結果」は，労働者の見やすい場所に掲示することが義務付けられているが，施行通達では「建築物の解体等の作業に関するお知らせ」看板に含めてもよいとされているほか，「関係労働者のみならず周辺住民にも見やすい場所に掲示することが望ましい」とされている。

また，大防法では「事前調査結果」は公衆の見やすい場所に掲示することが義務付けられ，A3 判（42.0 cm×29.7 cm）以上の掲示板とすることも定められている。

名称	人体に及ぼす作用	取り扱い上の注意事項	保護具	応急措置
石綿	◎管理濃度五マイクロメートル以上の繊維として〇・二五本毎立方センチメートル。粉じんは五〜百ミクロンの無色針状の長い石綿粉じんとして吸入される。 ◎これに伴って気管支や肺胞の壁が増殖し、肺の下部に閉塞性細気管支炎が起こり、気管支拡張、肺気腫、無気肺などに進行する。 ◎石綿粉じんが肺内でたん白質と結びついて黄褐色の連珠状の石綿小体を作るからこれがたんの中に見つかれば石綿粉じんを吸入した証拠になる。 ◎せき、たん、呼吸困難、食欲不振などが起きる。 ◎肺がんが合併するといわれる。胸膜の肥厚した所には中皮腫(がんの一種)が多発する。	◎取り扱いによって発じんする場所では可能な限り装置を設ける。 ◎建築物の解体等工事において、石綿含有建材を取り扱う作業では、電動ファン付き呼吸用保護具又は適正な防じんマスクの使用により石綿粉じんの吸入をさけること。	◎電動ファン付き呼吸用保護具又は防じんマスク(使い捨てマスクを除く)、保護めがね、保護衣(作業のレベルにより作業衣)、シューズカバー、手ぶくろ。	◎皮ふについた場合―石綿の繊維の刺激で皮ふがかゆくなり、皮ふ炎を起こすことがあるが、そのような場合は医師の処置を受ける。 ◎目に入った場合―流水にて15分間以上洗い、眼科医の処置を受ける。

石綿除去取扱い注意事項周知の例

石綿作業主任者の職務

1. 作業に従事する労働者が石綿等の粉じんに汚染され、又はこれらを吸入しないように、作業の方法を決定し、労働者を指揮すること。
2. 局所排気装置、プッシュプル型換気装置、除じん装置その他労働者が健康障害を受けることを予防するための装置を1月を超えない期間ごとに点検すること。
3. 保護具の使用状況を監視すること。

作業主任者氏　　名	

356-37

石綿作業主任者の氏名・職務の表示

注意
石綿除去作業中
専用保護具無き者
立入禁止

立入禁止（石綿除去作業中）の表示

作業場内での喫煙
及び飲食を禁ず
石綿障害予防規則第33条

作業場内喫煙・飲食禁止の表示

図 2-2-9　各種表示の例

石綿含有吹付け材、石綿含有保温材等の除去等を含む作業(届出対象)記入例　※掲示サイズは(横 420mm 以上、縦 297mm 以上)

建築物等の解体等の作業に関するお知らせ

本工事は、石綿障害予防規則第 4 条の 2 及び大気汚染防止法第 18 条の 15 第 6 項の規定による事前調査結果の報告[注1)]、労働安全衛生法第 88 条第 3 項(労働安全衛生規則第 90 条第五号の二)の規定による計画の届出及び大気汚染防止法第 18 条の 17 第 1 項の規定による作業実施の届出を行っております。

石綿障害予防規則第 3 条第 8 項及び大気汚染防止法第 18 条の 15 第 5 項及び同法施行規則第 16 条の 4 第二号の規定により、解体等の作業及び建築物の特定粉じん排出等作業について以下のとおり、お知らせします。

事業場の名称：○○○○解体工事作業所			
届出先及び届出年月日	東京○○　労働基準監督署	令和○○年○○月○○日	発注者または自主施工者
	東京都・道・府・県　　　○○市区	令和○○年○○月○○日	氏名又は名称(法人にあっては代表者の氏名)
調査終了年月日		令和○○年○○月○○日	○○不動産(株)　代表取締役社長　○○　○○
看板表示日		令和○○年○○月○○日	住所
解体等工事期間	令和○○年○○月○○日　～　令和○○年○○月○○日		東京都○○区○-○
石綿除去(特定粉じん排出)作業等の作業期間	令和○○年○○月○○日　～　令和○○年○○月○○日		

調査方法の概要(調査箇所)　／　元請業者(工事の施工者かつ調査者)

【調査方法】書面調査、現地調査、分析調査
【調査箇所】建物全体(1階～4階)
　※改修等の場合は、改修等を実施するために調査した箇所を記載する。
　(例)1階機械室(改修等工事対象場所)

氏名又は名称(法人にあっては代表者の氏名)
　○○建設株式会社　代表取締役社長

調査結果の概要(部分と石綿含有建材(特定建築材料)の種類、判断根拠)

住所
　東京都○○区○-○

【石綿含有あり】
　1階　機械室　吹付け石綿　クリソタイル
　1階　機械室　保温材(石綿含有とみなし)
　エレベーターシャフト　吹付け石綿　クリソタイル
【石綿含有なし】○数字は右下欄の「その他の事項」を参照
　1～4階　トイレ内PS　保温材③
　1～4階　床：ビニル床タイル③、天井：フレキシブルボード④　その他の建材④⑤

現場責任者氏名　　○○　○○
連絡場所 TEL　03-×××-××××

　　○○　○○　を石綿作業主任者に選任しています。

調査を行った者(分析等の実施者)
氏名又は名称及び住所

石綿除去等作業(特定粉じん排出等作業)の方法

事前調査・試料採取を実施した者
　①特定建築物石綿含有建材調査者
　○○環境(株)氏名 ○○　　登録番号 ○○○○
　　住所：東京都○○区○○-○○
分析を実施した者
　②○○環境分析センター
　　氏名 ○○　　登録番号 ○○○○
　　住所：埼玉県○○市○○-○○

石綿含有建材(特定建築材料)の処理方法		除去 ・ 囲い込み ・ 封じ込め ・ その他
集じん排気装置	機種・型式・設置数	・機種：集じん・排気装置　・型式：○○○-2000　・設置数：○台
	排気能力(㎥/min)	○○m³/min(1時間あたりの換気回数4回以上)
	使用するフィルタの種類及びその集じん効果(%)	HEPAフィルタ　補修効率：99.97%　・粒子径：0.3μm
使用する資材及びその種類		・湿潤用薬液：○○○○　・固化用薬液：○○○○ ・隔離用シート(厚さ：床○mm、その他○mm)　・接着テープ 等
その他の石綿(特定粉じん)の排出又は飛散の抑制方法		(例)・吹付け層に薬液を含み浸する等により表層面を被覆する封じ込め工法[注2)] (例)・板状材料で完全に覆うことにより密閉する囲い込み工法[注2)]
備考：その他の条例等の届出年月日		

その他の事項
調査結果の概要に示す「石綿含有なし」に記載された○数字は、以下の判断根拠を表す
　①目視　②設計図書　③分析　④材料製造者による証明
　⑤材料の製造年月日

○○区建築物の解体工事等に関する要綱(令和○○年○月○日届出)

注1)工事に係る部分の床面積の合計が 80m² 以上の建築物の解体工事、請負金額 100 万円以上の建築物の改修等工事等の場合
注2)封じ込め工法や囲い込み工法を行う場合の記載例

図 2-2-10　事前調査の結果および作業内容等の掲示
(例-石綿含有吹付け材，石綿含有保温材等の除去等を含む作業(届出対象))[1)]

石綿含有成形板等、石綿含有仕上塗材の除去等作業(届出非対象)記入例　※掲示サイズは(横 420mm 以上、縦 297mm 以上)

建築物等の解体等の作業に関するお知らせ

本工事は、石綿障害予防規則第 4 条の 2 及び大気汚染防止法第 18 条の 15 第 6 項の規定による事前調査結果の報告を行っております。[注)]

石綿障害予防規則第 3 条第 8 項及び大気汚染防止法第 18 条の 15 第 5 項及び同法施行規則第 16 条の 4 第二号の規定により、解体等の作業及び建築物の特定粉じん排出等作業について以下のとおり、お知らせします。

事業場の名称：○○○○解体工事作業所		
調査終了年月日	令和○○年○○月○○日	発注者または自主施工者
		氏名又は名称(法人にあっては代表者の氏名)
看板表示日	令和○○年○○月○○日	○○○○開発(株)　代表取締役社長　○○　○○
		住所
解体等工事期間	令和○○年○○月○○日　～　令和○○年○○月○○日	東京都○○区○-○
石綿除去(特定粉じん排出)作業等の作業期間	令和○○年○○月○○日　～　令和○○年○○月○○日	

調査方法の概要(調査箇所)　／　元請業者(工事の施工者かつ調査者)

【調査方法】書面調査、現地調査、分析調査
【調査箇所】建物全体(1階～3階)

氏名又は名称(法人にあっては代表者の氏名)
　○○建設株式会社　代表取締役社長　○○　○○

調査結果の概要(部分と石綿含有建材(特定建築材料)の種類、判断根拠)

住所
　東京都○○区○-○

【石綿含有あり】
　外壁　石綿含有仕上塗材　クリソタイル
　1階　軒天　石綿含有けい酸カルシウム板第1種　クリソタイル
　2階　事務室・会議室 A 床　ビニル床タイル　クリソタイル
　2階　給湯室　天井　フレキシブルボード　クリソタイル
【石綿含有なし】○数字は右下欄の「その他の事項」を参照
　1階　倉庫　吹付けロックウール　③
　1～3階　床：ビニル床シート⑤、壁：けい酸カルシウム板第1種：④　天井：岩綿吸音板③　その他の建材④⑤

現場責任者氏名　　○○　○○
連絡場所 TEL　03-×××-××××

　　○○　○○　を石綿作業主任者に選任しています。

調査を行った者(分析等の実施者)
氏名又は名称及び住所

石綿除去等作業(特定粉じん排出等作業)の方法

事前調査・試料採取を実施した者
　①一般建築物石綿含有建材調査者
　○○環境(株)氏名 ○○　　登録番号 ○○○○
　　住所：東京都○○区○○-○○
分析を実施した者
　②○○環境分析センター
　　氏名 ○○　　登録番号 ○○○○
　　住所：埼玉県○○市○○-○○

石綿含有建材(特定建築材料)の処理方法		除去 ・ その他
特定粉じんの排出又は飛散の抑制方法	石綿含有成形板等	(例)フレキシブルボードは原形のまま取り外す。ビニル床タイルは湿潤化しながらバール等で除去を行う。石綿含有けい酸カルシウム板第1種は作業場を養生シートで養生(隔離)し、湿潤化しながらバール等で除去を行う。
	石綿含有仕上塗材	(例)剥離剤併用手工具ケレン工法。外周を養生シートで養生(隔離)し、除去を行う。
使用する資材及びその種類		・湿潤用薬液：○○○○　・剥離剤：○○○○ ・養生用シート(厚さ：○mm)　・接着テープ 等
備考：その他の条例等の届出年月日		

その他事項
調査結果の概要に示す「石綿含有なし」に記載された○数字は、以下の判断根拠を表す
　①目視　②設計図書　③分析　④材料製造者による証明
　⑤材料の製造年月日

○○区建築物の解体工事等に関する要綱(令和○○年○月○日届出)

注)工事に係る部分の床面積の合計が 80m² 以上の建築物の解体工事、請負金額 100 万円以上の建築物の改修等工事等の場合

図 2-2-11　事前調査の結果および作業内容等の掲示
(例-石綿含有成形板等，石綿含有仕上塗材の除去等作業(届出非対象))[1)]

石綿使用なし記入例　※掲示サイズは（横420mm以上、縦297mm以上）

建築物等の解体等の作業に関するお知らせ

本工事は、石綿障害予防規則第4条の2及び大気汚染防止法第18条の15第6項の規定による事前調査結果の報告を行っております。注)
大気汚染防止法、労働安全衛生法、石綿障害予防規則及び条例等に基づく調査結果をお知らせします。

事業場の名称：〇〇〇〇解体工事作業所		
調査終了年月日	令和〇〇年　〇月　〇日	元請業者（解体等工事の施工者かつ調査者）
看板表示日	令和〇〇年　〇月　〇日	氏名又は名称（法人にあっては代表者の氏名）
解体等工事期間：令和〇〇年　〇月　〇日～令和〇〇年　〇月　〇日		〇〇建設株式会社　代表取締役社長　〇〇〇〇

調査方法の概要（調査箇所）
【調査方法】書面調査、現地調査、分析調査
　　※建物の着工日で石綿含有なしを判断した場合は、書面調査のみとなる
【調査箇所】建築物全体（1階～3階）

住所
東京都〇〇区〇ー〇

現場責任者氏名　〇〇〇〇
連絡場所TEL　　03ー×××ー××××

調査結果の概要（部分と石綿含有建材（特定建築材料）の種類、判断根拠）
石綿は使用されていませんでした。（特定工事に該当しません）

【石綿含有なし】〇数字は右下欄の「その他の事項」を参照
1～3階　床：ビニル床タイル③　ビニル床シート③、天井：岩綿吸音板③、けい酸カルシウム
　　　　板第1種③、壁：スレートボード⑤
外壁　仕上塗材③

※建築物の着工日で石綿含有なしを判断した場合の例
建築物の着工日が2006年9月1日以降⑤

調査を行った者（分析等の実施者）
氏名又は名称及び住所
事前調査・試料採取を実施した者
　①日本アスベスト調査診断協会登録者
　　氏名　〇〇　〇〇　　会員番号　〇〇〇〇
　　住所：東京都〇〇区〇〇ー〇〇
分析を実施した者
　②〇〇環境分析センター　代表取締役社長　〇〇　〇〇
　　氏名　〇〇　〇〇　　登録番号　〇〇〇〇
　　住所：埼玉県〇〇市〇〇ー〇〇

その他事項
調査結果の概要に示す「石綿含有なし」に記載された〇数字は、以下の判断根拠を表す
①目視　②設計図書　③分析　④材料製造者による証明
⑤材料の製造年月日

注）工事に係る部分の床面積の合計が80m²以上の建築物の解体工事、請負金額100万円以上の建築物の改修等工事等の場合

図2-2-12　事前調査の結果および作業内容等の掲示（例-石綿使用なし）[1]

(5)　作業記録

石綿則においては，事業者は，常時石綿含有建材を取り扱う労働者について1カ月ごとに以下の事項を記録し，労働者が当該作業に従事しなくなった日から40年間（以後，「40年」と略す）保存しなければならない。

・労働者の氏名

・従事した作業の概要および期間

・石綿粉じんに著しく汚染される事態が生じたときの概要および応急措置概要

この作業記録の作成は，実際の現場では石綿作業主任者が行うことが多く，その際は，できるだけ毎日作成しておくことが望ましい。

この作業記録には，上記の内容のほか，工事発注者，元請業者，作業場の名称等を記録しておかなければならない。また，事前調査の結果の概要や石綿粉じん濃度測定の結果の概要等も記録しておかなければならない。

1）　出典：「建築物等の解体等に係る石綿ばく露防止及び石綿飛散漏えい防止対策徹底マニュアル　令和3年3月」（厚生労働省労働基準局安全衛生部化学物質対策課，環境省水・大気環境局大気環境課）

　石綿の粉じんを発散する場所における業務（周辺業務）に従事する労働者について
も，その作業期間等を記録することが義務付けられている。

　事業者は，石綿使用建築物等解体等作業を行ったときは，事前に作成した作業計画
に従って，除去等作業を行ったことを写真その他実施状況を確認できる方法により記
録を作成するとともに**表 2-2-12** に示す事項を記録し，これらを当該石綿使用建築物
等解体等作業を終了した日から 3 年間保存しなければならない。

表 2-2-12　作業の記録の対象者，記録事項および保存期間

石綿則による記録事項	〔参考〕大防法による記録事項
●石綿則第 35 条の 2 第 1 項 ・記録の実施者：すべての事業者 ・保存期間：工事終了後 3 年間 ・記録事項 ✓　作業計画に従って石綿使用建築物等解体等作業を行わせたことについて，写真その他実施状況を確認できる方法により記録する ✓　当該石綿使用建築物等解体等作業に従事した労働者の氏名および当該労働者ごとの当該石綿使用建築物等解体等作業に従事した期間 ✓　周辺作業従事者の氏名および当該周辺作業従事者ごとの周辺作業に従事した期間	●法第 18 条の 14，施行規則第 16 条の 4 第 3 号 ・記録の実施者：元請業者，自主施工者および下請負人 ・保存期間：工事終了後まで保存 ・記録事項 ✓　特定粉じん排出等作業の実施状況 　　（石綿含有吹付け材の切断等を伴う除去，封じ込め，囲い込み，石綿含有断熱材等の切断等を伴う除去および封じ込めを行う場合は確認年月日，確認の方法，確認の結果および確認者の氏名を含む）
●石綿則第 35 条 ・記録の実施者：すべての事業者 ・保存期間：従事者が当該作業に従事しなくなった時から 40 年間 ・記録事項 ✓　従事した作業の概要 ✓　作業に従事した期間 ✓　作業に係る事前調査（分析調査を行った場合においては事前調査および分析調査）の結果の概要 ✓　上欄の記録の概要 ✓　保護具等の使用状況（周辺作業従事者※のみ） ※石綿の除去等作業を行っている場所において，他の作業に従事していた者	●法第 18 条の 23 第 2 項，施行規則第 16 条の 17 ・記録の実施者：元請業者または自主施工者 ・保存期間：工事終了後 3 年間 ・記録事項 ✓　特定工事の発注者の氏名または名称および住所並びに法人にあってはその代表者の氏名 ✓　特定工事の元請業者または自主施工者の現場責任者の氏名および連絡場所 ✓　下請負人が特定粉じん排出等作業を実施する場合の当該下請負人の氏名または名称および住所並びに法人にあっては，その代表者の氏名 ✓　特定工事の場所 ✓　特定粉じん排出等作業の種類および実施した期間 ✓　特定粉じん排出等作業の実施状況（次に掲げる事項を含む。） 　➤　元請業者等が，当該特定工事における特定建築材料の除去等の完了後に，除去等が完了したことの確認を適切に行うために必要な知識を有する者に当該確認を目視により行わせた年月日，確認の結果（確認の結果に基づいて補修等の措置を講じた場合は，その内容を含む。）および確認を行った者の氏名 　➤　石綿含有吹付け材等の切断等を伴う作業を行った場合は，負圧の状況の確認，集じん・排気装置の正常な稼働の確認（作業の開始前および中断時並びに始めて作業を行う日の開始後）および隔離を解く前の特定粉じんが大気中へ排出され，または飛散するおそれがないことの確認をした年月日，確認の方法，確認の結果（確認の結果に基づいて補修等の措置を講じた場合は，その内容を含む。）および確認した者の氏名

（「建築物等の解体等に係る石綿ばく露防止及び石綿飛散漏えい防止対策徹底マニュアル　令和 3 年 3 月」
（厚生労働省労働基準局安全衛生部化学物質対策課，環境省水・大気環境局大気環境課）より一部改変）

（6）　石綿飛散およびばく露防止対策の概要

　石綿含有建材除去等の工法や建築材料の種類等に応じた石綿飛散およびばく露防止対策の概要を**表2-2-13**，**表2-2-14**に示す。

表2-2-13　石綿飛散およびばく露防止対策の概要（1）

石綿含有建材除去等の工法	切断等による除去				切断等によらない除去			封じ込め、囲い込み	
建築材料の種類	石綿含有吹付け材		石綿含有保温材等		屋根用折板裏断熱材	石綿含有保温材等	配管保温材	切断等を伴う／石綿含有吹付け材 石綿含有保温材等	切断等を伴わない[2]／石綿含有吹付け材 石綿含有保温材等
石綿含有建材除去等作業時の飛散防止方法	作業場を負圧隔離養生等	特殊工法（例 グローブバッグの場合）[1]	作業場を負圧隔離養生等	特殊工法（例 グローブバッグの場合）[1]	断熱材を折板に付けたままの除去	湿潤化して原形のまま取り外し	非石綿部の切断による除去	作業場を負圧隔離養生等	作業場を隔離養生（負圧不要）等
事前調査	要	要	要	要	要	要	要	要	要
事前調査結果の報告	要	要	要	要	要	要	要	要	要
事前調査結果の備え付け	要	要	要	要	要	要	要	要	要
作業計画の作成	要	要	要	要	要	要	要	要	要
大防法及び安衛法・石綿則の届出※	要	要	要	要	要	要	安衛法・石綿則は要	要	要
事前調査結果の掲示	要	要	要	要	要	要	要	要	要
作業実施の掲示	要	要	要	要	要	要	要	要	要
喫煙禁止/飲食禁止の掲示	要	要	要	要	要	要	要	要	要
作業主任者の選任	要	要	要	要	要	要	要	要	要
特別教育	要	要	要	要	要	要	要	要	要
保護具着用	要	要	要	要	要	要	要	要	要
作業場への関係者以外立入禁止	要	要	要	要	要	要	要	要	要
隔離	負圧隔離養生	グローブバッグ	負圧隔離養生	グローブバッグ	隔離養生（負圧不要）[3]	隔離養生（負圧不要）[3]	—	負圧隔離養生	隔離養生（負圧不要）[3]
セキュリティゾーンの設置	要	要	—	—	—	—	—	要	—
負圧の確保、集じん・排気装置の設置	要	高性能真空掃除機による除じん	要	高性能真空掃除機による除じん	—	—	—	要	—
機器による漏えいの確認	要	必要に応じて	要	必要に応じて	—	—	—	要	—
負圧の確認	要	—	要	—	—	—	—	要	—
湿潤化	常時要	常時要	常時要	常時要	常時要	常時要	—	常時要	常時要
清掃	要	要	要	要	要	要	—	要	要
取り残し等の確認	要	要	要	要	要	要	要	要	要
粉じん飛散防止処理	要	要	要	要	要	要	—	要	要
隔離解除のための粉じん飛散状況確認	要	—	要	—	—	—	—	要	—
事前調査結果、作業内容の記録・保管	要	要	要	要	要	要	要	要	要

備考：「要」は法令上求められる措置を示す。
　　　※印の届出について，石綿則では建設業及び土石採取業以外のその他の業種の場合は，石綿則第5条の作業の届出が必要となる。
1）グローブバッグは，局所的に使用されるものである。
2）石綿含有吹付け材の囲い込み，または石綿含有保温材等の封じ込め若しくは囲い込みの場合のみ。石綿含有吹付け材の封じ込めを行う場合は、切断等の有無に係らず作業場の負圧隔離養生等を行う。
3）劣化による飛散が想定される場合は，負圧隔離養生等を行う。また，劣化により切断等によらない工法で除去等を行うことが難しい場合は，切断等による工法で除去を行う。

（「建築物等の解体等に係る石綿ばく露防止及び石綿飛散漏えい防止対策徹底マニュアル　令和3年3月」）
（厚生労働省労働基準局安全衛生部化学物質対策課，環境省水・大気環境局大気環境課）より一部改変）

表2-2-14　石綿飛散およびばく露防止対策の概要 (2)

石綿含有建材除去等の工法	切断等によらない除去	切断等による除去	切断等によらない除去	切断等による除去	切断等による除去（電動工具は使用しない）		切断等による除去（電動工具を用いて除去）	
建築材料の種類	石綿含有成形板等				石綿含有仕上塗材			
	石綿含有成形板等		石綿含有けい酸カルシウム板第一種					
					湿潤化		作業場を隔離養生等	
石綿含有建材除去等作業時の飛散防止方法	原形のまま取り外し	湿潤化等	原形のまま取り外し	作業場を隔離養生（負圧不要）等	（例 高圧水洗除去）	（例 剥離剤併用手工具ケレン除去）	（例 ディスクグラインダー除去）	（例 集じん装置付きディスクグラインダー除去（HEPAフィルタ付き））
事前調査	要	要	要	要	要	要	要	要
事前調査結果の報告	要	要	要	要	要	要	要	要
事前調査結果の備え付け	要	要	要	要	要	要	要	要
作業計画の作成	要	要	要	要	要	要	要	要
大防法及び安衛法・石綿則の届出※	不要	不要	不要	不要	不要	不要	不要	不要
事前調査結果の掲示	要	要	要	要	要	要	要	要
作業実施の掲示	要	要	要	要	要	要	要	要
喫煙禁止/飲食禁止の掲示	要	要	要	要	要	要	要	要
作業主任者の選任	要	要	要	要	要	要	要	要
特別教育	要	要	要	要	要	要	要	要
保護具着用	要	要	要	要	要	要	要	要
作業場への関係者以外立入禁止	要	要	要	要	要	要	要	要
隔離	−	−	−	隔離養生（負圧不要）	−	−	隔離養生（負圧不要）	−（同等の措置の要件を満たす場合）
湿潤化	−1)	常時要	−1)	常時要	常時要	常時要	常時要	−（同等の措置の要件を満たす場合）
（飛沫防止等の養生）	−	−	−	−	○2)	○2)	−	−
（床防水養生）	−	−	−	−	○2)	−	−	−
（汚染水処理）	−	−	−	−	○2)	−	−	−
清掃	要	要	要	要	要	要	要	要
取り残し等の確認	要	要	要	要	要	要	要	要
事前調査結果、作業内容の記録・保管	要	要	要	要	要	要	要	要

備考：「要」は法令上求められる措置を示す。

1）粉じん飛散防止のために実施することが望ましい。

2）「○」は適切な石綿飛散防止対策のために実施が必要な措置を示す。

（「建築物等の解体等に係る石綿ばく露防止及び石綿飛散漏えい防止対策徹底マニュアル　令和３年３月」）
（厚生労働省労働基準局安全衛生部化学物質対策課，環境省水・大気環境局大気環境課）より一部改変）

2.　石綿含有吹付け材【レベル 1】の除去作業

(1)　作業概要

　石綿含有吹付け材の除去作業において行う主要な項目を以下に示す。また，より詳細な作業手順を**図 2-2-13**「石綿含有吹付け材の除去作業フローチャート」(78 〜 79 ページ) に示す。

石綿含有吹付け材の除去作業における主要実施項目

『事前準備』
- ・工事計画・施工要領書の作成，各官公庁届出，資材の準備
- ・作業主任者の選任，特別教育修了確認・健康診断受診の確認
- ・「事前調査の結果」および「お知らせ看板」の掲示
- ・各種標識の掲示，労働者の休憩所の確保
- ・集じん・排気装置の点検結果の確認

『作業場の隔離』
- ・これ以降，呼吸用保護具の着用
- ・事前清掃（HEPA フィルタ*付真空掃除機）
- ・床隔離（厚 0.15 mm 以上のプラスチックシート二重）
- ・足場組立て(脚立足場, 可搬式作業台, 単管足場, ローリングタワー等)
- ・壁隔離，既設物・照明器具等の養生（厚 0.08 mm 以上のプラスチックシート一重）
- ・セキュリティーゾーン（更衣室，洗身室，前室）設置
- ・集じん・排気装置の設置
- ・作業前石綿粉じん濃度測定（必要に応じて）
- ・粉じん飛散抑制剤吹付け機械の設置（エアレススプレイヤー）
- ・集じん・排気装置の漏えい確認（作業開始前，設置位置の変更等）
- ・セキュリティーゾーンの負圧確認（日々の作業開始時，作業中断時および必要に応じて）

『除去作業』
- ・天井材の解体（必要に応じて）

---

*HEPA フィルタ（High Efficiency Particulate Air Filter）:JIS Z 8122 に規定する高性能フィルタ。空気中の0.3μm の粒子を99.97％捕集する性能を有している。

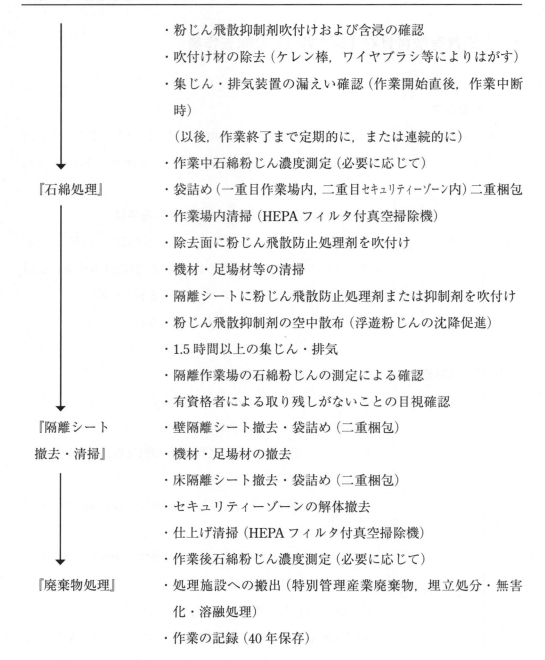

『石綿処理』

『隔離シート
撤去・清掃』

『廃棄物処理』

・粉じん飛散抑制剤吹付けおよび含浸の確認

・吹付け材の除去（ケレン棒，ワイヤブラシ等によりはがす）

・集じん・排気装置の漏えい確認（作業開始直後，作業中断
時）

（以後，作業終了まで定期的に，または連続的に）

・作業中石綿粉じん濃度測定（必要に応じて）

・袋詰め（一重目作業場内，二重目セキュリティーゾーン内）二重梱包

・作業場内清掃（HEPA フィルタ付真空掃除機）

・除去面に粉じん飛散防止処理剤を吹付け

・機材・足場材等の清掃

・隔離シートに粉じん飛散防止処理剤または抑制剤を吹付け

・粉じん飛散抑制剤の空中散布（浮遊粉じんの沈降促進）

・1.5 時間以上の集じん・排気

・隔離作業場の石綿粉じんの測定による確認

・有資格者による取り残しがないことの目視確認

・壁隔離シート撤去・袋詰め（二重梱包）

・機材・足場材の撤去

・床隔離シート撤去・袋詰め（二重梱包）

・セキュリティーゾーンの解体撤去

・仕上げ清掃（HEPA フィルタ付真空掃除機）

・作業後石綿粉じん濃度測定（必要に応じて）

・処理施設への搬出（特別管理産業廃棄物，埋立処分・無害
化・溶融処理）

・作業の記録（40 年保存）

(2)　作業開始前の準備

石綿含有吹付け材の除去作業を開始する前に以下の準備作業を行う。

1)　新規入場時教育等関係作業者への教育，周知

・新規入場時教育を実施する。

・特殊健康診断の 6 カ月以内の受診・特別教育修了・その他必要な資格を確認す
る。

2) 作業場所（除去作業の対象，範囲）の確認

・元請業者は，下請負人に除去等作業の内容等の説明をしなければならない。

3) 休憩場所，洗面・洗眼・うがいの設備の確認・確保

・工期・工事規模に応じて，作業者の通勤着を収納するロッカー等の更衣設備を設ける。

4) 電源設備の確認・確保

5) 作業用足場，ステージ，ローリングタワー，高所作業車等の確認・点検

・隔離作業場内で高所作業車を使用する場合は，電動のものとしエンジン式のものは使用してはならない。（CO（一酸化炭素）中毒対策）

6) 使用資機材の確認・点検

・作業場内が暗い場合は，仮設の照明器具等の準備をする。

7) 保護具の確認・点検

・呼吸用保護具・保護衣の確認・点検を実施する。（第3編「労働衛生保護具」参照）

・必要に応じて，工期中保護具を収納する容器・ロッカー等を設置する。

8) 作業開始前打ち合わせ，KYミーティングの実施

9) 作業前石綿粉じん濃度測定を実施

・作業開始前の周辺の空気濃度を測定することは，隔離養生を解除前の作業場内の粉じん濃度が周辺の空気濃度と同程度かの確認をするうえで有効なため，実施しておくことが望ましい。

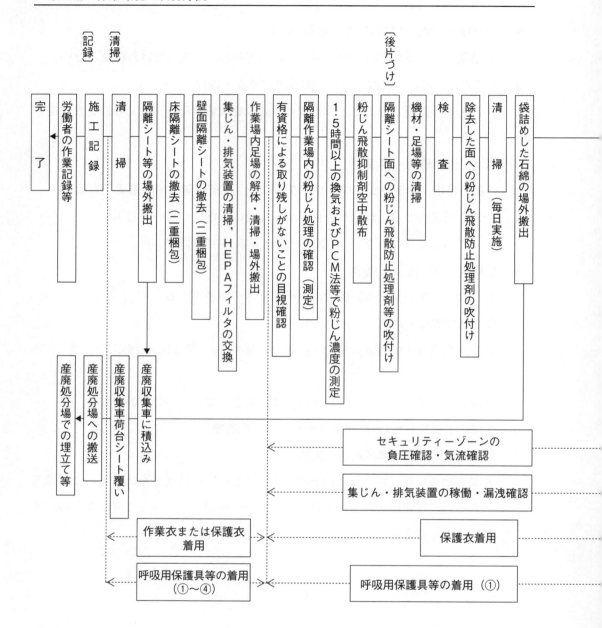

図 2-2-13

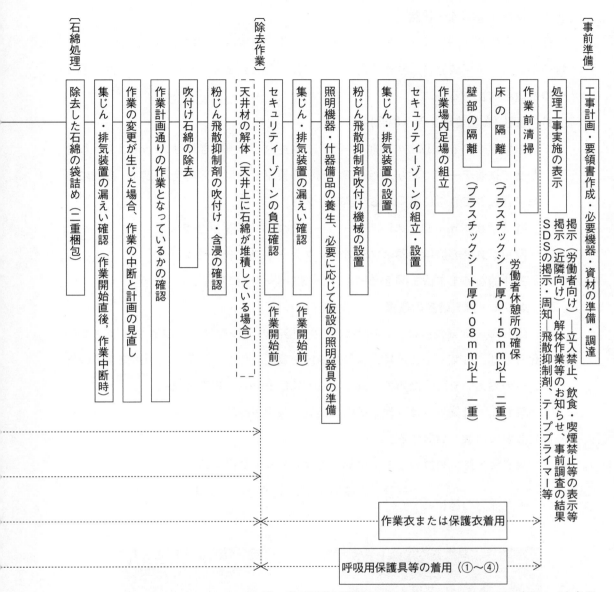

※①～④は呼吸用保護具の区分を示す。156ページの**表3-1-4**を参照。

石綿含有吹付け材の除去作業フローチャート（例）

(3)　隔離・集じん・排気

　作業場を隔離シート（プラスチック等のシート）を用いて密閉し，HEPAフィルタ付の集じん・排気装置により作業場を負圧に保つことにより，石綿粉じんの作業場外への飛散を防止する。

1)　隔離（負圧管理を伴う場合）

　床は厚0.15 mm以上の隔離シート*二重養生とし，継ぎ目は30 cm以上重ね合わせて粘着テープで貼り合わせる。高所作業車を使用する場合などは，必要に応じて合板等でさらに養生する（**写真2-2-1**）。

　壁は厚0.08 mm以上の隔離シート一重とする（**写真2-2-2**）。

　照明器具等の設備機器はプラスチックシートで完全に覆う。

　具体的な施工方法を**図2-2-14**（82～83ページ）に示す。

2)　集じん・排気装置の設置

　集じん・排気装置は，密閉された作業場内の汚染空気をHEPAフィルタで浄化し外部に排気することにより作業場内を負圧に保ち，作業場内の汚染空気の外部への漏えいを防ぐための装置である（**写真2-2-3**，**写真2-2-4**）。

　集じん・排気装置は，作業場内の換気回数を1時間あたり4回以上となるように必要な台数を設置する。

　集じん・排気装置の必要な換気能力は次の式で算出する。

$$換気能力の総和 \geq \frac{気積（床面積 \times 部屋の高さ）\times 4回}{60（分）}$$

写真2-2-1　床面隔離例

写真2-2-2　既存壁面開口部隔離例

***隔離シート**：作業場を隔離するために使用するプラスチック等のシート。壁は厚0.08mm以上（一重），床は厚0.15mm以上（二重）のもので，作業場と他の場所を確実に隔離できるものを用いる。隔離シートを用いた場合，集じん・排気装置を使用すること。

写真2-2-3　集じん・排気装置の例
（吸引側に吸引用ダクトを取り付けた
例）

写真2-2-4　集じん・排気装置の内部
およびHEPAフィルタ

　集じん・排気装置には，一次～三次フィルタが内蔵されており，三次フィルタにHEPAフィルタが使用されている。一次フィルタ，二次フィルタは頻繁に交換する必要があり，このフィルタ交換時の石綿粉じん飛散を防ぐため，集じん・排気装置は，原則として隔離した作業場内に設置する。

　作業場内の隔離には，負圧状態を保つことが不可欠である。そのため，除去を始めてから完了するまで，集じん・排気装置を継続して稼働させることが原則となる。ただし，この負圧により隔離シートが脱落するおそれがあるので，作業終了後，夜間等，無人となる時には，集じん・排気装置の排気量を絞るなどの配慮が必要となる。また作業終了時に，除去した石綿の搬出，作業場内の清掃，粉じん飛散抑制剤の空中散布，集じん・排気装置による1.5時間以上の換気を行い，作業場内の粉じんを処理した後，集じん・排気装置を一時的に停止させることも考えられる。

　なお，集じん・排気装置の管理のポイントは下記のとおり。

① 　集じん・排気装置は，漏えいがなく正常に稼働するものを使用する。そのため，現場搬入前に点検を行い，その結果を装置に添付して搬入する。

② 　フィルタの交換時の粉じん飛散を防止するため，隔離作業場内に設置することを原則とする。

③ 　空気の流れがショートカットし，石綿粉じんを含んだ空気が一隅に滞留しないように入口の反対側に配置する等，状況に応じた設置場所を計画し，いずれの場合も空気だまりができないような工夫が必要である。

④ 　集じん・排気装置のダクトの曲がり部には，閉そくを防ぐため，アルミダク

施　工　図	説　　明
1.	床面は，厚0.15mm以上の隔離シートで端まで覆って壁にそって30cm折り返し，桟で止める。
2.	他の壁面にも同じように止めて，隅にポケットができるようにする。
3.	そのポケットを平らにして一方の壁面に押しつけテープで止める。このような袋部の部分はすべて平らにして，粉じんが溜まらないように壁に止めておくこと。
4.	次に壁に隔離シート（厚0.08mm以上）を下げ，テープで床面に止める。
5. ①	コンクリートまたは軽量ブロック壁面には，接着剤をスプレーして隔離シートのテープ止めを補強する。なお，スプレー式接着剤を使用する場合は，有機溶剤中毒予防規則の適用を受けることもあるので，注意が必要である。

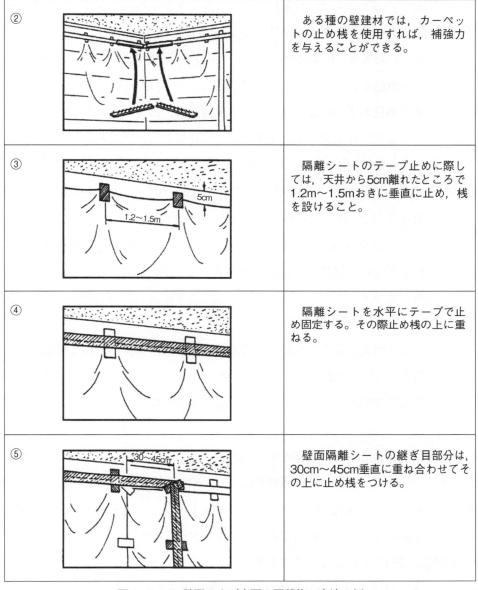

②		ある種の壁建材では，カーペットの止め桟を使用すれば，補強力を与えることができる。
③		隔離シートのテープ止めに際しては，天井から5cm離れたところで1.2m～1.5mおきに垂直に止め，桟を設けること。
④		隔離シートを水平にテープで止め固定する。その際止め桟の上に重ねる。
⑤		壁面隔離シートの継ぎ目部分は，30cm～45cm垂直に重ね合わせてその上に止め桟をつける。

図 2-2-14　壁面および床面の隔離施工方法の例

写真 2-2-5　ビニールダクトの曲がり部分をアルミ製ダクトで補強[1]

写真 2-2-6　ビニールダクトの先端部分をアルミ製ダクトで補強[1]

83

ト等を用いるとともに，排気口には，アルミダクト等によりばたつきを抑える（**写真 2-2-5，写真 2-2-6**）（絞り込みを行ってはならない）。

⑤　作業場に設置後，作業開始前にデジタル粉じん計等を用いて排気ダクト内の空気を直接測定することで集じん・排気装置からの漏えいがないことを確認する。

⑥　作業開始後および作業中断時には⑤と同様の方法で漏えいがないことを確認するとともに，作業終了まで定期的または連続的に確認する。

⑦　負圧の程度は，室外の圧力に比べ，－2～－5Pa程度の負圧を目標に維持する。

⑧　HEPAフィルタは，500時間を目処として，一次・二次フィルタを取り替えても目詰まりを起こす場合に交換をする。ただし，作業中にHEPAフィルタを交換してはならない。現場内でHEPAフィルタを交換する場合は，全体の除去作業終了後，隔離シート撤去前の集じん・排気装置の清掃時に行う。

⑨　交換したフィルタは，プラスチック袋で二重梱包し，特別管理産業廃棄物として処分する。

⑩　集じん・排気装置を作業場外に持ち出すときは，本体の外側に付着している石綿粉じんを完全に除去し，吸入口・排気口をプラスチックシートで密閉する。

⑪　作業場内で使用したダクトは，工事ごとの使い捨てとする。

(4)　セキュリティーゾーン（前室等）の設置

セキュリティーゾーンとは，労働者の出入り，除去した石綿や機材の搬出の際の，石綿粉じんの外部への漏洩を防ぐために設置するもので，更衣室，洗身室，前室の順番とする3室からなるのが一般的である。セキュリティーゾーンの構成，一般的な使われ方を**図 2-2-15～図 2-2-17** に示す。

現在は，洗身室にエアシャワーユニットを使用するのが一般的である。セキュリティーゾーンは次のように使用する。

1)　労働者の退場時

作業場からの退場時には，前室で保護衣等を脱衣し脱衣容器，プラスチック袋に入れる。これらは最終的にもう一重のプラスチック袋に入れ（二重梱包）特別管理産業廃棄物として処理する。ここで呼吸用保護具をとってはならない。呼吸

1）　出典：「建築物等の解体等に係る石綿ばく露防止及び石綿飛散漏えい防止対策徹底マニュアル令和3年3月」（厚生労働省労働基準局安全衛生部化学物質対策課，環境省水・大気環境局大気環境課）

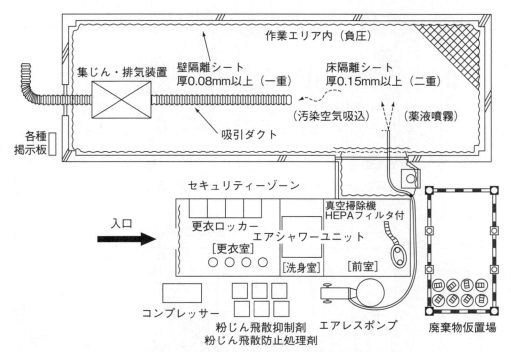

図 2-2-15　石綿含有吹付け材の除去設備の配置概念図
（作業スペースが狭い場合には外部に設置する場合もある）

用保護具をつけたまま，洗身室にてエアシャワーを浴び，付着している石綿粉じんを十分に拭った後，更衣室において保護具をはずす。エアシャワーによる洗身は，身体を回しながら 30 秒以上行うものとし，1 人ずつ行う。必要に応じて，更衣室にバケツ等の水を用意しておき，保護具を水洗いする。

2) 除去した石綿の搬出時

除去した石綿は，作業場内で一重目の専用袋に入れ，密封する。さらに，前室にて，袋の外側に付着している石綿粉じんを，HEPA フィルタ付の真空掃除機で吸い取る。作業場外にいる補助作業員が二重目の透明袋を洗身室に差し出し，その中に入れた後，補助作業員が密閉し，作業場外の一定の場所に一時保管する。

3) セキュリティーゾーンの入口

セキュリティーゾーンの入口は，ジッパー式のものを使用することが望ましい。夜間，集じん・排気装置が停止している時はもとより，作業中も可能であれば閉めておくとよい。ただし，入口は空気の取入口でもあるので，集じん・排気装置の稼動中は，完全に閉めきらない。

一日の作業開始時に集じん・排気装置を稼働させ，セキュリティーゾーンの負圧を確認してから，入口をあける。

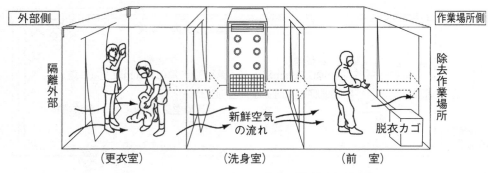

図2-2-16　セキュリティーゾーン模式図（入場時）

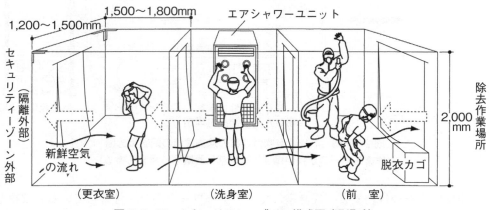

図2-2-17　セキュリティーゾーン模式図（退場時）

(5)　呼吸用保護具，保護衣（第３編「労働衛生保護具」参照）

1)　呼吸用保護具

　　石綿則により，石綿含有吹付け材の除去作業では，電動ファン付き呼吸用保護具等を使用することとされている。使用前と使用後には点検を行い，フィルタの交換等の整備を行う。

①　呼吸用保護具を着用する作業

・作業前清掃の開始から着用し，最終仕上げ清掃完了まで呼吸用保護具を着用する。

・石綿含有吹付け材の除去作業の開始（集じん・排気装置を稼働させ，粉じん飛散抑制剤を散布するとき）から集じん・排気終了まで隔離作業場*内の作業では電動ファン付き呼吸用保護具等を着用する。

・作業前清掃，隔離養生作業，隔離養生撤去作業，最終清掃は石綿粉じんの飛散するおそれの程度に応じてレベル３以上の対応が必要であり，レベルに応

じた呼吸用保護具を使用する。

② 呼吸用保護具についての注意事項

・除去作業開始後は，呼吸用保護具の着脱はセキュリティーゾーンの更衣室にて行う。

・フィルタの交換は，使用する製品のカタログを参照し，息苦しくなったら交換することとし，作業の休憩時間を利用してこまめに交換する。廃棄するフィルタを入れるため，ふた付き容器またはプラスチック袋を更衣室に用意する。使用済みフィルタはプラスチック袋に入れ，除去した石綿，隔離シート等とともに特別管理産業廃棄物として処理する。

・呼吸用保護具は，原則として，作業衣等他の衣服とは別に施工区画*内で保管する。

・呼吸用保護具を施工区画外に持ち出す際には，HEPAフィルタ付真空掃除機またはエアシャワーで付着している石綿粉じんを吸い取り，必要に応じて水洗いしたうえ，専用の保管袋に入れて持ち出す。

・予備の呼吸用保護具および交換用のフィルタは，常時備え付け，汚染するおそれのない場所に保管する。

2)　保護衣等

　　石綿含有吹付け材の除去作業では保護衣を使用する。特に当該作業では粉じん飛散が多いため，保護衣は隔離作業場から退出するつどの使い捨てとする。

　　隔離作業場等粉じん量の多い場合は，JIS T 8115の浮遊固体粉じん防護用密閉服（タイプ5）同等品以上のものを使用する（令和2年10月28日基発1028第1号）。

(6)　除去作業手順

除去作業の手順および留意事項は次のとおりである（**図2-2-18**）。

1)　スラブ下や鉄骨梁に吹付け材が施工されており，その下に天井が張られている場合で，天井の上に吹付け材が脱落・堆積しているときは，隔離養生後に吹付け材の除去の一環として，天井材を撤去する。

*「施工区画」と「作業場」：この節でいう「施工区画」とは，施工されている石綿含有吹付け材等を直接除去する作業区画（場所）のみならず，前室，廃棄物置場，資機材置場等，除去工事，封じ込め工事，囲い込み工事に直接，間接に関係する区画をいう。一方「作業場」とは，施工されている石綿含有吹付け材等の除去等（封じ込め，囲い込みを含む）を行う作業区域（場所）をいう。

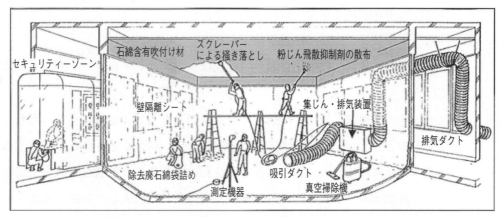

図2-2-18　石綿含有吹付け材除去作業概念図（足場板はゴムバンドで結束）

2）　除去に先立って，粉じん飛散抑制剤を散布・含浸させることにより湿潤化を図る（**写真2-2-7**）。そのため，飛散抑制剤散布後，薬剤が含浸するまでの時間をおいてから除去作業を開始する。

写真2-2-7　粉じん飛散抑制剤を散布し石綿含有吹付け材を湿潤化させる

3）　こて，ヘラ，ケレン棒等を用いて掻き落とす（**写真2-2-8**）ほか，ウォータージェットによりかき落とす工法もある。掻き落としの際に吹付け材が乾燥していたり，粉じん飛散が多いときなどは，適宜粉じん飛散抑制剤を吹付け面へ再散布または空中散布し，粉じんの飛散を抑制させるか，粉じんの沈降を促進させる。

4）　砂を吹き付けて石綿等を除去するサンドブラスト工法は，吹き付ける砂により集じん・排気装置が目詰まりするとともに，吹き付ける空気により負圧が損なわれ粉じん飛散を引き起こすという事故が発生したことから，採用しないよう厚生労働省から通知されている。

5）　かき落としが終了した後，残っている吹付け材をワイヤブラシでかき落とす（**写真2-2-9**）。このときの石綿粉じん飛散

写真2-2-8　ケレン棒による除去作業

写真 2-2-9　ワイヤブ
ラシ掛け

写真 2-2-10　粉じん飛散防
止処理剤の散布

が最も大きいので，必要に応じて，粉じん
飛散抑制剤を空中散布する。

6) 除去完了後，石綿等の取残しがないことを
有資格者により確認した後，吹付け材を除
去した面に粉じん飛散防止処理剤を吹き付
ける（**写真 2-2-10**）。

7) 粉じん飛散抑制剤（湿潤剤）と粉じん飛散防
止処理剤（硬化剤）

・粉じん飛散抑制剤：石綿含有吹付け材の内
部に浸透し，石綿繊維を結合させ粉じん飛
散を抑制する。粉じん飛散防止処理剤を水
で希釈して用いることもある。水より表面
張力が小さいため，吹付け材に浸透しやす
い。

・粉じん飛散防止処理剤：吹付け材を除去し
た面に吹き付けることにより，表面に被膜
を形成して粉じん飛散を防止する。
除去作業完了後の取り残しの有無の確認が
義務付けられているので，確認作業に支障
がないよう透明な薬剤等が望ましい。

8) 除去した石綿は，作業場内で専用のプラス
チック袋に詰め，密封する（埋立処分する場
合はセメントによる固形化または飛散抑制
剤等による安定化を行う。また，密封する袋

写真 2-2-11　特別管理産業廃棄物
袋の例

写真 2-2-12　除去石綿の袋詰め
（一重目）

写真 2-2-13　除去石綿の袋詰め
（二重目）

写真 2-2-14　二重袋詰め

写真 2-2-15　デジタル粉じん計による漏えいの確認[1]

の中の空気は十分抜いておくこと。**写真 2-2-11～写真 2-2-14**)。前述したように，セキュリティーゾーンの前室で袋の外に付着している石綿粉じんを拭き取り二重目の袋詰めをし，作業場外の一定の場所に集積する（**図2-2-19**)。

9) 作業場内で使用した足場等の仮設材および道具類に付着している石綿および石綿粉じんをHEPAフィルタ付の真空掃除機やぬれた布等で十分に拭い取り作業場外に搬出する。

(7)　漏えいの有無の確認

解体工事における石綿粉じんの漏えい事例が公表されているが，その中で集じん・排気装置の排気口とセキュリティーゾーン前での測定で石綿が確認されている場合が多く，この箇所での漏えいの有無の確認が特に重要である。

1)　集じん・排気装置からの漏えいの有無の確認

集じん・排気装置は正常に稼働し，漏えいのないものを使用することが基本となる。そのためには，現場搬入前に点検し，装置の現場搬入時にはその点検結果記録を添付する。現場の管理責任者は点検結果記録を確認する。

また，搬入の際等にぶつけるなどして，函体（本体）にひずみが生じないよう丁寧な扱いを心掛けることが大切である。

〈作業開始前点検〉

① デジタル粉じん計等を**写真 2-2-15**のようにセットし，ダクト内の空気を直接測定することにより，集じん・排気装置の漏えいの有無を確認する。

② 現場搬入後作業開始前に集じん・排気装置を稼働させ，デジタル粉じん計でダクト内の空気を測定する。最初ダクト内は一般大気の粉じんを計測しているが，HEPAフィルタを通過した空気は極めて清浄であるため，粉じん計の値はすぐに下がり，「0」またはそれに近くなる（この濃度を「漏えい確認用基準濃度」とする）。

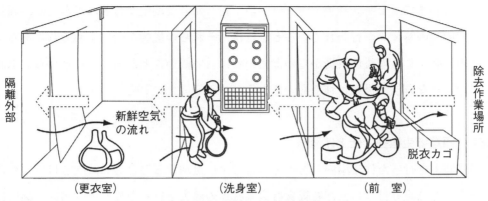

隔離外部

新鮮空気
の流れ

除去作業場所

脱衣カゴ

（更衣室）　　　　　　（洗身室）　　　　　　（前　室）

図 2-2-19　除去石綿の搬出作業模式図

③　さらに，集じん・排気装置の吸気側でスモークテスターにより煙を発生さ
　せ，排気ダクト内空気のデジタル粉じん計の値が漏えい確認用基準濃度を超え
　ないことを確認する。また，排気口からの漏えいの有無の点検をする。

④　②，③の状態であれば，装置からの漏えいはないといえる。装置からの漏え
　いがあれば，直ちに作業を中止し，原因を探り措置を講じる必要がある。

〈作業開始から作業終了まで〉

①　上記の粉じん計により，作業開始後直ちに，またそれ以降は，定期的に，あ
　るいは連続的にダクト内の粉じん濃度を測定する。

②　粉じん計の値が漏えい確認用基準濃度を超えたら，漏えいのおそれがあるの
　で，その原因を究明し，措置を講じる。

2)　セキュリティーゾーンからの漏えいの有無の確認

　　セキュリティーゾーンからの漏えいの確認は次のように行う。

①　1 日の作業開始前および休憩等で作業を一
　時中断するとき等定期的にセキュリティー
　ゾーンが負圧になっていることを確認する。

②　また，定期的にスモークテスターや吹き流
　しにより空気が作業場内に向けて吹き込んで
　いることを確認することでもよい（**写真 2-2
　-16**）。

写真 2-2-16　吹流しによる気流
の確認の例 [1]

1)　出典：「建築物等の解体等に係る石綿ばく露防止及び石綿飛散漏えい防止対策徹底マニュアル
　令和 3 年 3 月」（厚生労働省労働基準局安全衛生部化学物質対策課，環境省水・大気環境局大気環
　境課）

　これまで，セキュリティーゾーン前で粉じん濃度測定が行われてきたが，周辺で内装の解体等が行われているときには，それらの影響を受けるおそれがあるため，必ずしも隔離作業場からの漏えいとは言い難いことがあったことから，上記のような方法が提案されたものである。

(8)　隔離養生撤去，仕上げ清掃

　隔離養生を行った作業場内の石綿等の粉じんを処理するとともに，吹き付けられた石綿等または張り付けられた石綿含有保温材等の除去を行った場合は，当該作業に伴い除去した部分を湿潤化するとともに，有資格者が当該石綿等または石綿含有保温材等の除去が完了したことを確認した後でなければ隔離を解除してはならない。

1) 除去作業，作業場内の廃棄物の搬出および清掃が終了した後，粉じん飛散防止処理剤を隔離シート面に散布し，表面の固定化を図る（**写真2-2-17**）。

2) その後，隔離作業場内に浮遊している石綿等の粉じんを十分に処理することが必要となる。浮遊粉じんの処理は，粉じん飛散抑制剤等を空中散布し粉じんの沈降を促進させるとともに，集じん・排気装置を1.5時間以上稼働させ粉じんを吸引ろ過することにより行う。集じん・排気装置による粉じん処理の際，サーキュレータを用いて空気を攪拌し均一化することにより処理効率を高めることができる。

3) これらの措置を講じた後，隔離作業場内の総繊維濃度を測定し，石綿等の粉じんの処理がなされたことを確認したうえで，隔離を解除することが基本となる。この測定は，位相差顕微鏡を用いた計数法（PCM法），繊維状粒子自動計測器等により行う。

4) やむを得ない事情*により3)の測定ができない場合は，2)に示すように集じん・排気装置を1.5時間以上稼働させ，作業場内の粉じん処理を十分行うことが必要である。その際，アモサイト，クロシドライト等の角閃石系の石綿はクリソタイルに比し沈降しにくいため，稼働時間を長くするなど注意が必要である。

5) 隔離シートの撤去は，壁，床の順序で行う（**写真2-2-18**）。その例を**図2-2-20**に示す。

6) セキュリティーゾーンの解体撤去を行った後，最終的にHEPAフィルタ付真空

＊やむを得ない事情：公共交通機関に係る工事であることから作業時間が夜間に限られる等，外部要因により制限された発注条件に基づく工期等の事情が考えられる。

写真 2-2-17　粉じん飛散防止処理
剤等を隔離シートへ散布する

写真 2-2-18　床隔離シートの撤去およ
び袋詰め

施　工　図		説　　　明
1.		壁面の隔離シートには，粉じん飛散防止処理剤（硬化剤）等を散布して，付着した石綿粉じんを固着させる。
2.		床面から約15cmのところで，作業場全面の壁面の隔離シートを床面の隔離シートから切り離す。
3.		少しずつはがせるように都合のよいところで壁面の隔離シートに縦に切れ目を入れる。
4.		壁面の隔離シートを外したら，粉じんの付着した面を上にして床隔離シートの上に広げ，適当な大きさに切り分ける。

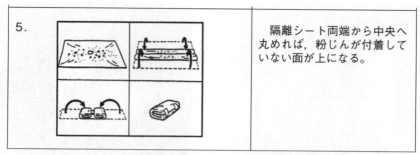

| 5. | | 隔離シート両端から中央へ丸めれば，粉じんが付着していない面が上になる。 |

図 2-2-20　壁面の隔離シート撤去方法の例

掃除機ですみずみまで清掃する。

(9)　廃棄物の処理

1)　作業場から搬出された石綿含有産業廃棄物は，工事現場の一定の場所に保管する。

2)　廃棄物処理法では，産業廃棄物の排出事業者は元請業者とされている。石綿含有吹付け材，石綿含有保温材（以下「石綿含有吹付け材等」という）を除去した後の廃棄物は，特別管理産業廃棄物となり，「廃石綿等」として処理しなければならない。

・元請業者は，特別管理産業廃棄物管理責任者を設置し，管理を行う。

・現場内保管にあたっては，保管基準に従い保管する。

　　＜保管基準＞・他のものと混同しないように囲いを設ける（施錠できるようにすることが望ましい）。

　　　　　　　　・飛散・流出を防止するように全体をシート等で覆う。

　　　　　　　　・保管場所に掲示板を設置する。

・元請業者は，特別管理産業廃棄物収集運搬業者，特別管理産業廃棄物処分業者とそれぞれ個別に書面により委託契約を締結し，搬出にあたってはマニフェストにより管理する。

・搬出状況を帳簿に記載し，1月ごとにまとめる。

3)　処分方法

特別管理産業廃棄物「廃石綿等」は管理型埋立処分，溶融または環境大臣認定の無害化のいずれかの方法で処分する。埋立処分の場合は，セメントによる固形化，または粉じん飛散抑制剤等による安定化を行った後，プラスチック袋で二重梱包する。

3. 石綿含有吹付け材【レベル 1】，石綿含有保温材等【レベル 2】の封じ込め，囲い込み作業

(1) 封じ込め作業

1) 石綿含有吹付け材等の封じ込め処理には次の 2 通りの方法がある。

・吹付け材等の表面に固化剤により塗膜を形成する方法（塗膜性封じ込め処理＝表面硬化形）

・吹付け材等の内部に固化剤を浸透させ，石綿繊維を固着・固定化する方法（浸透性封じ込め処理＝浸透固化形）

2) 封じ込め処理の選定

封じ込め処理は，除去と異なり，石綿廃棄物の処理が不要である（使用した隔離シート等は特別管理産業廃棄物「廃石綿等」に該当する）。また，復旧も必要としない。そのため，安易に採用しがちであるが，石綿含有吹付け材等が残存し，将来的には劣化による石綿粉じん飛散のおそれがあること，建物解体時には石綿含有吹付け材等を改めて除去する必要があり，トータルコストでは高額になること等を考慮すると，除去処理を基本とすべきである。また，封じ込め処理を採用する場合には，次の点に留意する必要がある。

① 劣化により接着力が弱くなっていると封じ込め後脱落するおそれがあるため，目安として接着強度が約 20 gf/cm^2 以上[注] あることを確認する。

② 建築基準法に基づき封じ込めを行う場合には，建築基準法第 37 条に基づく認定を受けた「石綿飛散防止剤」を使用しなければならない。

③ 耐火被覆の場合には，その封じ込め処理後に必要となる耐火性能を満足するものであることを確認する。

④ 封じ込め後は，年 1 回状況を点検し記録しておくことが望ましい。

3) 封じ込め作業

石綿含有吹付け材等の封じ込め作業は，隔離が求められており，おおむね除去作業と同様となる。その主要な項目を次に示す。

注) 一般財団法人日本建築センター「既存建築物の吹付けアスベスト粉じん飛散防止処理技術指針・同解説 2018」P.66 参照

石綿含有吹付け材等の封じ込め作業における主要実施項目

『事前準備』
- 工事計画・施工要領書の作成，各官公庁届出，資材の準備
- 作業主任者の選任，特別教育修了確認・健康診断受診の確認
- 「事前調査の結果」および「お知らせ看板」の掲示
- 各種標識の掲示，労働者休憩所の確保
- 集じん・排気装置の点検結果の確認

『作業場の隔離』
- これ以降，呼吸用保護具の着用
- 事前清掃（HEPA フィルタ付真空掃除機）
- 床隔離（厚 0.15 mm 以上のプラスチックシート二重）
- 足場組立て（脚立，可搬式作業台，単管足場，ローリングタワー等）
- 壁隔離，既設物・照明器具等の養生（厚 0.08 mm 以上のプラスチックシート一重）
- セキュリティーゾーン（更衣室，洗身室，前室）設置
- 集じん・排気装置の設置
- 作業前石綿粉じん濃度測定（必要に応じて）
- 粉じん飛散防止処理剤吹付け機械の設置（エアレススプレイヤー）
- 集じん・排気装置の漏洩確認
- セキュリティーゾーンの負圧確認（吹付け作業開始前，作業中断時）

『封じ込め作業』
- 粉じん飛散防止処理剤の吹付け
- 集じん・排気装置の漏えい確認（作業開始直後，作業中断時）（以後，作業終了まで定期的または連続的に）
- 作業中石綿粉じん濃度測定（必要に応じて）
- 作業場内清掃（HEPA フィルタ付真空掃除機）
- 隔離シートに粉じん飛散防止処理剤・抑制剤の吹付け
- 1.5 時間以上の集じん・排気
- 隔離作業場の石綿粉じんの濃度測定による確認

『隔離シート
撤去・清掃』
- 壁隔離シート撤去・袋詰め（二重梱包）
- 機材・足場材の清掃・撤去

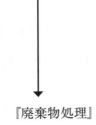

・床隔離シート撤去・袋詰め（二重梱包）

・セキュリティーゾーンの解体撤去

・仕上げ清掃（HEPA フィルタ付真空掃除機）

・作業後石綿粉じん濃度測定（必要に応じて）

『廃棄物処理』　・処理施設への搬出（特別管理産業廃棄物（隔離シート，フィルタ等），埋立処分，無害化または溶融処理）

・作業の記録（40 年保存）

4)　封じ込め作業における留意事項

①　試験施工を実施し，乾燥時間，塗布圧，塗膜の厚み，浸透度等を比較検討し，最も適した材料と施工方法を採用する。

②　一度に多量の吹付けを行わない。浸透性の場合は，2 回目の吹付けまで約 4 時間の間隔をおく必要がある。塗膜性ではさらに長時間の間隔をおくことが必要となる。

(2)　囲い込み作業

1)　囲い込み処理とは，石綿含有吹付け材等からの石綿粉じん飛散を防ぐため，石綿含有製品でないボード等により，吹付け材等を密閉する方法である。石綿粉じんは極めて細かいものであるため，ボードの継ぎ目等はシールを施すなど，完全密閉が求められる。

囲い込み作業には次の 2 通りがある。

・石綿含有吹付け材等に直接接触する場合：天井吊りボルトのインサートを設置するなどの作業がある場合である。このときは石綿則においても隔離を義務付けており，前述の主要実施項目を実施することが求められる。

・まったく吹付け材等に接触せずに密閉構造を構築する場合：この場合は，石綿取扱い作業とならないものの，石綿則において届出等の措置が必要となる。

2)　囲い込み処理の選定における留意事項

①　囲い込み処理に使用する材料は，気密性，防・耐火性，耐久性等を考慮し選定する。また囲い込み材料の継ぎ目や天井・壁との取り合い部，設備器具との取り合い部等からの粉じん漏れがないようにシールする。

②　処理後の維持保全のために点検口を設けるが，内蔵される設備機器等の保守

点検の際，石綿粉じんにばく露をしないような配慮が必要となる。

③　地震時の振動等によりシールが切れる可能性があるので，常に気密性は確認することが必要である。そのほか，年1回は囲い込みの状況を点検し，記録する。

(3)　封じ込め，囲い込みの基準（国土交通省告示）

建築基準法により，建築物等の増改築等に伴い，吹付け石綿および石綿含有吹付けロックウールの除去，封じ込め，囲い込みが義務付けられ，平成18年国土交通省告示1173号により，封じ込め，囲い込みの基準が示されている。その内容は次のとおりである。

1)　囲い込み措置

①　対象建材を板等の材料であって次のいずれにも該当するもので囲い込むこと。

イ　石綿を透過させないものであること。

ロ　通常の使用状態における衝撃および劣化に耐えられるものであること。

②　①の囲い込みに用いる材料相互または当該材料と建築物の部分が接する部分から対象建材に添加された石綿が飛散しないよう密着されていること。

③　維持保全のための点検口を設けること。

④　対象建材に劣化または損傷の程度が著しい部分がある場合にあっては，当該部分から石綿が飛散しないよう必要な補修を行うこと。

⑤　対象建材と下地との付着が不十分な部分がある場合にあっては，当該部分に十分な付着が確保されるよう必要な補修を行うこと。

⑥　結露水，腐食，振動，衝撃等により，対象建材の劣化が進行しないよう必要な措置を講じること。

2)　封じ込め措置

①　対象建材に建築基準法第37条第2項に基づく認定を受けた石綿飛散防止剤（以下②，③において単に「石綿飛散防止剤」という。）を均等に吹き付けまたは含浸させること。

②　石綿飛散防止剤を吹き付けまたは含浸させた対象建材は，通常の使用状態における衝撃および劣化に耐えられるものであること。

③　対象建材に石綿飛散防止剤を吹き付けまたは含浸させることによって当該対象建材の撤去を困難にしないものであること。

④　1)の④から⑥までに適合すること。

（4）　廃棄物の処理

　囲い込み作業または封じ込め作業から発生する廃棄物は，「廃石綿等」として前 2
（9）と同様の処理を行う。

4.　吹き付けられた石綿以外の石綿含有保温材・耐火被覆材・断熱材の除去作業【レベル 2】

（1）　作業概要

　これに分類されるのは，吹き付けられた石綿以外の石綿含有保温材，吹付け以外の
石綿含有耐火被覆材（耐火被覆板，けい酸カルシウム板第二種），煙突用石綿断熱材
および屋根用折板裏石綿断熱材の除去作業である（**写真 2-2-19 ～ 写真 2-2-22**）。こ
れらのものは吹付け材に次いで粉じんが飛散しやすい材質であることから，レベル 2
とされている。石綿則により，切断，穿孔，研磨等の作業を伴う除去作業においては，
隔離等の措置が必要となっているが，隔離等と同等以上の効果を有する措置を講じる
ときはこの限りではないともされている。レベル 2 の建材は吹付け材と異なり，その
種類・形状も多様で，除去方法もさまざまであり，それぞれの除去方法により粉じん
の飛散状況が異なってくる。また今後の新たな技術開発に伴い，新しい工法が誕生し
てくることも考えられる。それぞれの工法に対応した措置を講じることが必要である。

写真 2-2-19　配管保温材

写真 2-2-20　耐火被覆材

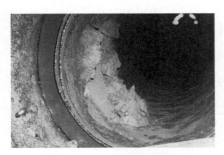

写真 2-2-21　煙突用断熱材

写真 2-2-22　屋根用折板裏断熱材

　以下に示すのは，切断，穿孔等の作業を伴わないレベル2の基本的な実施項目である。切断・穿孔等の作業を伴う場合は，前述の「2．石綿含有吹付け材の除去作業」と同様に実施する。

吹付け以外の石綿含有保温材等の切断・穿孔等の作業を伴わない除去作業における主要実施項目

『事前準備』
・工事計画・施工要領書の作成，各官公庁届出，資材の準備
・作業主任者の選任，特別教育修了確認・健康診断受診の確認
・「事前調査の結果」および「お知らせ看板」の掲示
・各種標識の掲示，労働者の休憩所の確保

『立入区域の設定』
・これ以降，呼吸用保護具の着用
・事前清掃（HEPAフィルタ付真空掃除機）
・必要に応じて床，壁等の養生
・足場組立て（脚立，可搬式作業台，単管足場，ローリングタワー等）
・作業前石綿粉じん濃度測定（必要に応じて）
・粉じん飛散抑制剤吹付け機械の設置（エアレススプレイヤー）
・**表2-2-2**（42ページ）の呼吸用保護具・作業衣または保護衣

『除去作業』
・粉じん飛散抑制剤吹付けおよび含浸の確認
・保温材等の取り外し
・作業中石綿粉じん濃度測定（必要に応じて）

『石綿処理』
・袋詰め（二重梱包）
・作業場内清掃（HEPAフィルタ付真空掃除機）
・除去面に粉じん飛散防止処理剤の吹付け
・機材・足場材等の清掃
・養生シートに粉じん飛散防止処理剤または抑制剤の吹付け

『後片付け・清掃』
・機材・足場材の撤去

　　　　　　　　　　　・養生シート撤去・袋詰め（二重梱包）

　　　　　　　　　　　・仕上げ清掃（HEPA フィルタ付真空掃除機）

　　　　　　　　　　　・作業後石綿粉じん濃度測定（必要に応じて）

『廃棄物処理』　　　　・処理施設への搬出（特別管理産業廃棄物，埋立処分また
　　　　　　　　　　　　は溶融処理）

　　　　　　　　　　　・作業の記録（40 年保存）

（2）　配管保温材の除去（グローブバッグ使用による除去の場合）

　配管保温材をかき落としにより除去するにあたって，グローブバッグを用いて部分的に隔離しながら除去する方法がある（**図 2-2-21**）。この方法では，労働者は隔離養生の外での作業となることから，呼吸用保護具は**表 2-2-2**（42 ページ）によるものとし，衣服は専用の作業衣（または保護衣）でよい。

　グローブバッグ工法について石綿則第 6 条の解説（206 ページ）を参照のこと。

　また，91 ページ 1）に示すマニュアルの 168～171 ページにも記載があるので参照のこと。

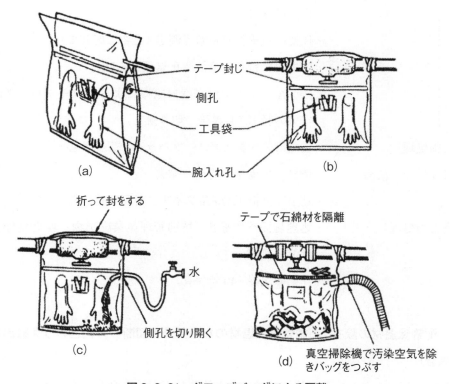

図 2-2-21　グローブバッグによる隔離

グローブバッグ使用の保温材の除去作業における主要実施項目

『事前準備』　　　　・工事計画・施工要領書の作成，各官公庁届出，資材の準備

　　　　　　　　　　・作業主任者の選任，特別教育修了確認・健康診断受診の
　　　　　　　　　　　確認

　　　　　　　　　　・「事前調査の結果」および「お知らせ看板」の掲示

　　　　　　　　　　・各種標識の掲示，労働者の休憩所の確保

『立入区域の設定』　・これ以降，呼吸用保護具の着用

　　　　　　　　　　・事前清掃（HEPA フィルタ付真空掃除機）

　　　　　　　　　　・足場組立て（脚立，可搬式作業台，単管足場，ローリン
　　　　　　　　　　　グタワー等）

　　　　　　　　　　・**表 2-2-2**（42 ページ）の呼吸用保護具，専用の作業衣（ま
　　　　　　　　　　　たは保護衣）

　　　　　　　　　　・グローブバッグ取付け（コテ等の工具，粉じん飛散抑制
　　　　　　　　　　　剤等の資材など必要となるものは，あらかじめグローブ
　　　　　　　　　　　バッグ内に入れておく）

『除去作業』　　　　・粉じん飛散抑制剤吹付け

　　　　　　　　　　・保温材除去

　　　　　　　　　　・作業中石綿粉じん濃度測定（必要に応じて）

　　　　　　　　　　・除去面に粉じん飛散防止処理剤を吹付け

　　　　　　　　　　・HEPA フィルタ付真空掃除機によるグローブバッグ内の
　　　　　　　　　　　空気の吸引（密封後，切り離し）

『石綿処理』　　　　・袋詰め（一重目グローブバッグ）二重梱包

『後片付け・清掃』　・機材・足場材の清掃・撤去

　　　　　　　　　　・仕上げ清掃（HEPA フィルタ付真空掃除機）

『廃棄物処理』　　　・処理施設への搬出（特別管理産業廃棄物，埋立処分また
　　　　　　　　　　　は溶融処理）

　　　　　　　　　　・作業の記録（40 年保存）

(3)　**配管保温材の除去（石綿含有保温材のない部分で切断し，梱包のうえ搬出する
　　場合）**

建築物に用いられている配管保温材は，直管部分が石綿を含有しないグラスウール

保温材で，曲がり部分（エルボ部）のみが石綿含有保温材の場合が多くある。これを直管部分で切断し，保温材をつけたまま配管そのものを梱包し，全体を特別管理産業廃棄物として埋立処分または溶融する方法がある（**図 2-2-22**）。この方法は，張り付けられた石綿含有保温材そのものの除去作業を行っているものではないため石綿取扱い作業とはならないが，建築物等から石綿含有保温材等が取り除かれることから，石綿則第 5 条における「除去」に該当するとされており（平成 17 年 4 月 27 日基安化発第 0427001 号），令和 3 年 4 月 1 日施行の改正石綿則で，建設業および土石採取業においては必要な届出が作業届から計画届に変更になった。なお，これら以外の業種に属する事業者が対象作業を行う場合には，作業届の提出が必要である。

（参考）大防法における「特定粉じん排出等作業の実施の届出」は不要。

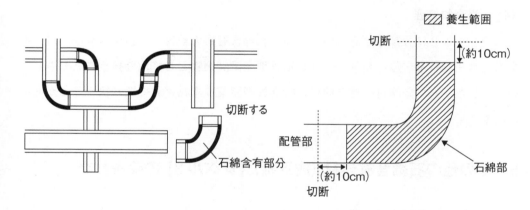

図 2-2-22　配管エルボの事例

非石綿部での切断・搬出による配管保温材の除去作業における主要実施項目

『事前準備』
・工事計画・施工要領書の作成，各官公庁届出，資材の準備
・作業主任者の選任，特別教育修了確認・健康診断受診の確認
・「事前調査の結果」および「お知らせ看板」の掲示
・各種標識の掲示，労働者の休憩所の確保

『立入区域の設定』
・これ以降，呼吸用保護具の着用
・事前清掃（HEPA フィルタ付真空掃除機）
・足場組立て（脚立，可搬式作業台，単管足場，ローリングタワー等）
・**表 2-2-2**（42 ページ）の呼吸用保護具，専用の作業衣（または保護衣）

『除去作業』　　　　　　・配管の切断

　　　↓　　　　　　　　・作業中石綿粉じん濃度測定（必要に応じて）

『石綿処理』　　　　　　・袋詰め（二重梱包）

　　　↓　　　　　　　　・作業場内清掃（HEPAフィルタ付真空掃除機）

『後片付け・清掃』　　　・機材・足場材の清掃・撤去

　　　↓　　　　　　　　・仕上げ清掃（HEPAフィルタ付真空掃除機）

『廃棄物処理』　　　　　・処理施設への搬出（特別管理産業廃棄物，埋立処分また
　　　　　　　　　　　　　は溶融処理）

　　　　　　　　　　　　・作業の記録（40年保存）

(4)　廃棄物処理

　このレベル2に分類されるもののうち，石綿含有耐火被覆材，石綿含有断熱材も廃棄物処理法施行令・施工規則により特別管理産業廃棄物として取り扱うこととされている。したがって，吹付け材と同様に特別管理産業廃棄物として取り扱うことが必要になる。

5.　その他の石綿含有建材（成形板）【レベル3】の除去作業

(1)　作業概要

　石綿含有成形板等は，セメント等で固形化されており，そのままでは石綿粉じんは飛散しにくい。しかし機械等で粉々にすると粉じん飛散が生じるため，除去作業においては，原則として切断，破砕等（以下「切断等」という。）によらず，手ばらしすることが義務付られている。

　ただし，切断等以外の方法により，手ばらしすることが技術上困難なときは，常時湿潤な状態に保つ必要がある。

　また，石綿含有けい酸カルシウム板第一種および電動工具を使用して石綿含有仕上げ塗材を除去する場合は，ビニルシート等で隔離し，常時湿潤な状態を保つことが義務付けられている。

　石綿含有成形板等は，屋根や外壁に多く使用されており，発じんを抑制するためには湿潤化を十分に図ることが必要となる。また，作業場所の周囲を養生シート等で囲うことが望ましい。

以下に示すのは，レベル3の基本的な実施項目である。

その他の石綿含有建材の除去作業における主要実施項目

『事前準備』
・工事計画・施工要領書の作成，資材の準備
・作業主任者の選任，特別教育修了確認・健康診断受診の確認
・「事前調査の結果」および「お知らせ看板」の掲示
・各種標識の掲示，労働者の休憩所の確保

『立入区域の設定』
・これ以降，呼吸用保護具の着用
・事前清掃（HEPA フィルタ付真空掃除機）
・足場組立て（外部足場，可搬式作業台，ローリングタワー等）または高所作業車の準備
・必要に応じてクレーン，高所作業車等の準備
・内部作業の場合は，開口部を閉鎖し必要に応じて目張りをする
・**表 2-2-2**（42 ページ）の呼吸用保護具，専用の作業衣（または保護衣）

『除去作業』
・散水等による湿潤化
・石綿含有成形板等の取り外し（手ばらしを原則とする）
・高所作業車，クレーンによる吊り下ろし（高所から落下させない）
・作業中石綿粉じん濃度測定（必要に応じて）

『後片付け・清掃』
・壊れたものはプラスチック袋詰め
・必要に応じてプラスチックシート等により梱包
・作業場内清掃（HEPA フィルタ付真空掃除機）
・機材・足場材の清掃・撤去
・仕上げ清掃（HEPA フィルタ付真空掃除機）

『廃棄物処理』
・処理施設への搬出（シートがけ，石綿含有産業廃棄物，中間処理施設での破砕原則禁止）
・作業の記録（40 年保存）

(2)　施工例

	作業手順	留意事項	備考 （石綿則）
本作業（天井・壁）	①　作業手順の周知	・KY ミーティングの実施（計画の周知）	
	②　作業場所の確認	・養生が破損していないか状況の確認	
	③　解体・改修する石綿含有建材に十分に散水し湿潤化する	・粉じん飛散防止を図る ・呼吸用保護具，保護めがね，作業衣の着用（レベル3）	（第13条）
	④　間仕切り壁，襖，障子の撤去		
	⑤　天井目地や廻り縁を取り外す。また，仕上げクロスをはがす		
	⑥　天井材の取付けビスをドライバ等ではずし，天井ボードを極力割らないように丁寧に撤去する 	（注意1） 　やむを得ずバールや切断工具（丸のこ等）で石綿含有建材を破壊撤去する場合は，噴霧器またはエアレススプレイヤーで水または粉じん飛散抑制剤を空中散布しながら解体する。呼吸用保護具，作業衣は上位レベルを使用する 熱中症対策：水分を十分にとること	※石綿濃度測定（必要に応じて）
	⑦　内部建具，外部建具，額縁，幅木撤去およびクロスはがし	・下地を破損させないよう表面の幅木および仕上げクロスを皮スキ等で丁寧にはがす （注意2）	
	⑧　壁材料取付けビスや釘をドライバや釘抜き等ではずし，石綿含有建材を極力割らないように丁寧に撤去する 	やむを得ずバールや切断工具（丸のこ等）で石綿含有建材を破壊撤去する場合は，噴霧器またはエアレススプレイヤーで水または粉じん飛散抑制剤を空中散布しながら解体する	

ビニル床タイル等	はがし 　バール，けれん棒，電動ケレン（ペッカー）等ではがす ※石綿含有建材 OA フロア 	・湿潤化 ・呼吸用保護具，保護めがね，作業衣の着用（レベル3） ・製品のまま撤去，集積する（注意3） 　やむを得ずバール等で石綿含有建材を破壊撤去する場合は，噴霧器またはエアレススプレイヤーで水または粉じん飛散抑制剤を空中散布しながら解体する。 熱中症対策：水分を十分にとること	※石綿濃度測定（必要に応じて）
片付け清掃	①　石綿含有廃棄物とその他の廃棄物を分別し袋に詰める  ②　一時保管場所まで集積（搬出階）  ③　廃棄物の一時保管・管理 ④　積込み搬出 	・毎日の作業終了時，作業場所の整理整頓，清掃を行う ・石綿含有廃棄物を湿潤化し，発じんを防止する ・片付け，清掃中はレベル3に対応した呼吸用保護具を着用する ・足場や作業床等に落下した石綿含有建材の残材，端材等は，保護手袋を着用したうえ，丹念に手で集積する ・解体した石綿含有建材をコンテナ，フレコンバッグ等，指定された容器に分別して集積する ・集積した材料は，湿潤化またはシート養生を行い，粉じんの飛散防止を図る ・廃棄物の投下禁止：飛散するおそれのある物を高さ3m以上投下する場合には，ダストシュート等の飛散防止の措置を講じなければならない ・廃棄物処理法に従って適正な保管・管理をすること ・積込み労働者は，呼吸用保護具等を着用することが望ましい	建築基準法施行令第136条の5

	⑤ 作業床（足場脚立，可搬式作業台，ローリングタワー等）の清掃，解体撤去 ⑥ 作業衣，工具類を清掃し搬出	・墜落災害防止：堕落制止用器具の使用 ・石綿粉じん付着の可能性があり，濡れ雑巾や HEPA フィルタ付真空掃除機で十分に粉じんを取り除いた後，場外に持ち出す	
作業記録	① 作業記録 ② 廃棄物処理実績 ③ 関係官庁報告書	・1 カ月以内ごとに作業従事者の氏名，作業内容，異常の有無およびその措置を記録し，40 年間保存する。毎日記録することが望ましい ・処理委託契約書及び管理票（マニフェスト）は 5 年間保存 ※該当ある場合	（第35条）

(3)　廃棄物の処理

　石綿含有成形板等の廃棄物は，廃棄物処理法令に基づき石綿含有産業廃棄物として以下のように処分する。

・現場内で保管する場合には，他のものと混合しないようにし，粉じん飛散を防止すること。
・運搬，積替・保管にあたっては，他のものと混合しないようにすること。
・処分は，原則として破砕せず，安定型処分場での埋立処分，溶融処理または環境大臣が認定した無害化処理を行う。

　また，石綿則においては，建築物等から除去した石綿等は，運搬，貯蔵等の際に，石綿粉じんが飛散するおそれがないよう，確実な包装を行い，個々の包装等の見やすい場所に石綿が入っていることおよび取扱い注意事項を表示しなければならないこととされている。原形のまま取り外した成形板で発じんのおそれがないものについては，このような包装は不要であるが，包装のためにいたずらに細かく破砕してはならず，大きさに応じた大型のフレコンバッグ等により包装する（令和 2 年 10 月 28 日基発 1028 第 1 号）。

　石綿含有成形板等の委託処理にあたっては，委託契約書，マニフェストに石綿含有産業廃棄物であることを明記しなければならない。

　さらに，再生砕石の材料となるコンクリート塊等の取扱いについて，石綿含有産業

廃棄物の混入防止に努めなければならない（平成22年9月9日付け基安発0909第1号）。

　なお，石綿含有成形板等の除去の後の廃棄物（石綿含有産業廃棄物）についても，石綿則第32条に定められたとおり，運搬，または貯蔵（保管），取扱い上の注意事項等の表示等をしなければならない（令和2年10月28日基発1028第1号）。

6.　その他の労働災害の防止

(1)　墜落災害の防止

　石綿含有建材の解体・改修作業は，かなりの作業が高所作業となる。ローリングタワーや脚立足場，可搬式作業台等を使用して，天井や壁，屋根の石綿含有建材を除去することになる。

　その際，無理な姿勢での作業も多く，湿潤化により足元が滑りやすくなっている場合もあり，墜落・転落の危険性が高くなる。

　また，呼吸用保護具を使用しての作業となることも墜落・転落の危険性を増大させている。

　そのため，足場を組み立て，十分な作業床が確保できるローリングタワーや手すりを設けた可搬式作業台を使用するなど，確実に墜落を防止するよう心掛ける（図2-2-23）。また，墜落制止用器具の使用を励行し，腰より高い位置への親綱の設置や専用金具等で墜落制止用器具の使用を可能にすることが重要である。

　エアラインマスクを使用しての作業では，ホースが絡んだり，つぶれたりしないよう注意することも必要となる。

　なお，仮設の足場の組立て，改造，解体にあたっては，足場の組立て等作業従事者特別教育を受講しなければならない。

(2)　感電災害の防止

　解体・改修工事では，作業用機械，機器，照明等を使用する。建物の中の配線に体や使用している機器が接触することによる感電を防止するため，配線設備には囲いや絶縁覆いを設けて，感電や火傷に注意して作業する。

　石綿粉じん飛散防止のための湿潤化により，感電の危険が増すことになるため，二重絶縁構造の電気機器を使用するなど十分な配慮が必要である。

1.天板上での作業　　2.不陸・軟弱な場所　　3.足場上での使用

4.端部上での作業　　5.頭の真上の作業　　6.力を入れる作業

7.手すりに体重をかける作業

脚立
うま
すべり止め
脚立とうま

図2-2-23　してはいけない脚立使用例

(3)　熱中症その他の労働災害の防止

　石綿含有建材の除去作業は，隔離された作業場内での作業であり，保護衣を着用しての作業となることから，特に夏場は，熱中症に対する注意が重要である。十分な休憩時間を確保する，適時水分や塩分を補給する，通常よりは短い時間で作業するなどに留意する。石綿作業主任者は，各労働者の体調に気を配り，早めに対応をとるよう心掛けることが重要である。必要に応じて，冷却用のベストを着用させるなどの措置を講じることも必要となる。このような対応については，作業計画作成時に検討し，準備しておくことが求められる。また，労働者はふだんの生活にも気を配り，十分な体力を確保することに努める。

　その他，粉じんの吸引や破砕された建材等による眼への損傷などの労働災害が考えられ，火傷等の労働災害も含め，災害防止のため，長袖作業衣や保護めがねの着用に努める。

　また，新工法に伴う労働災害のリスクも生じてきている。

　ウォータージェットを用いた工法では，威力のあるウォータージェットによる人的損傷や隔離養生の損傷が考えられる。ドライアイスを用いた工法では，酸欠防止も重要となる。

　それぞれの工法に応じたリスクを評価し，適切な施工計画を立案するとともに，労働者に対し必要となる教育・訓練を実施することが重要となる。

Ⅳ　船舶の解体等の作業に係る措置

　石綿則により，船舶（鋼製の船舶に限る）の解体等の作業についても，建築物等の解体等の作業に係る措置と同様の措置が適用される。

1.　船舶に使用された石綿含有製品

　①　石綿含有吹付け材（レベル1）
　　　耐火被覆用，吸音・断熱用，結露防止用として機関室，操舵室等の天井裏，デッキ裏等に使用されている物がある。
　②　石綿含有保温断熱材（レベル2）
　　　蒸気，温水，ガス等の配管，空調ダクト，ボイラー等の保温用，熱絶縁用等として保温断熱材，成形保温板，アスベストクロス，アスベストリボン，アスベスト布団，練り込み保温材等が使用されている物がある。
　③　石綿含有成形品（レベル3）
　　　成形品には，建材製品と石綿工業製品がある。船舶の場合，建材製品に関し，居住区の天井材，壁材，床材として使用されている物がある。また，石綿工業製品に関しては，配管用等パッキン材としてジョイントシート，ガスケット，パッキン等，耐摩耗材としてブレーキライニング，クラッチフェーシング等，配電盤等に電気耐熱絶縁材等として使用されている物がある。

2.　石綿ばく露作業の分類

　石綿ばく露作業の分類は，石綿を含有する対象物の種類（吹付け材，保温材・耐火被覆材・断熱材，成形品）と作業の種類（除去，封じ込め，囲い込み）により，以下の（1）から（4）に分類され，それぞれにおいて石綿等のばく露防止措置の内容が異なる。この中で，飛散しやすい吹付け材の除去作業が最も石綿等のばく露のリスクの高い作業となる。

　「除去」とは，吹き付けられた石綿や石綿を含有する保温材等をすべて除去する方法である。「封じ込め」とは，吹き付けられた石綿等の表面に固化剤を吹き付けることによる塗膜の形成や浸透による石綿繊維の結合力の強化により，飛散を防止する方

法である。「囲い込み」とは，石綿が吹き付けられている天井，壁等を石綿を含有しない建材で覆うことにより，石綿等が室内に飛散しないようにする方法である。

(1)　石綿含有吹付け材【レベル1】の除去作業

　石綿等の粉じんの発散が著しく多い作業のため，厳重なばく露防止対策が義務付けられている。その中で特に重要なのが，石綿等の除去等を行う作業場所をそれ以外の作業を行う作業場所から隔離し，その出入口に前室等を設置するとともに，隔離した作業場所の排気にろ過式集じん方式の集じん・排気装置を設置するなどの措置である。

　隔離を行った作業場所で作業を行う労働者に対しては，電動ファン付き呼吸用保護具またはこれと同等以上の性能を有する空気呼吸器，酸素呼吸器もしくは送気マスクの使用が義務付けられている。また，隔離を行った作業場所の外部で作業を行う労働者に対しては，上記の呼吸用保護具のほか取替え式防じんマスク（RS3 または RL3）の使用が必要となる。

(2)　石綿含有吹付け材【レベル1】，石綿含有保温材・耐火被覆材・断熱材【レベル2】の封じ込め，囲い込み作業

　囲い込み作業で切断，穿孔，研磨等を伴う作業が行われない場合は，作業場所の隔離は必要とされないが，作業に従事する労働者以外の立入りを禁止する措置を講じる必要がある。また，労働者に対しては，取替え式防じんマスク（RS2 または RL2）の使用が必要となる。

　封じ込めや囲い込み作業で切断，穿孔，研磨等を伴う作業が行われるときには，(1) の作業と同様に作業場所の隔離，集じん・排気装置の設置等の措置が義務付けられている。囲い込み作業は，石綿等が吹き付けられた天井等を石綿を含有しない建材で覆うことであるが，切断等を伴う作業として，石綿が吹き付けられた天井に穴を開け，覆いを固定するためのボルトを取り付けるなどの作業がある。労働者に対しては，(1) と同様の呼吸用保護具の使用が必要となる。

(3)　吹付け以外の石綿含有保温材・耐火被覆材・断熱材【レベル2】の除去作業

　石綿含有保温材，耐火被覆材，断熱材の除去作業で切断，穿孔，研磨等を伴う作業が行われない場合は，作業場所の隔離は必要とされないが，作業に従事する労働者以外の立入りを禁止する措置を講じる必要がある。労働者に対しては，電動ファン付き

113

呼吸用保護具またはこれと同等以上の性能を有する空気呼吸器，酸素呼吸器もしくは送気マスクのほか，取替え式防じんマスク（RS3 または RL3）の使用が必要となる。

　石綿含有保温材，耐火被覆材，断熱材の除去作業で切断，穿孔，研磨等を伴う作業が行われるときには，(1)の作業と同様に作業場所の隔離，集じん・排気装置の設置等の措置が義務付けられている。労働者に対しては，(1)と同様の呼吸用保護具の使用が必要となる。

(4)　その他の石綿含有成形品【レベル3】の除去作業

　石綿含有成形品の除去作業は，石綿等の粉じんの発散が比較的低い作業であるため，石綿則の規定により，作業の届出，作業場所の隔離，ろ過式集じん方式の集じん・排気装置の設置などの措置は義務付けられていない。ただし，けい酸カルシウム板第一種を切断・破砕等により除去する際や石綿含有仕上塗材をディスクグラインダーまたはディスクサンダーで除去する際には内部を負圧に保つ必要はないが，ビニルシートなどにより作業場所を隔離する必要がある。また，成形品を除去する際，技術上困難な場合を除き切断・破砕等以外の方法（手作業での取外しなど）により行う必要がある。労働者に対しては，取替え式防じんマスクの使用が必要となる。また当作業場所で石綿等の除去等以外の作業を行う場合には，取替え式防じんマスクまたは使い捨て式防じんマスクの使用が必要となる。

3.　船舶の解体等の作業におけるばく露防止対策

　石綿則では，船舶の解体等を行う場合，事前調査の実施，作業計画の作成，事前調査結果の提出，作業届の事前の提出，作業場所の隔離（特定の作業では負圧隔離），石綿等の湿潤化，作業主任者の選任，保護具の着用，特別教育の実施，健康診断の実施，作業の記録・保存などについて規定している。

　事前調査とは，事前にどの場所に石綿が使用されているかを把握する調査で，調査結果をもとに作業計画を作成することになるので，石綿によるばく露防止対策を行う上で極めて重要である。なお，令和5年10月1日以降は，有資格者（船舶石綿含有資材調査者）による調査の実施が義務化される。調査手順は，建築物の解体等の手順とほぼ同様である。

　手順としては，まず，調査対象材料について設計図書等の文書を確認し，次に実際

に調査対象材料が当該文書のとおりであるか，目視により確認を行う。その際，石綿の有無が不明な場合には，分析調査のための試料採取を行う。次に分析調査を行うが，吹付け材以外の材料については石綿を含有しているとみなして必要なばく露防止対策を行う場合は分析調査を行う必要はない。

　作業計画は，作業の方法，石綿等の粉じんの発散を防止し，または抑制する方法，作業を行う労働者への石綿等の粉じんのばく露を防止する方法について作成することになっている。また，関係作業者への周知も求められている。

　事前調査結果の提出は原則，総トン数が20トン以上の鋼船の解体等の作業を行う場合，石綿等の使用の有無にかかわらず，インターネットにより行うこととされている。

　事前調査の結果，解体等の工事において，「吹き付けられた石綿等」及び「張り付けられた石綿等が使用されている保温材等」の除去，封じ込め，囲い込みの作業を行う場合，事前に作業の届出を所轄労働基準監督署長に行わなければならない。

　作業場所の隔離に関しては，吹付け石綿の除去や切断作業を伴う封じ込め・囲い込み作業，および，切断作業を伴う石綿含有保温材・耐火被覆材・断熱材の除去作業や封じ込め・囲い込み作業については，石綿等の除去等を行う作業場所をそれ以外の作業を行う作業場所から隔離し，その出入口に前室等を設置するとともに，隔離した作業場所の排気にろ過式集じん方式の集じん・排気装置を使用し，作業場所を負圧に保つなどのほか，集じん・排気装置の排気口からの粉じんの漏えいの有無の点検，作業場所の出入口に設置された前室の負圧状態の点検などの実施が義務付けられている。

　石綿等の湿潤化に関しては，石綿等の切断等の作業を行う際には，建材等を湿潤な状態にする必要があり，その方法には散水による方法がある。また，封じ込めの作業においては固化材を吹き付ける方法のほか，除去の作業においては剥離剤を使用する方法も含まれる。なお，湿潤とすることが著しく困難な場合，除じん性能を有する電動工具を用いるほか，作業場所を隔離することにより，石綿等の粉じんの発散を抑制する必要がある。

　石綿作業主任者の選任や作業者に対する特別教育は，建築物等の解体等の作業と同様，船舶の解体作業においても必要である（64～67ページ参照）。

　解体等の作業の際，作業者の石綿ばく露防止対策として，保護具の使用は重要である。石綿ばく露作業の分類に応じて適切な呼吸用保護具や保護衣を用意し，正しく着用させる必要がある（第3編労働衛生保護具を参照）。

その他に必要な措置を以下に示した。

1)　船舶等の解体等における封じ込めまたは囲い込みの作業の発注者は，工事の請負人に対し，当該船舶等における石綿等の使用状況等を通知するよう努めなければならない。

2)　石綿を取り扱う直接業務従事者および周辺業務従事者に関しては，石綿健康診断を実施する必要がある。

3)　健康診断の結果および作業の記録については，石綿の作業に従事しなくなった日から40年間保存しなければならない。

4)　使用した保護具等は，他の衣類等から隔離して保管し，保護具等に付着した石綿を除去した後でなければ作業場所以外に持ち出してはならない。ただし，廃棄のために容器等に梱包したときにはこの限りでない。

5)　船舶内等で労働者に臨時の作業（天井裏，エレベータの昇降路等における設備の点検，補修等の作業，掃除の作業など）を行わせる場合，吹き付けられた石綿が損傷，劣化等により，労働者がばく露されるおそれがあるときには，呼吸用保護具および保護衣または作業衣を使用させなければならない。

　上記の対策の手順等は，原則的には建築物の解体等の手順とほぼ同様であるので，本章Ⅲの以下のページのフローチャート等を参照のこと。

　　①　石綿含有吹付け材の除去作業（75ページ）

　　②　石綿含有吹付け材，保温材・耐火被覆材・断熱材の封じ込め，囲い込み作業（95ページ）

　　③　吹付け以外の石綿含有保温材・耐火被覆材・断熱材の除去作業（99ページ）

　　④　その他の石綿含有建材（成形板）の除去作業（104ページ）

　なお，船舶の内部は狭隘であり，石綿含有断熱材等が使用されている配管や機械類の形状が特異であることなどから，船体内部での通常の除去作業が困難となる可能性がある。そうした場合は，グローブバッグを用いて隔離しながら除去する方法（101〜102ページ参照）や，エルボ部など石綿含有断熱材のついた配管部分を石綿含有断熱材等のない部分から切断し，断熱材をつけたまま配管類を梱包したうえで搬出して処分する方法（102〜104ページ参照）がある。

第3章　製造または取扱い作業における作業環境管理

　石綿等を取り扱う作業，若しくは石綿を試験研究のため製造する作業や石綿分析用試料等を製造する作業が行われる作業場においては，石綿のばく露防止のため，適切な作業環境管理対策が必要である。ここに記載した作業環境管理対策は粉じんばく露防止対策の基本的な事項で，工学的対策を立てる際の設備の設計や機器装置の選定を行うために極めて重要である。一般には汚染物質を気体状物質と粒子状物質に分けることができるが，石綿は繊維状物質であるので本編では粒子状物質（粉じん）の工学的対策について示す。

1. 有害物質に対する作業環境管理の原則

　有害物質に対するばく露を少なくするためには，次の手法を用いるのが原則である。
　ア　有害物質の製造，使用の中止，有害性の少ない物質への転換
　イ　有害な生産工程，作業方法の改良による有害物質等発散の防止
　ウ　有害物質等を取り扱う設備の密閉化と自動化
　エ　有害な生産工程の隔離と遠隔操作の対応
　オ　局所排気装置の設置
　カ　プッシュプル型換気装置の設置
　キ　全体換気装置の設置
　ク　作業行動の改善による二次発じん等の防止
　これらの原則的な手法は，そのうち1つに依存するよりも，いくつかの手法を併用することが有効であるが，最初に記したものほど有害物質に対するばく露防止対策に有効な方法であるから，まず最初に記したばく露防止対策を検討することが大切である。

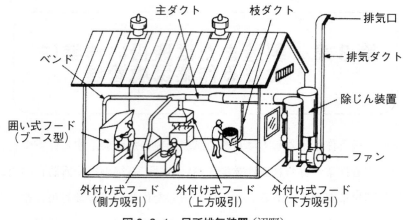

図 2-3-1　局所排気装置（沼野）

2. 作業環境の工学的対策

(1)　粉じんの発散源の密閉

　発散源を密閉し，石綿等の粉じんが作業場に発散しないようにするのは，基本的な発散源対策の１つであり，このためにはできる限り密閉することが望ましい。

　しかし，実際の作業場においては，定期的に原材料を投入したり，製品または半製品を取り出したりする必要がある場合や，手作業を伴う場合のように，発散源を密閉化することが難しいことも多い。このような場合には，投入口をビニル等のカバーで覆うとか蓋をつけるといった工夫をすることにより，粉じんの発散を防止することができる。また，原材料の投入口や製品の取出口に局所排気装置を取り付けるといった他の方法と組み合わせることにより，いっそう効果があがることも多い。発散源を密閉した場合においても，継ぎ目等から粉じんが漏れることがあるので定期的に点検するとともに，そのようなおそれのある場合には，密閉した内部の空気を吸引して負圧にしておくことが望ましい。

(2)　局所排気装置

　事業者は，石綿等の粉じんが発散する屋内作業場（石綿等を取り扱い，若しくは試験研究のため製造する屋内作業場，若しくは石綿分析用試料等を製造する屋内作業場）については，当該粉じんの発散源を密閉する設備，局所排気装置（**図 2-3-1**）またはプッシュプル型換気装置を設けなければならないとされている。

1)　局所排気装置の構造

　局所排気装置とは，空気中に発生した石綿等の粉じんを発散源に設置したフードで空気を吸引することにより除去する装置であり，**図2-3-1** のような構造をしている。

　このように局所排気装置は，フード，ダクト，除じん装置，排風機（ファン），排出口から構成されており，以下これらについて述べることとする。

① フード

　フードとは，粉じんの発散源に設置して，空気を吸引する吸引口（「2) 局所排気装置のフードの型式」参照）であり，ここから空気を吸引して発生した粉じんを捕捉する。

　フードを設ける場合には，次の4つの原則が基本である。

ア　労働者が粉じんにさらされないように，作業位置が発散源よりも風上になるように設置すること。

イ　粉じんの飛散方向が一定の場合には，その方向をカバーするように設置すること。

ウ　発散源にできる限り近づけて設置すること。

エ　発散源をできる限り囲うように設置すること。

② ダクト

　ダクトとは，フードで吸引した空気を運ぶ管であり，フード，除じん装置，ファン，排気口をつないでいる。ダクトのうち，フードからファンまで吸引した空気を導く部分を吸引ダクト，ファンから排出口まで空気を導く部分を排気ダクトと呼ぶ。

　ダクトを設置するにあたっては，次の点に留意する必要がある。

ア　ダクトの長さは，できるだけ短くし，曲がり部分（ベンド）の数はできるだけ少なくすること。

イ　適当な位置に掃除口を設ける等により，掃除しやすい構造とすること。

③ 除じん装置

　除じん装置とは，フードで吸引した空気中の粉じんを除去し，空気を清浄化する装置である。なお，除じん装置は，ファンに粉じんがあたることにより傷ついたり摩耗したりしないようにファンの前に設置する。

④ 排風機（ファン）

排風機とは，空気を吸引し，排出する動力源である。

⑤　排出口

　吸引した空気を排出するための開口部であり，原則として屋外に設置しなければならない。この場合には少なくとも建物の軒よりも高くし，窓や扉からできる限り離すことが望ましい。また，雨水等が入らないように雨よけを設置する必要がある。

　なお，石綿の分析の作業に労働者を従事させる場合において，排気口からの石綿等の粉じんの排出を防止するための措置を講じたときは，排気口は屋外に設けなくてもよいとされている。この場合に設置する除じん装置は，ろ過方式とし，HEPAフィルタなど捕集効率が99.97％以上のろ過材を使用しなければならない。また，正常に除じんできていることを確認するために以下の事項を行うこととされている。

　ア　局所排気装置等の設置時・移転時やフィルタの交換時に除じん装置が適切に粉じんを捕集することを粉じん相対濃度計などで確認する。

　イ　除じん装置を1月以内に1回点検する。

　ウ　石綿分析作業中に，除じん装置の排気口において，半年以内ごとに1回，総繊維数濃度の測定を行い，排気口において総繊維数濃度が管理濃度の10分の1を上回らないことを確認する。

　また，この場合も，定期自主検査の実施と記録，点検の実施と記録が必要である。

2）局所排気装置のフードの型式

　粉じんの発生の態様は作業の種類等により非常に多様であるため，それに用いられるフードの種類もさまざまであり，グラインダのように回転するものから発生する粉じんに対して設置される場合と，一般の発散源に対して設置される場合とに大別される。

①　一般の発散源に対して設置される場合

　一般の発散源に対して設置される捕捉フードは，発散源を囲む囲い式フードと，発散源の外側に設置される外付け式フードに分類され，外付け式フードは，さらにその設けられる位置により，発散源の側方から吸引する側方吸引型フード，下方から吸引する下方吸引型フード，上方から吸引する上方吸引型フードに分類される。これらのフードの代表例を図2-3-2に示す。

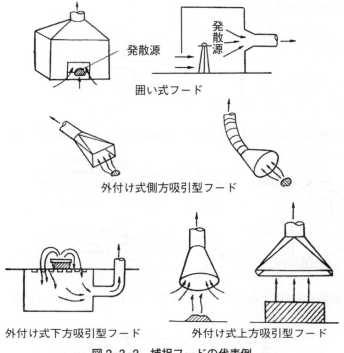

囲い式フード

外付け式側方吸引型フード

外付け式下方吸引型フード　　　外付け式上方吸引型フード

図2-3-2　捕捉フードの代表例

②　研削盤のような回転するものから発生する粉じんに対して設置される場合

　　研削盤のような回転するものからの粉じんを捕捉するフードは，レシーバ式フードと呼ばれる。粉じんの発生の態様は，一般の発散源の場合と大きく違っているため，このような発散源に対して設置される局所排気装置を**図2-3-3**に示したが，図のような3通りの方法が適している。

3) 局所排気装置の性能

　　局所排気装置の性能は，フードに吸引される空気の風速で表す。このような局所排気装置の性能を表す風速を「制御風速」といい，フードの種類ごとに制御風速を測定する位置が決められている。

①　囲い式フード

　　囲い式フードの制御風速とは，開口面において測定した風速のうち最小のものをいい，開口面における測定点のとり方は次のとおりである（**図2-3-4**）。

　　開口面が四辺形である場合は，原則として開口面を16以上の，辺の長さが50 cm以下の等面積の四辺形に分け，その各々の中心点において測定する。ただし，開口面が小さい場合には，測定点の数は等分した四辺形の辺の長さが50 cm以下，5 cm以上になるように適当に決める。なお，開口面が四辺形で

121

ア　回転体を有する機械全体を囲う方法

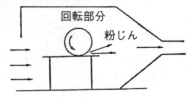

イ　回転体の回転により生ずる粉じんの飛散方向をフードの開口面で覆う方法

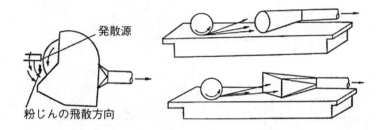

ウ　回転体のみを囲う方法（レシーバ式フード。粉じんの飛散方向は覆わない）

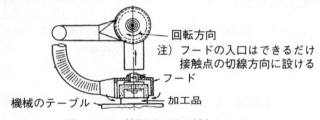

図2-3-3　椀型砥石用の排気フード

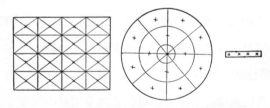

図2-3-4　フードの開口面における制御風速の測定点

ない場合についても，四辺形の場合に準じて測定点を決めればよい。

② 外付け式フード

外付け式フードの制御風速は，粉じんを吸引しようとする範囲内における発散源に係る作業位置のうち，フードの開口面から最も離れた作業位置において測定する。

③ 研削盤のような回転するものから発生する粉じんに対して設置される局所排気装置のフード

このような場合における制御風速は，回転する部分が停止した状態における

フードの開口面での最小風速である。

　このような制御風速を測定するには，持ち運びのできる熱線風速計がよく用いられている。

(3)　プッシュプル型換気装置

　プッシュプル型換気装置とは，一様な捕捉気流（汚染物質の発散源またはその付近を通り吸込み側フードに向かう気流であって，捕捉面での気流の方向および風速が一様であるもの）を形成させ，当該気流によって発散源から発散する汚染物質を補捉し吸込み側フードに取り込んで排出する装置であり，天井，壁および床が密閉されているブースを有する密閉式プッシュプル型換気装置と，それ以外の開放式プッシュプル型換気装置とがある。密閉式プッシュプル型換気装置には，一様な気流を形成するために送風機により空気をブース内に供給するものと，送風機の代わりに開口部を有し，排風機によりブース内の空気が吸引されることを利用して開口部からブース内へ空気を供給するものの2種類があるが，開放式プッシュプル型換気装置は，送風機よりブース内に空気を供給するものでなければならない。代表的な例を**図2-3-5**に示す。

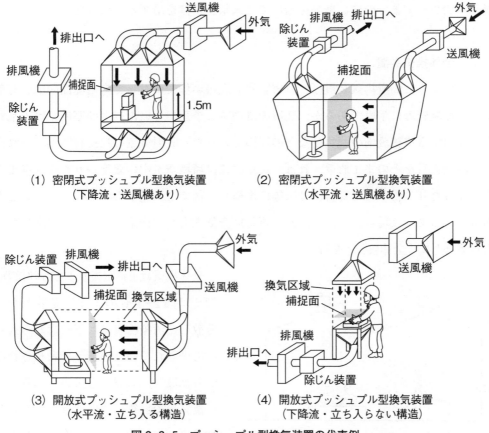

（1）密閉式プッシュプル型換気装置
（下降流・送風機あり）

（2）密閉式プッシュプル型換気装置
（水平流・送風機あり）

（3）開放式プッシュプル型換気装置
（水平流・立ち入る構造）

（4）開放式プッシュプル型換気装置
（下降流・立ち入らない構造）

図2-3-5　プッシュプル型換気装置の代表例

プッシュプル型換気装置は，フード，ダクト，除じん装置，送風機，排風機，排出口等から構成されている。プッシュプル型換気装置の構造等は，発散源から発生したガス，蒸気，粉じんを吸込み側フードにより空気とともに吸引して捕捉する点では局所排気装置と同様であるが，発散源から吸込み側フードまでを一様で緩やかな捕捉気流で包み込むため，その効果の及ぶ範囲は吸込み側フードの近くだけでなく，一様な気流が発生する区域全体である。この区域は，開放式プッシュプル型換気装置では「換気区域」と呼ばれ，発散源は換気区域の内部に位置しなければならない。なお，密閉式プッシュプル型換気装置では，一様な気流がブース全体で発生している。

　一方，発散源から吸込み側フードへ流れる空気は，汚染物質を含むため，作業に従事する労働者が吸入するおそれがない構造としなければならない。これには，例えばブース内または換気区域内に下向きの気流を発生させることにより労働者の呼吸域に汚染物質を含む空気が流れないようにする方法，発散源にできるだけ近い位置に吸込み側フードを設けることにより，発散源と吸込み側フードとの間に労働者が入らないような構造とする方法がある。また，そのようなことが困難な場合には，発散源から吸込み側フードまでの間に柵等を設けて立入禁止措置を講ずる方法もある。

（4）　全体換気装置

　前述のように局所排気装置は，有害物質等取扱い作業に対して応用範囲の広い有効な作業環境管理の手段であるが，装置の計画時に予想していた以上の室内気流の乱れや，使用する機械設備の過負荷などの原因でいったん吸引気流の捕捉範囲外に漏れ出した汚染物質をそのまま放置すれば，結果的には環境空気中の濃度が有害な程度まで高くなったり，粉じんの場合には床等に堆積して後で二次発じんの原因になることがある。このような場合には，外部から新しい空気を入れて作業室内の汚染濃度を薄める対策として「全体換気」を行う。

全体換気は「希釈換気」とも呼ばれ，例えば**図 2-3-6** のように発散源から発散した汚染物質は，下の窓から入った汚染されていない空気で希釈されながら拡散し，天窓から排出される。

　換気量の計算については，いろいろな場合の空気の平均汚染濃度を想定

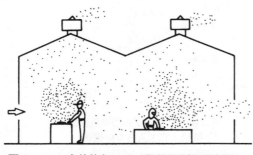

図 2-3-6　全体換気による汚染物質の希釈排出

し，その濃度を定常的に保つためには，どのくらいの換気量にすべきかということが，最も基本的に必要な事項である。

このためには，期待する定常的平均汚染濃度 K（mg/m³）を想定するとともに，ガス，粉じんの発生量 W（g/h）を推定しなければならない。必要換気量を Q（m³/min）とすれば，Q は次式で計算することができる。

$$Q（m³/min）= \frac{1,000\,W}{60\,K} = \frac{50\,W}{3\,K}$$

全体換気には，室内外の気温差による空気の対流や風の力を利用した自然力換気と，電動式の換気扇やルーフファンを利用した機械力換気があるが，自然力換気では計画的な換気量の確保は不可能であり，機械力換気にしても危険のない濃度まで下げることは困難であるため，石綿を取り扱う作業場では全体換気だけに頼ってはならず，密閉または局所排気の補助として用いる。

(5)　除じん装置の種類

除じん装置は，除じんの方式により次のように分類される。

1)　重力除じん装置

粉じんの自然落下を利用して粉じんを除去する除じん装置であり，その例を**図2-3-7** に示した。除じん方法は，粉じんを沈降させる空室（沈降室）に粉じんを含んだ空気を導き，流速を1～2m／sに減速させて粉じんを沈降させるものである。この方式により除去することができる粉じんは径が約 50μm 以上の大きなものである。粉じんの量が非常に多いときや粒径の大きい粉じんが多く含まれているときには，あらかじめ粒径の大きな粉じんを除去してからさらに除じんする必要があり，重力除じん装置はこのようにあらかじめ粒径の大きい粉じんを取り除く

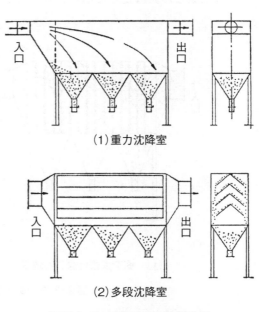

(1)重力沈降室

(2)多段沈降室

図2-3-7　重力除じん装置の例

ために用いられることが多い。このような用途に用いられるものは「前置き除じん装置」といわれている。重力除じん装置のうち，沈降室の中の空気の流れる経路をいくつかに区切ったものを「多段沈降室」という。

2) 慣性力除じん装置

じゃま板等に粉じんを含んだ空気を衝突させることにより，粉じんだけを除去する方式の除じん装置で，その例を図2-3-8に示した。この方式によって除去することができる粉じんは粒径が約20μm以上の大きなもので，重力除じん装置と同じく前置き除じん装置として用いられることが多い。

3) 遠心力除じん装置

遠心力を利用して粉じんを除去するのが遠心力除じん装置であり，空気を回転運動させ，含まれている粉じんを外側へはじき出す。遠心力除じん装置も，広い意味での慣性力除じん装置の一種である。この方式の代表的なものは図2-3-9に示す「サイクロン」であり，サイクロンを多数並列でつないだものを「マルチサイクロン」という。また，処理する空気に水を噴霧して含まれている粉じんの粒径を大きくし，粉じんの除去効率をあげたものを「サイクロンスクラバ」という。

サイクロンは粒径が約5μm以上の粉じんを除去するものが一般的で前置き除じん装置として用いられることが多く，マルチサイクロンやサイクロンスクラバは主除じん装置として用いられることが多い。

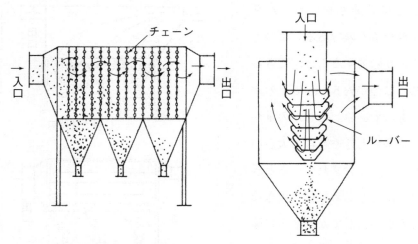

（1）衝突式慣性除じん装置　　（2）反転式慣性除じん装置

図2-3-8　慣性力除じん装置の例

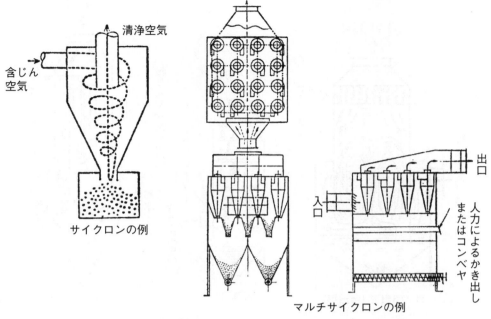

図 2-3-9　サイクロンの例

4)　洗浄除じん装置

　　水等の液体を利用して粉じんを除去する方式の除じん装置であり，その例を**図2-3-10**に示した。除じんの原理は，粉じんの種類や使用する水量等により除去することのできる粉じんの大きさは異なるが，装置によっては約 1μm 程度のものまで除去することができるものがある。洗浄除じん装置は，単に粉じんを除去するだけでなく，水に溶けやすい有害なガスも除去することができる。

　　洗浄除じん装置の代表的なものはベンチュリ・スクラバ（**図2-3-11**）であり，これは霧ふきの原理と同じように空気を管の細くなった部分を通過させ，その際に水を噴霧させることにより水滴で含まれる粉じんを凝集させてサイクロンなどの除じん装置により粉じんを除去するものである。

5)　ろ過除じん装置

　　布，紙等のろ材によりろ過することで粉じんを除去する除じん装置であり，袋状の布によりろ過するバグフィルタが代表的なものである。

　　バグフィルタは，**図2-3-12**に示すように，粉じんがある程度ろ布に付着して表面に層ができると，1μm 程度の小さな粉じんも除去することができるようになる。一般的に用いられるバグフィルタは，径 15〜50 cm，長さ 100〜500 cm の円筒形の袋を数本から十数本ならべて吊るし，処理する空気を下のほうから袋

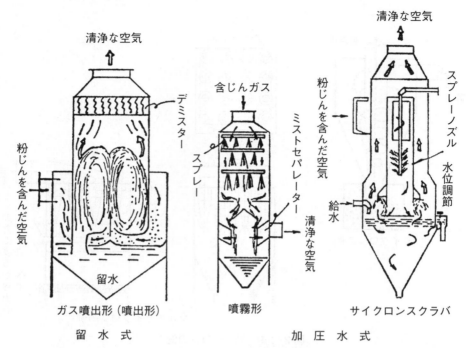

図2-3-10　洗浄除じん装置の例

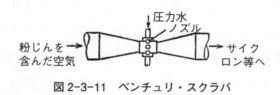

図2-3-11　ベンチュリ・スクラバ

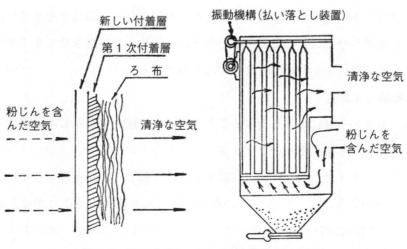

図2-3-12　バグフィルタ（上部振動式）の原理

の中に送り込むようになっている。

　バグフィルタは，布の表面に粉じんが付着しすぎると空気が通りにくくなるため，定期的に粉じんを払い落とす必要がある。このようなことから，自動の粉じんの払い落とし装置がついているものが多い。

　バグフィルタのろ材として用いられる布の材質は，天然繊維から合成繊維までさまざまであり，用途に応じて適切なものを選ぶ必要がある。

6)　電気除じん装置

　電気除じん装置は，処理する空気を放電している電極と電極の間を通過させ，その際に発生する静電気により粉じんを電極に集めて粉じんを除去する装置で，その集じん原理を**図2-3-13**に示した。コットレルは電気除じん装置の最も代表的なものである。電気除じん装置は，$0.1\mu m$ 程度の微細な粉じんまで除去することができるが，一般に対象とする粉じんの性状や空気の湿度，温度によってその性能が左右されやすいので，これらの条件を十分検討しておかなければならない。

　これらの他に音波や熱を利用して粉じんを除去する方式があるが，あまり用いられていない。

(6)　除じん装置の選定

　除じん装置は，対象とする粉じんの種類，粒径，性質，除去しなければならない粉じんの量・濃度等の必要な条件を十分に検討したうえで適当なものを選定しなければならない。**表2-3-1**に代表的な除じん装置の比較表を示す。その実際の選定にあたっては，特に次のような事項に留意する必要がある。

　ア　粉じんの粒径分布を十分考慮すること。

　イ　処理する粉じんの粒径が数 μm 以下の場合には，洗浄，ろ過または電気による
　　　除じん装置を選ぶこと。

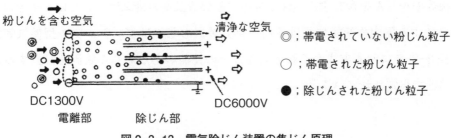

図2-3-13　電気除じん装置の集じん原理

表 2-3-1　各種除じん装置比較表

型　式	原　理	分離粒径（必要除じん粒子径）μm	除じん効率（%）	圧力損失 hPa	設備費	運転費	適用粉じん濃度（g/m³）	適用条件
重力沈降室（重力除じん装置）	重力沈降	>50		0.5～2.0	小	小	—	前置き除じん装置として用いる
慣性力除じん装置	慣性衝突	>20		3.5～5.0	小	小	—	前置き除じん装置として用いる
サイクロン（遠心力除じん装置）	遠心力	>10（大型）>5（小型）	5～10μ（大型）40～75（小型）75～95	10～20	中	中	乾式1～20 湿式2～20	付着性の強い粉じんは不可
マルチサイクロン（遠心力除じん装置）	遠心力	>2.5	95	10～20	中	中	1～20	付着性の強い粉じんは不可
ベンチュリ・スクラバ（洗浄除じん装置）	加　湿	>1	90～99	50～100	中	大	10以下	湿式サイクロンと併用の必要あり
バグフィルタ（ろ過除じん装置）	ろ　過	>5（粗　布）>1（極細布）	90～99	10～20	中	中以上	0.2～70 0.2～20	付着性の強い粉じん，水分の多い粉じんは不可
電気除じん装置	静電気	>0.1	90～99	0.5～2.5	大	小～中	2以下	種類に制限あり

（注）除じん効率とは，粉じんを取り除く割合をいう。

　ウ　水の使用が制限される場合は，湿式の方式の装置をさけ，やむを得ない場合には，循環方式のものを考慮すること。

　エ　洗浄した水が強酸性，強アルカリ性となるため，汚水の処理，機器の腐食等の不都合が起こると思われるときには，乾式の方式のものを選ぶことが望ましい。

　オ　洗浄除じん装置については，使用した後の水の処理もあわせて考慮すること。

　カ　粒子が比較的あらく，粉じん量の多いものを処理する場合には，必要に応じ重力沈降室，慣性力除じん装置，サイクロンなどの方式の前置き除じん装置を併置すること。

　石綿等の粉じんを含有する気体を排出する製造設備の排気筒，または石綿等の粉じんを発散する屋内作業場に設ける局所排気装置もしくはプッシュプル型換気装置には，**表 2-3-2** に示す方式かそれと同等以上の性能のある除じん装置を設置するように石綿則で規定されている。

(7)　送排風機の選定

送排風機は，処理する空気の量，ダクトを通じて排出口または吹出し口まで送るために必要な圧力に応じて適当なものを選ぶ必要がある。ファンは大別すると扇風機のような羽根により空気を送る軸流式と，羽根を回転させるときの遠心力により空気を送る遠心式に大別される。主な送排風機の特長を**表2-3-3**に示す。

表2-3-2　粉じんの粒径と除じん方式

粉じんの粒径 （単位　μm）	除じん方式
5 未満	ろ過除じん方式 電気除じん方式
5 以上 20 未満	スクラバによる除じん方式 ろ過除じん方式 電気除じん方式
20 以上	マルチサイクロン（処理風量が毎分 20 m³以内ごとに 1 つのサイクロンを設けたものをいう。）による除じん方式 スクラバによる除じん方式 ろ過除じん方式 電気除じん方式

備考　この表における粉じんの粒径は，重量法で測定した粒径分布において最大頻度を示す粒径をいう。

3.　設備等の点検

局所排気装置，粉じん発散源を密閉する設備，散水のための設備等は1週間に1回程度定期的に点検し，常にこれが有効に稼働するように維持されているかどうかを確認することが大切である。

それには責任者を定め，かつ点検表を用いることが望ましい。

(1)　局所排気装置，プッシュプル型換気装置および除じん装置の点検

石綿等の粉じんが発散する屋内作業場等に設置される局所排気装置，プッシュプル型換気装置および除じん装置については，法令では1年以内ごとに1回，定期自主検査を行わなければならないことが規定されており，定期自主検査はそれぞれの定期自主検査指針に従って行うことが望ましい。これらの設備を毎日有効に稼働させるためには，このような定期自主検査に加えて，日常次の事項について点検をすることが望ましい。

1)　フード等の点検

局所排気装置のフードの吸込み気流およびプッシュプル型換気装置により形成される気流の状態を調べるには，スモークテスター（漏風試験器）によるスモー

表2-3-3　送排風機の種類と特長

種類・型式		断　面	ファン効率（全圧）	ファン静圧範囲	特　長
軸流式	アキシャル型（ガイド・ベーンなし）		% 45〜60	hPa ～5	軸流ファンは排風量が多く，かつ静圧の低い場合に使用され全体的には形態が小さく，またダクト間に簡単に挿入できるので，据付スペースは小さくてすむ。短い管内でプロペラを回転させ，低静圧でよい場合に使用される。
	アキシャル型（ガイド・ベーン付き）	ガイド・ベーン / ガイド・ベーン	70〜85	～10	多少静圧を大きく要するところに使用される。
遠心式	放射羽根型	ラジアル型	50〜65	5〜50	6〜12枚の放射状の直線羽根を持つもので，汚染空気による摩耗の場合取換が容易なように，鋼板製羽根をリベット締めしている。
	前曲羽根型	多翼型（シロッコ）	45〜60	1〜10	羽根車の構造から高速回転ができないので普通のもので静圧は，10hPa程度である。しかし羽根が前向きであるので，同じ大きさの他のファンに比べ，高い風圧，多い排風量を出すことができる。
遠心式	後曲羽根型	ターボ型	70〜80	5〜50	高風圧を出すことができるし，また圧力損失の変動に適しており，効率が良いので広く使用される。
	前曲後曲併用型	リミットロード型	55〜65	5〜20	シロッコファンと比べると，形がやや大きくなるが，効率はよく圧力曲線や動力曲線も安定しているので，低風圧，大排風量で，しかも風量が広範囲に変動する用途に適している。性能，大きさは多翼型，ターボ型の中間的な傾向を持っている。
	後曲翼形羽根型	エア・ホイル型	70〜80	10〜30	効率がよく大風量で低風圧に適しているので，最近広く使用されるが，粉じん濃度が高い場合には適しない。

クテストを行ってフードへの白煙の流入状況を確認するのが最も簡便である。このスモークテストの結果，白煙の一部しか吸い込まれないような場合や開放式プッシュプル型換気装置の換気区域に発散源が含まれないような場合には，できれば熱線風速計等により風速を測定したり，デジタル粉じん計等を用いてフードの外側の粉じん濃度を測定することが必要である。

　また，稼働している局所排気装置のフード開口面等に強いライトを照射し，粉じんの動きを観察することによって吸込みの良否を判定することもできる。

　このような結果に基づいて，有効に稼働しているか否かを判定し，もし不良であれば，次のような事項について点検を行う。

ア　フードのごく近くに障害物はないか。

イ　粉じんの発散源から局所排気装置のフードの開口面までの距離が遠すぎないか。

ウ　窓等からの外気の影響で，フードの開口面や発散源近くの気流に影響はないか。

エ　粉じんの飛散速度が大きく，局所排気装置のフードまたはプッシュプル型換気装置により形成される気流の外側へ飛び出していないか，また飛散方向に開口面が正しく向いているか。

オ　ダクトの途中に漏れがあり，空気が途中から流入したり流出していないか。

カ　ダンパーの調節が不適当で送排気量のバランスが崩れていないか。

キ　ダクト内や除じん装置内に粉じんが堆積していないか。

ク　送排風機の風量，全圧が不足していないか。

2)　ダクトの点検

　ダクトを外部から破損（摩耗，または腐食による穴あき，損傷），接続箇所のゆるみ（フランジ面，はんだ付け部），粉じん堆積の有無（軽くたたいてみると堆積していれば鈍い音がする）等がないかどうかを調べる。また，必要に応じダクト内の風速の測定，摩耗または腐食の程度の調査，堆積粉じんの調査，除去等を行う。

3)　除じん装置の点検

　除じん装置も有効に稼働することが肝心である。除じん能力が低下したままで作業していると，局所排気装置およびプッシュプル型換気装置の性能をはじめいろいろなところに影響があるので，定期的に点検する必要がある。

ここでは代表的な除じん装置のバグフィルタおよびサイクロンの点検について述べることとする。

① バグフィルタ（ろ過除じん装置）

ア　ろ材に破損している箇所はないか。

イ　ろ材取付け部がゆるんだり外れたりしていないか。

ウ　ダストチャンバーおよび取出し口から空気が漏れていないか。

エ　粉じんがダストチャンバーに充満していないか。

オ　ろ材が目詰まりしていないか。

② サイクロン（遠心力除じん装置）

ア　外筒上部および円錐下部に摩耗による穴があいていないか。

イ　ダストチャンバーおよびダスト取出し口から空気が流入していないか。

ウ　内部に気流に逆らうような突起や凹凸がないか。

エ　円錐下部に粉じんが堆積していないか。

オ　粉じんがダストチャンバーに充満していないか。

(2)　その他の設備の点検

以上述べたほか，日常点検を必要とするものには，粉じん発散源を密閉する設備の密閉の状態，散水のための設備等の稼働状態，その他粉じん作業に係る設備が正常に稼働しているか否か等がある。

1)　発散源を密閉する設備の点検

発散源を密閉する設備については，内部を吸引している場合には内部が負圧に保たれているか否かを，また，内部を吸引していない場合には内部の空気が漏出していないかどうかを，継ぎ手や継ぎ目部分について，先に述べたスモークテスターにより点検する必要がある。

2)　散水のための設備などの点検

粉じん発散源対策として水を使用することは，粉じん作業場のシャワー，スプレー，散水車等により古くから広く行われており，衝撃式さく岩機の湿式化もよく知られた対策である。

土石，岩石または鉱物の発散源対策としては，水の使用が最も簡便で効果もあるので可能な限り水を使用することを考える必要がある。

散水のための設備等の性能，能力は，粉じん作業の種類や粉じんの種類，粒径

等に応じて一律に決めることは困難であるが，発じん抑制のために必要な量の水を適正な圧力のもとで供給することが大切であり，日常の点検では，粉じんの発散面全体が湿潤に保たれているかどうかを確認することが必要である。

4. 作業環境の測定と評価の要点

（1）　屋内作業場

　安衛法第65条では作業環境測定の実施が定められており，石綿等を取り扱う作業または石綿を試験研究のため製造する作業若しくは石綿分析用試料等を製造する作業を行う屋内作業場は，安衛令第21条で示された測定対象作業場とされている。作業環境測定は，作業環境測定基準（昭和51年労働省告示第46号）に従ってデザイン・サンプリング，分析を行い，作業環境評価基準（昭和63年労働省告示第79号）に従って作業環境測定結果の評価を行うこととされている。

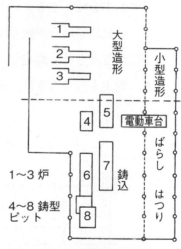

図2-3-14　鋳物工場における単位作業場所の区分例

1）　A測定

　　単位作業場所の有害物質濃度の分布の平均的な状態を知ることを目的とし，次のようにして行う。

① 　単位作業場所

　　作業に伴って発散する有害物質の分布状況と，労働者の作業行動範囲を考慮して，測定の対象とする場所の範囲を決定する。これを単位作業場所と呼ぶ（図2-3-14）。

② 　測定点

　　1単位作業場所について5点以上とし，次のように決定する。まず単位作業場所で，縦横6m以内ごとに等間隔に平面図上に線を引き，縦横の線の交点をすべて測定点とする（図2-3-15）。ただし，

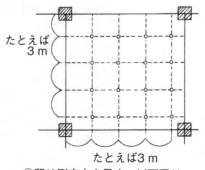

たとえば3m

たとえば3m

○印は測定点を示す。以下同じ

図2-3-15　測定点の決め方の例　単位作業場所の場合

すべての作業場所で前述の原則が実際的であるとは限らないので，このような場合には単位作業場所の状況により，以下のような修正を行う。

ア　測定点が装置などと重なり，その点に労働者が位置することが考えられないような測定点は除くものとする。

イ　単位作業場所の範囲が広く，測定点の数が非常に多くなるときで，有害物質の気中濃度がほぼ一定であることが明らかであるときは，6mの間隔を広げてもよい。この場合でも縦方向または横方向の平行線の間隔は一定とする。測定点の数は，1単位作業場所あたり20〜30を目安とすればよい。

ウ　単位作業場所の形が著しく細長いときは，縦横の測定点の間隔は違ってもよい。ただし，縦方向または横方向に関しては同一間隔とする（**図2-3-16**）。また，単位作業場所が直線で区切れないときは，平行線はその形に沿って曲率を持ってもよい（**図2-3-17**）。

エ　単位作業場所が狭く原則に従って測定点を求めるとき測定点の数が5未満になるときは，測定点の数が5未満にならないように工夫する。

オ　測定を行う高さは，床上50cm〜150cmとする。

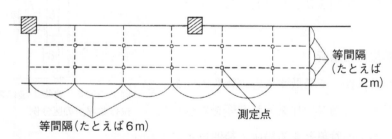

図2-3-16　測定点の決め方の例　単位作業場所が細長い場合

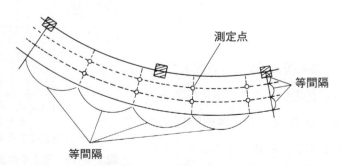

図2-3-17　測定点の決め方の例　単位作業場所の区域が直線で区切れない場合

　　　これは人間の呼吸する高さにおける空間の濃度を測定するためと，床面上に堆積した有害物が捕集の際，捕集装置や濃度計に吸入されるのを避けるためである。

③　測定の頻度および時刻

　　　測定は，前述の測定点のすべてを，各単位作業場所ごとに行い，これを1回の測定とする。

ア　測定の頻度は，6カ月以内ごとに1回とする。なお，測定は連続した2作業日にそれぞれ1回ずつ行うことが望ましい。

イ　測定の時刻は，休憩時，装置の稼働休止時などを除き，正常な作業が行われている時間帯に行い，始業後1時間以内は避ける。

2)　B測定

　　　単位作業場所内で，次の作業が行われる場合には，A測定とは別に，生産工程，作業様式および有害物質の発散状況などから判断して，気中濃度が最大になると考えられる作業位置および時間における測定（B測定）を必要とする。

ア　発散源とともに労働者が移動しながら行う作業

イ　原材料の投入，設備の点検等間けつ的に有害物質の発散を伴う作業

ウ　有害物質を発散するおそれのある装置，設備等の近くで行う作業

①　測定点

　　　B測定は，A測定を実施する単位作業場所内の生産工程，作業様式および有害物質の発散状況などから判断して，当該有害物質の気中濃度が最大になると考えられる作業位置および時間において実施する。

　　　B測定は高濃度ばく露の予想される作業位置の気中濃度の測定であってばく露濃度の測定ではないから，測定時にその地点に労働者がいなくても，そこで作業を行うことがあれば，その位置で測定を行う。

　　　気中濃度が高いと思われる労働者の作業位置が2以上あって，どれが最大濃度になるか予測できない場合には，それらのすべての点で測定を行い，得られた測定値のうち最大のものをB測定値とする。

②　B測定の実施方法

　　　B測定のサンプリング方法，分析方法はA測定と同じ方法を用いる。

3)　C測定，D測定

　　　従来のA測定，B測定に加え，令和3年4月1日より新たに採用された測定方

法である。従来の定点における測定ではなく，作業者の身体に個人サンプラーを装着することにより実施される（個人サンプリング法）。単位作業場所内でばく露量がほぼ均一であると見込まれる作業（同等ばく露作業）ごとに５人以上の作業者を選択し，原則として１日の単位作業場所内で行う対象作業の時間すべてで測定を実施する（C測定）。また，測定対象物質の発散源に近接する場所において作業が行われる場合には，当該作業者に個人サンプラーを装着し，15分間の測定（D測定）を実施する。

なお，C測定，D測定は作業環境測定対象物質すべてで採用されたのではなく，管理濃度が $0.05\,\mathrm{mg/m^3}$ 以下の低管理濃度物質が取り扱われる場所における測定および有機溶剤等の発散源の場所が一定しない作業（吹付塗装業務等）が行われる場所における測定において先行導入されており，現状では石綿を取り扱う場所における測定に用いることができない。

4) 測定結果の評価について

作業環境測定結果を評価し，作業場の作業環境管理の状態を把握するための手法として作業環境評価基準が示されているが，その要点は次のとおりである。

① 管理区分決定の手順

作業環境測定から管理区分を決定するまでの流れを**図2-3-18**に示す。

作業環境評価基準に基づいて，３つの管理区分に分類することとしている。

Ａ測定のみを実施した場合は**表2-3-4**により，またＡ測定およびＢ測定を実施した場合は**表2-3-5**によって評価を行う。

ここで管理濃度とは，作業環境管理を進める過程で，有害物質に関する作業環境の状態を評価するために，作業環境測定基準に従って単位作業場所について実施した測定結果から当該単位作業場所の作業環境管理の良否を判断する際の管理区分を決定するための指標である。作業環境中の浮遊石綿の管理濃度は，5μm以上の繊維として 0.15 本/cm³ と定められている。

また，第１評価値とは，単位作業場所において考えうるすべての測定点の作業時間における気中有害物質の濃度の実現値のうち，高濃度側から５％に相当する濃度の推定値（EA_1）をいうものであり（**図2-3-19**），第２評価値とは，

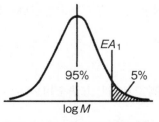

図2-3-19　第１評価値の概念（M：幾何平均値）

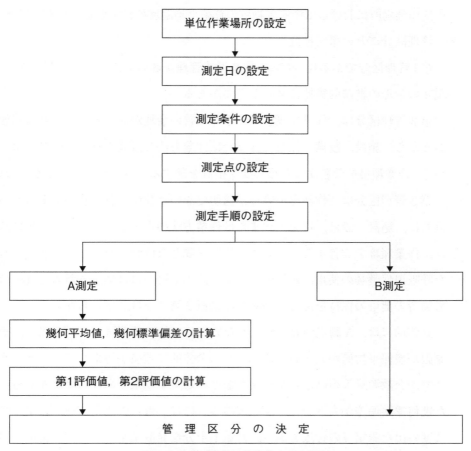

図 2-3-18　管理区分決定までの流れ

表 2-3-4　A 測定のみを実施した場合

A測定		
第1評価値＜管理濃度	第2評価値≦管理濃度≦第1評価値	第2評価値＞管理濃度
第1管理区分	第2管理区分	第3管理区分

表 2-3-5　A 測定および B 測定を実施した場合

		A測定		
		第1評価値＜管理濃度	第2評価値≦管理濃度≦第1評価値	第2評価値＞管理濃度
B測定	B測定値＜管理濃度	第1管理区分	第2管理区分	第3管理区分
	管理濃度≦B測定値≦管理濃度×1.5	第2管理区分	第2管理区分	第3管理区分
	B測定値＞管理濃度×1.5	第3管理区分	第3管理区分	第3管理区分

単位作業場所における気中有害物質の算術平均濃度の推定値をいうものである。

② 管理区分ごとの事後措置

第1管理区分である場合には，作業環境管理が適切であると考えられるので，現在の管理の継続的維持に努める必要がある。

第2管理区分は，作業環境管理になお改善の余地があると判断される状態であるから，施設，設備，作業工程または作業方法の点検を行い，その結果に基づき，作業環境を改善するため必要な措置を講ずるよう努めなければならない。

第3管理区分は，作業環境管理が適切でないと判断される状態であるから，直ちに，施設，設備，作業工程または作業方法の点検を行い，その結果に基づき，作業環境を改善するため必要な措置を講じなければならない。また，有効な呼吸用保護具の使用，産業医が必要と認める場合には健康診断の実施その他労働者の健康の保持を図るため必要な措置を講じなければならない。

具体的には，A測定の評価が良くないために第3管理区分に入る場合，その原因が幾何平均値が大きいためであれば全体的に環境が汚染しているということで，発散源対策のほかに全体換気などの対策が効果をあげる場合がある。また幾何標準偏差が大きいことが原因の場合には，もとの測定データに戻って高濃度の出た測定点の付近を調べ，対策不十分な発散源を見つけて，密閉，局所排気装置，工程変更その他発散源対策を行わなければならない。

また，A測定の評価が悪くないのにB測定の評価が悪いために第3管理区分に入る場合には，労働者付近の濃度が他の場所に比べて特に高いので，その作業の行われている場所または作業そのものに問題がある。改善措置としては，設備，作業方法の改善のほか，適切な呼吸用保護具の使用による過大なばく露の防止などの対策が考えられる。

(2) 屋外作業場

屋外で行われる作業に関しては，「屋外作業場等における作業環境管理に関するガイドライン」（平成17年3月31日基発第0331017号）が示されているので，それを参考にできる。

① 測定対象

作業または業務が一定期間以上継続して行われる屋外作業場等

（作業または業務が行われる期間が予定されるもの，1回当たりの作業または業

務が短時間であっても繰り返し行われるもの，同様の作業または業務が場所を変えて繰り返し行われるものを含む）

② 測定頻度

1 年以内ごとに 1 回

③ 測定点

測定対象となる物質を取り扱う労働者全員の呼吸域（鼻または口から 30 cm 以内の空間とし，襟元，胸元または帽子の縁）とし，個人サンプラーを装着して測定点とする。

④ 測定時間

気中濃度が最大になる時間帯を含む 10 分間以上の継続した時間。

⑤ 試料採取方法および分析方法

作業環境測定基準（昭和 51 年労働省告示第 46 号）に従って実施する。

(3) 作業環境の測定結果およびその評価ならびに必要な措置

① 測定結果およびその評価

測定結果は，測定値を管理濃度と比較することにより行い，評価に基づく措置は，衛生委員会等において審議するとともに関係者に周知する必要がある。

② 必要な措置

測定値が 1 個所でも管理濃度を超える場合には次の対策を講じる必要がある。

ア　直ちに，施設，設備，作業方法等の点検を行い，その結果に基づき適切な措置を講ずる必要がある。

イ　必要な措置を講じるまで有効な呼吸用保護具を使用させなければならない。

ウ　上記措置を講じたときは，作業環境の測定を行い，措置の効果を確認する必要がある。

(4) 測定結果の記録

測定結果には，①測定日時，②測定方法，③測定個所，④測定条件，⑤測定結果，⑥測定を実施したものの名前，⑦必要な措置を講じたときにはその措置の概要，を記録し，測定結果の評価とともに，石綿の場合は，40 年間保存する義務がある。

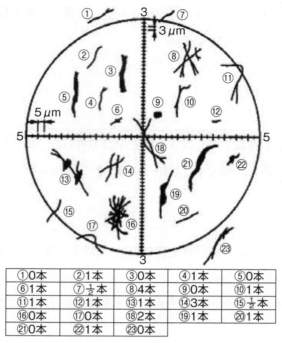

①0本	②1本	③0本	④1本	⑤0本
⑥1本	⑦$\frac{1}{2}$本	⑧4本	⑨0本	⑩1本
⑪1本	⑫1本	⑬1本	⑭3本	⑮$\frac{1}{2}$本
⑯0本	⑰0本	⑱2本	⑲1本	⑳1本
㉑0本	㉒1本	㉓0本		

図 2-3-20　繊維状粒子の判定

(5)　石綿の測定法の概要

　石綿繊維の測定法は，作業環境測定基準（昭和 51 年労働省告示第 46 号）にて，ろ過捕集方法 - 計数方法による測定が定められている。

　試料の採取は，メンブランフィルタをホルダに装着し，フィルタ面速が毎秒 4〜5 cm となるように試料空気を 10 分間以上サンプリングする。採取したフィルタは，アセトン蒸気でフィルタを透明化したのち，位相差顕微鏡を用い倍率 400 倍で繊維を計数する。繊維状粒子の判定の例を図 2-3-20 に示した。図中の①の繊維は 0 本，②の繊維は 1 本，⑦や⑮の繊維は 2 分の 1 本として計数する。計数の対象とする繊維は，長さ 5μm 以上，長さと幅の比（アスペクト比）が 3：1 以上で，太さが 3μm 未満の繊維を計測することが定められている。試料の採取にあたり，粉じん量が多すぎると計数誤差を生じることがあるので注意する必要がある。

　吹付け材，保温材等の除去作業時のような石綿濃度が高濃度であると予測されるときは 1 枚のフィルタにサンプリングするのではなく，サンプリング時間を等間隔に分割して複数枚のフィルタに捕集するといった対応が必要である。

　石綿繊維の濃度は次式から求める。

$$C_F = \frac{A \cdot (N - N_b)}{a \cdot n \cdot Q \times 10^3}$$

ただし，C_F：繊維数濃度（本/cm³）

　　　　A　：採じんした面積（メンブランフィルタの有効ろ過面積）（mm²）

　　　　N　：計数繊維の総数（本）

　　　　N_b　：ブランクの値（本）

　　　　Q　：採気量（L）

　　　　n　：計数した視野の数

　　　　a　：顕微鏡で計数した1視野の面積（mm²）

第4章　その他の労働衛生管理

1.　湿式化

　水その他の液体を用いて粉じんの発散を防止することは，最も古くから用いられている方法であり，これらをまとめて湿式化と呼んでいる。湿式化は作業や工程によってさまざまな形態があるが，次のように大別される。

（1）　散水

　散水とは，対象物に連続的に水をまくことによって発散源を湿潤に保ち，粉じんの発散を防止することをいい，その中でも，対象物の表面が常に水層で覆われる状態に保つことを特に区別して「注水」と呼んでいる。散水により用いられる設備としては，次に示すようにシャワー，スプリンクラー，散水車等がある。

1）　シャワー，スプレー

　　シャワーとは，水その他の液体を比較的大粒の水滴または連続した水流の状態にしてノズルから供給する装置をいい，スプレーとは，ノズルから細かい水滴を吹き出して対象物を湿潤にするとともに空気中に浮かんでいる粉じんをたたき落とすことによって粉じんの発散を防止するものをいうが，実用上は厳密に区別する必要はない。

　　このような装置は，例えば砕石工場における岩石の破砕機や粉砕機，ベルトコンベヤーの落下点，鉱石の積込場等に用いられて効果をあげている。

2）　スプリンクラー

　　スプリンクラーとは，回転するノズルから圧力水を噴射し，広い範囲に散水する装置である。これには種類が多く，十分な効果をあげるには，使用場所の広さ，必要な散水量等に応じて適切な型式・能力のものを選定し，適切な場所に配置することが必要である。

　　スプリンクラーは，露天採掘場や粉状物の堆積場等の粉じん発散を防止するために用いられている。

3) レインガン

　レインガンとは，半径数十メートルの範囲にわたり強力な散水を行う装置であり，露天採掘場において広範囲に強力な散水を必要とする場合に用いられる。

4) 散水車

　露天採掘場や屋外の堆積粉じん対策として散水車が用いられることがある。また，排水管を設置しなくてもよいことから，スプリンクラーを設けるかわりに散水車にレインガンを取りつけて散水を行うこともある。

(2)　噴霧

　噴霧とは，空気中に霧状の微細な水滴を吹き出し，空気中に浮かんでいる粉じんをその水滴で捕捉して沈降させる方法であり，その効果は粉じんの粒径と水滴の粒径により変わる。一般に水滴の粒径が80〜200µm（0.08〜0.2 mm）の範囲にあるときに，その効果が最大になることが多い。噴霧を行うにあたっては，対象とする粉じんに適したノズルを選定することが大切である。

(3)　与湿

　与湿とは，粉じん発散の原因となる原材料に，あらかじめあるいは作業中に湿分を与えることにより粉じんの発生を抑制するものであり，粉状の原材料の場合，数パーセントの水分を与えておくだけでも粉じんの発散を大きく抑制させることができる。

　参考として表2-4-1に砕石場における岩石の破砕，粉砕，ふるいわけ，トラック

表2-4-1　乾燥状態と湿潤状態における粉じん排出係数

作　　業	乾　燥　状　態				湿　潤　状　態			
	最大	最小	測定数	平均	最大	最小	測定数	平均
破砕, 粉砕	657	176	5	368	80	7	10	29
	1,128	665	3	886	93	11	15	31
	739	131	4	426	93	25	8	70
							1	26
					175	32	6	96
ふるいわけ	263	65	5	153	12	4	4	8
	190	93	2	142	74	5	6	22
	256	223	2	240	134	22	4	92
	2,120	614	5	1,121	252	31	4	138
積　込　み	770	126	4	439	12	0.7	6	4.1

（注）与湿後の欄は，取扱い材料の表面付着水分が2〜3%である。単位：グラム／トン

への積込み時における粉じん排出係数（岩石1tあたり何グラムの粉じんが発生するかを表したもの）を示す。

2. 清掃

　粉じん作業が行われている屋内作業場においては，堆積粉じんによる二次的な粉じんの発散が作業環境に悪影響を与えていることが多いことから，水洗する等粉じんの飛散しない方法によって毎日1回以上清掃を行う必要がある。このほか定期的に大清掃を行い，日常の清掃によって除去できないような堆積粉じんを除去する必要がある。

(1)　整理整頓と日常の清掃
　どのような作業環境でも，作業が円滑に行われるよう整理整頓が行き届いていなければならないのは当然である。粉じん作業場は，通常堆積粉じんのために不潔乱雑になりやすく，作業環境中の粉じん濃度を高くしやすいため，たえず整理整頓に心掛け，日常の清掃を励行することが大切である。
　整理整頓が行き届いている作業場では粉じんの清掃は容易で，行き届いた清掃ができるために職場は清潔となり，また粉じん対策も徹底しやすくなる。粉じん職場は汚れているのが当然であるという考え方のもとでは，職場から粉じんを追放することはできない。
　日常の清掃を行う場所としては，粉じん作業を行う屋内の作業場所が対象となり，床，作業者の通路，作業者の身の回りの作業台や棚等を中心として行い，清掃の方法はできる限り真空掃除機，水洗いによることとし，粉じんを舞い立たせないようにしなければならない。
　なお，清掃の時期は作業場内に労働者ができるだけ少ないときを選ぶことが望ましい。

(2)　堆積した粉じんの除去
　作業環境に堆積した粉じんは，1カ月以内ごとに1回，定期に清掃しなければならない。粉じん発散源に対し適切な粉じん対策が講じられていれば，作業環境中には眼に見えるほどの粉じんの拡散はないが，しばらくすると窓，壁面，機械設備の表面等に細かい粉じんが堆積したり付着したりするため，照明器具等も光度を減ずることが

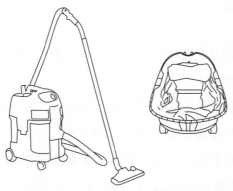

図 2-4-1　HEPA フィルタ付真空掃除機

ある。

　粉じんの付着した床等の表面に指先を触れてみることで，粉じんの種類や堆積の程
度がわかる。例えば，普通の粉じんは灰色，すす，油分は黒色，クレー，タルク等の
粉じんは白色等である。

　堆積量が少なければ濡れたモップなどで拭き取ることもできるが，多量に，かつ広
範囲に粉じんが堆積している場合には掃除機を用いる必要がある。堆積粉じんの清掃
では吹き飛ばしは厳禁され，真空掃除機によるか，または水洗等の湿式によらなけれ
ばならない。このような方法で行うことが困難である場合には，労働者は防じんマス
ク等の保護具を着用して清掃を行う必要がある。

　掃除機には，定置式の中央除じん装置から配管された吸引パイプの接続口に吸引ノ
ズル付のホースを接続し，必要な個所で堆積粉じんを吸引除去するもの，可搬型の真
空掃除機，自走式掃除機（清掃車）等があるが，石綿用の掃除機は，図2-4-1に示し
た。HEPA（高性能）フィルタ付真空掃除機を用いて清掃を行い，清掃物は二重に袋
詰めして一時保管場所に保管する必要がある。

　また，水洗をする場合には水道の配管，散水用ホース等の清掃用具を整備しておく
必要がある。

3.　休憩設備の管理

　常時粉じん作業に労働者を従事させるときには，粉じん作業場以外の場所に休憩設備を設けなければならない。

　粉じん作業場以外の場所に休憩設備を設置するのは，粉じん作業に従事している時間以外の休憩時間における粉じんばく露をできる限り少なくすることが目的である。したがって，せっかく粉じん作業場以外の場所に休憩設備が設けられていても，それを使用しなかったり，管理を十分にしていないとその目的が達せられないことになる。

　管理にあたっては，屋内の休憩設備の床等は毎日1回以上，水洗する等粉じんの飛散しない方法によって，堆積粉じんを除去するための清掃を行わなければならない。

　また，利用するにあたっては，休憩設備を利用する場合に注意すべき事項として，作業帽，作業衣，作業靴等に付着している粉じんを除去したのち利用することが大切である。そのためにはブラシ等粉じんを除去する用具を備え付けておき，休憩設備を利用する前には必ずこれらを用いて粉じんを除去する習慣をつけることである。

第3編

労働衛生保護具

◆この編で学ぶこと
○呼吸用保護具，保護衣等およびその他の保護具についての正しい使い
　方を知る。

石綿等の取扱い作業で使用する保護具には，石綿粉じんの吸入による健康障害を防止するための電動ファン付き呼吸用保護具，防じんマスク等の呼吸用保護具と，石綿粉じんの身体への付着を防ぐための保護衣，保護手袋，保護めがね等がある。

これらの保護具は労働者の健康と生命を守る大切なものであるので，防じんマスクについては「防じんマスクの規格」（昭和63年労働省告示第19号），電動ファン付き呼吸用保護具については「電動ファン付き呼吸用保護具の規格」（平成26年厚生労働省告示第455号）に基づく国家検定が義務付けられており，また，表3-1-1の日本産業規格によって構造と性能が規定されている。

保護具の有効な使用のためには，規格に適合する保護具を選ぶこと，常に点検と手入れを励行して十分性能を発揮できる状態に保つこと，平素から訓練を繰り返して正しい使用法に習熟しておくことが重要である。

石綿作業主任者は，保護具の使用前点検の状況，作業中の保護具の使用状況等を監視しなければならない。また、労働者が使用前点検を確実に実施したかを立ち会って確認するとともに、予備フィルタ等が十分に準備されているかを確認しなければならない。

夏場等の高温多湿の作業環境では，保護具を組み合わせて用いる場合は，作業者の生理的な影響（熱中症等）にも注意が必要である。

石綿等による健康障害を防ぐには，作業環境の改善をまず第一に行うことが必要であり，作業環境の改善を進めたうえで労働者の石綿等からのばく露をさらに低減させるために，保護具を使用するのが，正しい保護具の使い方である。

表 3-1-1　石綿等の障害防止用保護具の日本産業規格

JIS T 8151	防じんマスク
JIS T 8153	送気マスク
JIS T 8157	電動ファン付き呼吸用保護具
JIS T 8115	化学防護服
JIS T 8118	静電気帯電防止作業服
JIS T 8147	保護めがね

第 1 章　呼吸用保護具

呼吸用保護具は種類によって，使用できる環境条件や使用可能時間等が異なるので，用途に適した正しい選択をしなければならない。

また，呼吸用保護具については，同時に就業する労働者の人数と同数以上を備え，常時有効かつ清潔に保持しなければならない。

石綿粉じんの吸入防止のため，呼吸用保護具の取り外しは，呼吸用保護具に付着した粉じんを拭き取ることを含め，洗身を行い，保護衣・保護手袋等を脱衣した最後に行わなければならない。

1.　呼吸用保護具の種類

(1)　石綿を取り扱う作業で使用する主な呼吸用保護具

呼吸用保護具は，大きく分けて，ろ過式（防じんマスク，電動ファン付き呼吸用保護具）と給気式（送気マスク等）の 2 種類がある。

防じんマスク等のろ過式の呼吸用保護具は，空気中の粉じん等の有害物質を除去することはできるが，酸素を供給する機能はないので，酸素欠乏環境では使用できない。

石綿を取り扱う作業で使用する主な呼吸用保護具としては，図 3-1-1 に示すような送気マスク，電動ファン付き呼吸用保護具，防じんマスク等がある。

呼吸用保護具のうち，防じんマスクと電動ファン付き呼吸用保護具については厚生労働省告示による規格があり，厚生労働大臣の登録を受けた者が行う国家検定を受けなければならないこととされている。検定に合格したものには図 3-1-2，図 3-1-3に示す型式検定合格標章が付くので，この標章があるものを使用しなければならない。

(2)　吹き付けられた石綿等の除去の作業で使用できる呼吸用保護具

吹き付けられた石綿等の除去の作業に使用できる呼吸用保護具は，電動ファン付き呼吸用保護具またはこれと同等以上の性能を有する空気呼吸器，酸素呼吸器もしくは送気マスクと石綿則では規定されている。

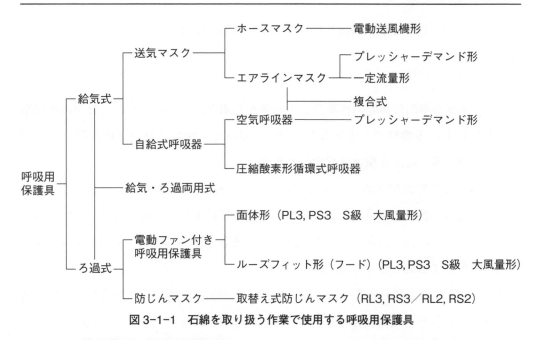

図3-1-1　石綿を取り扱う作業で使用する呼吸用保護具

図3-1-2　検定合格標章（面体等用）

図3-1-3　検定合格標章（ろ過材用）

　この同等以上とは，電動ファン付き呼吸用保護具より防護性能が一般的に高いと考えられる呼吸用保護具を示している。吹き付けられた石綿等の除去の作業に使用できる具体的な呼吸用保護具は，複合式エアラインマスク，プレッシャデマンド形エアラインマスク，一定流量形エアラインマスク，電動送風機形ホースマスク等の送気マスク，空気呼吸器，圧縮酸素形循環式呼吸器等の自給式呼吸器および電動ファン付き呼吸用保護具である。肺力吸引形ホースマスクは，電動ファン付き呼吸用保護具より防護性能が一般的に低いため使用できない。

　防じんマスクは電動ファン付き呼吸用保護具より一般的に防護性能が低いので，この作業では使用できない。

2. 呼吸用保護具の選択

　石綿等が使用されている建築物，工作物または船舶の解体等の作業では，作業の種類ごとに石綿の粉じんの発生量が大きく異なる。そのため，労働者のばく露防止の徹

底を図るためには，呼吸用保護具は作業の種類に応じて有効なものを選択する必要がある。

(1)　「建築物等の解体等の作業及び労働者が石綿等にばく露するおそれがある建築物等における業務での労働者の石綿ばく露防止に関する技術上の指針」（令和3年4月適用）による保護具選定の考え方

　各作業ごとの呼吸用保護具や保護衣は，**表3-1-2**のとおりである。なお，下に示される呼吸用保護具の区分は最低基準であり，同等以上の呼吸用保護具の使用を妨げるものではない。例えば区分4の呼吸用保護具を使用する作業において区分1〜3の保護具を使用することができる（**表3-1-3**）。

　1)　石綿等の除去等の作業を行う際に使用する呼吸用保護具は，隔離空間では，電動ファン付き呼吸用保護具またはこれと同等以上の性能を有する空気呼吸器，酸素呼吸器もしくは送気マスク（以下「電動ファン付き呼吸用保護具等」という。）とすること。

　2)　隔離空間の外部で石綿等の除去等の作業（隔離を行う必要のない石綿等の除去等の作業）を行う際に使用する呼吸用保護具は，電動ファン付き呼吸用保護具等または取替え式防じんマスク（防じんマスクの規格（昭和63年労働省告示第19号）に規定するRS3またはRL3のものに限る）とすることが望ましい。ただし，石綿等の切断等を伴わない囲い込みの作業または石綿含有成形品等を切断等を伴わずに除去する作業では，同規格に規定するRS2またはRL2の取替え式防じんマスクを使用しても良い。

　3)　隔離空間外で石綿含有成形品等の除去作業を行う作業場所で，石綿等の除去等以外の作業を行う場合には，取替え式防じんマスクまたは使い捨て式防じんマスクを使用すること。

(2)　除去対象製品および除去等工法による保護具の選定

　除去対象製品および除去等工法による呼吸用保護具の選定は**表3-1-4**に示すとおりである。

(3)　呼吸用保護具選定の留意点

　呼吸用保護具の防護性能を発揮するためには，呼吸用保護具の面体と顔面との密着

表3-1-2　呼吸用保護具・保護衣の選定

作業	石綿等の除去等の作業 （吹き付けられた石綿等の除去，石綿含有保温材等の除去，石綿等の封じ込めもしくは囲い込み，石綿含有成形板等の除去，石綿含有仕上塗材の除去）			石綿含有成形板等および石綿含有仕上塗材の除去等作業を行う作業場で石綿等の除去等以外の作業を行う場合
作業場所	隔離空間（負圧隔離養生および隔離養生（負圧不要））の内部	隔離空間（負圧隔離養生および隔離養生（負圧不要））の外部（または負圧隔離および隔離養生措置を必要としない石綿等の除去を行う作業場）	石綿等の切断等を伴わない囲い込み／石綿含有成形板等の切断等を伴わずに除去する作業	
呼吸用保護具	電動ファン付き呼吸用保護具またはこれと同等以上の性能を有する空気呼吸器，酸素呼吸器もしくは送気マスク （区分①）	電動ファン付き呼吸用保護具またはこれと同等以上の性能を有する空気呼吸器，酸素呼吸器もしくは送気マスクまたは取替え式防じんマスク（RS3またはRL3） （区分①～③）	取替え式防じんマスク（RS2またはRL2） （区分①～④）	取替え式防じんマスクまたは使い捨て防じんマスク （区分①～④）
保護衣	フード付き保護衣	保護衣または作業着	保護衣または作業着	

表3-1-3　呼吸用保護具の区分

区分	呼吸用保護具の種類
区分①	・面体形およびルーズフィット形（フード）の電動ファン付き呼吸用保護具（粒子捕集効率99.97％以上（PL3，PS3），漏れ率0.1％以下（S級），大風量形） ・プレッシャデマンド形（複合式）エアラインマスク ・送気マスク（一定流量形エアラインマスク，送風機形ホースマスク等） ・自給式呼吸器（空気呼吸器，圧縮酸素形循環式呼吸器）
区分②	・全面形取替え式防じんマスク（粒子捕集効率99.9％以上）RS3またはRL3
区分③	・半面形取替え式防じんマスク（粒子捕集効率99.9％以上）RS3またはRL3
区分④	・取替え式防じんマスク（粒子捕集効率95.0％以上）RS2またはRL2

建築物等の解体等の作業においては，事前調査が不十分であった場合や隔離室からの漏洩などで石綿粉じんが飛散するおそれもあること，また作業に伴って石綿以外の粉じんも発生するおそれがあることから，事前調査の結果として石綿等がないことが確認された場合や別の場所で石綿取扱い作業に従事していない場合であっても，労働者に防じんマスク等の呼吸用保護具を使用させる必要がある。

（平成24年10月25日付け基安化発1025第3号　一部改変）

性が重要である。特に，防じんマスクでは面体内が陰圧になるため，密着性が悪いと，外気の石綿粉じんがフィルタ（ろ過材）を通過せずに，面体と顔面のすき間から面体内に入り込み，吸入してしまうので危険である。

表3-1-4　石綿を取り扱う作業に使用する保護具

○は使用できる保護具

除去対象製品			除去等工法	呼吸用保護具の種類				保護衣等の種類	
				区分①	区分②	区分③	区分④	保護衣	作業衣
レベル1	吹付け材	・吹付け石綿 ・石綿含有吹付けロックウール（乾式）・湿式石綿吹付け材（石綿含有吹付けロックウール（湿式））・石綿含有吹付けバーミキュライト ・石綿含有吹付パーライト	・掻き落とし、破砕 ・切断、穿孔、研磨	○				○	
			・封じ込め ・囲い込み（破砕、切断、穿孔、研磨を伴うもの）	○				○	
			・グローブバッグ	○	○			○	
			・囲い込み（破砕、切断、穿孔、研磨を伴わないもの）	○	○	○		○	
			・その他特殊工法	粉じんの飛散等の実情に応じて個別に判断する					
レベル2	耐火被覆材	・耐火被覆板 ・けい酸カルシウム板第二種	・切断、穿孔、研磨を伴う除去作業	○				○	
			・グローブバッグ	○	○	○	○	○	○
			・封じ込め ・囲い込み（破砕、切断、穿孔、研磨を伴うもの）	○				○	
			・囲い込み（破砕、切断、穿孔、研磨を伴わないもの）	○	○	○		○	○
	断熱材	・屋根用折板裏石綿断熱材	・切断、穿孔、研磨等を伴う除去作業	○				○	
			・封じ込め ・囲い込み（破砕、切断、穿孔、研磨を伴うもの）	○				○	
			・囲い込み（破砕、切断、穿孔、研磨を伴わないもの）	○	○	○		○	○
			・特殊工法	粉じんの飛散等の実情に応じて個別に判断する					
		・煙突用石綿断熱材	・切断、穿孔、研磨等を伴う除去作業	○				○	
			・特殊工法	粉じんの飛散等の実情に応じて個別に判断する					
	保温材	・石綿保温材 ・けいそう土保温材 ・石綿含有けい酸カルシウム保温材 ・バーミキュライト保温材 ・パーライト保温材 ・不定形保温材	・切断、穿孔、研磨等を伴う場合	○				○	
			・グローブバッグ	○	○	○	○	○	○
			・切断等の作業を伴わない場合：原形のままの取り外し	○	○	○	○	○	○
			・非石綿部での切断	○	○	○	○	○	○
レベル3	成形板	・外壁・軒天（スレートボード、スレート波板、窯業系サイディング、押出成形セメント板、けい酸カルシウム板第1種）・屋根（スレート波板、住宅屋根用化粧スレート）・内壁・天井（スレートボード、スラグせっこう板、パーライト板、けい酸カルシウム板第一種、せっこうボード、ロックウール吸音天井板、ソフト幅木）・床（ビニル床タイル、長尺塩ビシート、フリーアクセスフロア材）・煙突（セメント煙突）・その他（セメント管、ジョイントシート、紡織品、パッキン）	・切断、穿孔、研磨等を伴う場合	○	○	○	○	○	○
			・原形のままの取り外し	○	○	○	○	○	○
その他		石綿含有仕上塗材	・高圧水洗工法	○	○	○	○	○	○
			・電気グラインダー等を使用する工法	○*				○	
			・剥離剤を用いる工法	○	○	○	○	○	○
		除去作業以外の作業　隔離空間の内部での作業	準備作業、隔離養生、足場の組立・解体等、清掃、片付け	○				○	
		除去作業以外の作業　隔離空間外部での作業		○	○	○	○	○	○

*　石綿含有仕上塗材を隔離養生（負圧不要）内で電気グラインダー（集じん装置なし）等で除去する時は，石綿含有粉じんばく露が高まるおそれがあるため区分①の保護具を使用することが望ましいが，作業場の状況に応じて区分②③の防じんマスクも使用できる。

(注)1.　「石綿等が吹き付けられた建築物の解体等の作業を行う場合における，当該石綿を除去する作業」には，吹き付けられた石綿等を除去する作業に伴う一連の作業が含まれるため，たとえば，隔離された作業場所における，現場監督に係る作業，除去した石綿等を袋等に入れる作業についても同様の措置が必要である。

2.　隔離された作業場所で足場の変更または解体作業においても，粉じん飛散防止処理剤の吹き付け，粉じん飛散抑制剤の散布，十分な換気等を行った後が望ましいが，その場合にあっても石綿等の粉じん量に見合った保護具の使用が必要である。

3.　ケイ酸カルシウム板第1種を隔離養生（負圧不要）内で破砕等を伴う方法で除去する時は区分①の保護具を使用することが望ましい。

4.　石綿除去作業を行う作業場で石綿除去作業以外の作業を行う時は前出の技術上の指針を参考に作業場の状況に応じた適切な保護具を選定する。

5.　石綿除去作業等を請負人に請け負わせるときは，当該請負人に対し，作業に必要な保護具を使用する必要がある旨を周知する。

(出所)「建築物等の解体等に係る石綿ばく露防止及び石綿飛散漏えい防止対策徹底マニュアル」（厚生労働省・環境省）（令和3年3月）を参考に編集したもの。

①　プレッシャデマンド形複合式エアライン　　　　②　プレッシャデマンド形エアラインマスク
マスク

写真3-1-1　プレッシャデマンド形エアラインマスクの例

3. 呼吸用保護具の性能・特徴・使用上の注意

（1）　プレッシャデマンド形複合式エアラインマスク，プレッシャデマンド形エア
ラインマスク

1）性能・特徴

　プレッシャデマンド形エアラインマスク（**写真3-1-1**）は，コンプレッサ・圧
縮空気管（工場内の配管設備等）や高圧空気容器の圧縮空気源から，油ミストな
どをろ過した呼吸に適した圧縮空気を，中圧ホースを通して着用者に送気する方
式の呼吸用保護具である。

　常に面体内を陽圧に保ちながら，着用者が吸気したときだけ，空気が供給され
るように設計されたプレッシャデマンド弁を備えている。面体内が常に陽圧なの
で，石綿粉じんがマスク内に漏れ込む可能性が非常に低い。

　全面形は，眼の保護もできる。専用の視力矯正用眼鏡を使用できるものがある。

　エアラインマスクの特徴として，連続で使用できるが，中圧ホースの長さによ
り行動範囲の制限がある。

　プレッシャデマンド形複合式エアラインマスク，プレッシャデマンド形エアラ
インマスクは，JIS T 8153「送気マスク」に規定がある。

①　プレッシャデマンド形複合式エアラインマスク

　プレッシャデマンド形エアラインマスクには，小型ボンベが装備されている

プレッシャデマンド形複合式エアラインマスクがある。

このマスクは，停電等で空気源からの送気が停止した緊急時に，携行しているボンベから空気を供給し，作業場からの避難ができる。

② 給気・ろ過両用式のプレッシャデマンド形エアラインマスク

プレッシャデマンド形エアラインマスクには，面体にフィルタが装備されている給気・ろ過両用式のプレッシャデマンド形エアラインマスクがある。

このマスクは，エアシャワーを浴びるため等，一時的に中圧ホースを外した時に，内蔵したフィルタでろ過した空気を吸入できる。ただし，このときは，面体内が陰圧になる。

2) 使用前点検

コンプレッサや清浄空気供給装置等が酸欠空気，石綿粉じん，有害ガス，悪臭，ほこり等のない，常に呼吸に適した清浄な空気が得られる場所に設置してあることを確認する。

面体各部・供給弁・ホース等に亀裂，変形，穴，ひび割れ，べとつき等の破損がないことを確認する。

排気弁や排気弁座に亀裂，変形，ひび割れ，劣化によるべとつき等の破損や，汚れや異物の付着がないことを確認する。

しめひもに亀裂，よじれ等の破損がないことを確認する。また，しめひもは十分に弾力があり伸びきっていないことを確認する。

プレッシャデマンド形複合式エアラインマスクは，ボンベの空気が十分あることを確認する。

作業場に入る前に，空気が正常に送風されるかを確認する。また，面体内が陽圧であるかを点検するために，面体と顔面の間にわざとすき間を作り，面体内から空気が噴出することを確認する。

エアラインマスクは適切に保守管理がされていないと，その性能を維持できないだけでなく，かえって危険性もある。使用後にも使用前と同様に必ず点検し，不具合があれば必要な整備を行うこと。

石綿作業主任者は，労働者が使用前点検を確実に実施したかを立ち会って確認するとともに，圧縮空気が酸欠空気でなく，石綿粉じん，有害ガスが混入していないことを必ず確認しなければならない。

3)　使用方法・使用上の注意事項

　面体内が陽圧であるため，石綿粉じんが漏れ込む可能性は非常に低いが，面体と顔面に大きなすき間があると，石綿粉じんが漏れ込む可能性がある。そのため，装着のつど，顔面と面体の密着性を確認するシールチェックを行わなければならない。

　プレッシャデマンド形複合式エアラインマスク以外のプレッシャデマンド形エアラインマスクを使用するときは，緊急時給気警報装置（**写真3-1-2**）を設置しておくことが望ましい。この緊急時給気警報装置は，停電等により空気源からの給気が停止または極端に少なくなると，自動的に給気源をあらかじめ用意している空気ボンベに切り替え，警報を発する構造のものである。

写真3-1-2　緊急時給気警報装置の例

　また，面体内圧が低下したことを作業者に知らせる個人用警報装置付きのもの（**写真3-1-3**）は，作業者の速やかな退避に有効である。

　転倒等の事故やホースの破損を防ぐために，余分なホースはホースリールに巻き取ることが望ましい。また，ホースは屈曲，切断，押しつぶれ等の事故がない場所を選定して設置する。

写真3-1-3　個人用警報装置付きの送気マスクの例

　高温下作業を行う場合は，圧縮空気等を利用した冷却装置（**写真3-1-4**）を併用することが望ましい。

①　供給空気

　供給される空気は，酸欠空気ではなく，石綿粉じんや有害ガス等のない，呼吸に適した清浄な空気でなければならない。

　コンプレッサと粉じんのろ過装置が一体となったマスク専用清浄空気供給装置（**写真3-1-5**）や粉じんのろ過機能を持ったマスク用空気清浄装置を使用することが望ましい。マスク用空気清浄装置はコンプレッサや高圧空気容器と組み合わせて使用する。ただし，マ

写真3-1-4　個人用冷却ベストの例

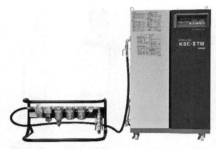

写真3-1-5　マスク専用清浄空気供給装置の例

スク専用清浄空気供給装置とマスク用空気清浄装置はどちらも粉じんのろ過機能があるが，作業場の石綿粉じんをろ過するためのものではないので，必ず作業場外の呼吸に適した清浄な空気が得られる場所に設置する。

②　プレッシャデマンド形複合式エアラインマスク

ボンベは緊急避難時に使用するため，ボンベの空気を供給して通常の作業をしてはいけない。また，緊急避難時に避難する時間を確保するため，常にボンベは満充塡されていなければならない。

③　給気・ろ過両用式のプレッシャデマンド形エアラインマスク

給気・ろ過両用式のプレッシャデマンド形エアラインマスクは，有害ガスが発生する環境や酸素濃度が18％未満の環境では使用できない。

中圧ホースをはずすと面体内が陰圧になるため，その状態で通常の作業をしてはいけない。また，中圧ホースをはずすのは，エアシャワー等を浴びるときだけにして，短時間にする。

この場合は，ろ過式のマスクとして使用するので，石綿粉じんを吸入しないための顔面と面体の密着性が特に重要である。

(2)　面体形およびルーズフィット形（フード）の電動ファン付き呼吸用保護具

1)　性能・特徴

電動ファン付き呼吸用保護具（**写真3-1-6**）は着用者の肺吸引力ではなく，携帯している電動ファンによって環境空気を吸引し，石綿粉じんをフィルタによって除去し，着用者に送風する方式の呼吸用保護具である。

石綿を取り扱う作業では，面体形またはルーズフィット形（フード）の電動ファン付き呼吸用保護具を使用する。ルーズフィット形（フェイスシールド）は，有害性の高い粉じんが存在する環境では使用できないので，石綿を取り扱う作業では使用できない。

エアラインマスクと違ってホースがないため，行動範囲の制限がない。しかし，電池を電源とするため，連続の使用時間は限られる。

電動ファン付き呼吸用保護具は，厚生労働省の「電動ファン付き呼吸用保護具

① 面体形（全面形）の電動
ファン付き呼吸用保護具

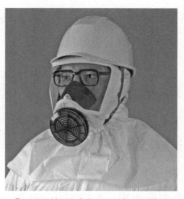
② 面体形（半面形）の電動
ファン付き呼吸用保護具

③ ルーズフィット形（フー
ド）の電動ファン付き呼吸用
保護具

写真 3-1-6　電動ファン付き呼吸用保護具の例

の規格」に基づく国家検定に合格した，大風量形で S 級 PL3 または PS3 のもの
を使用する。

① 面体による違い

　　面体の種類は，全面形，半面形の面体形とルーズフィット形（フード）がある。

　　面体形は送風量が十分であれば面体内の内部は陽圧に保たれるので，石綿粉
じんがマスク内に漏れ込む可能性が低い。しかし，陽圧の程度はプレッシャデ
マンド形エアラインマスクほど高くはない。

　　また，ルーズフィット形（フード）は面体形と比べて陽圧の程度は低いが，
フード部が肩付近まであるので，送風量が十分であれば石綿粉じんがマスク内
に漏れ込む可能性が低い。

　　面体形の場合，電動ファンが停止したときでも，一時的にろ過式のマスクと
して使用できる。ただし，このときは，面体内が陰圧になる。

　　全面形，ルーズフィット形（フード）は眼の保護ができる。

　　全面形は専用の視力矯正用眼鏡を使用できるものがある。半面形，ルーズ
フィット形（フード）は一般の視力矯正用眼鏡を使用できる。

② 性能による等級

　　電動ファン付き呼吸用保護具の性能はフィルタの捕集効率と，面体と顔との
すき間や連結部，排気弁等からの漏れ込みを考慮した漏れ率，電動ファンの風
量の組み合わせで決まる。

　　石綿を取り扱う作業で使用する電動ファン付き呼吸用保護具は，フィルタの

捕集効率による等級がPL3またはPS3（99.97％以上）で，漏れ率による等級がS級（0.1％以下）大風量形のものを使用する。

2）使用前点検

面体各部・電動ファン・連結管等に亀裂，変形，穴，ひび割れ，べとつき等の破損がないことを確認する。

フィルタは，亀裂，変形，穴，ひび割れ等がなく，正しく取り付いていることを確認する。

排気弁や排気弁座に亀裂，変形，ひび割れ，劣化によるべとつき等の破損や，汚れや異物の付着がないことを確認する。

しめひもに亀裂，よじれ等の破損がないことを確認する。また，しめひもは十分に弾力があり伸びきっていないことを確認する。

電池は満充電されているかを確認する。

作業場に入る前に，電源を入れて，電動ファンが正常に作動して送風されているかを確認する。

電動ファン付き呼吸用保護具は適切に保守管理がされていないと，その性能を維持できないだけでなく，かえって危険性もある。使用後にも使用前と同様に必ず点検し，不具合があれば必要な整備を行うこと。

石綿作業主任者は，作業者が使用前点検を確実に実施したかを立ち会って確認するとともに，予備フィルタ・電池等が十分に準備されているかを確認しなければならない。

3）使用方法・使用上の注意事項

電動ファン付き呼吸用保護具は，酸素濃度が18％未満の環境では使用できない。また，有害ガスが発生する環境では使用できない。

電池は満充電されたものを使用する。また，予備の電池を準備しておくことが望ましい。

電池の消耗により送風量が低下したら，作業を中止して，電池の充電または電池の交換をする。

フィルタは毎日交換するか，送風量が低下したら，新しいフィルタに交換する。石綿を取り扱う作業で使用したフィルタは，作業場外へ持ち出してはいけない。また，必ず予備のフィルタを準備しておく。

フィルタをたたいたり，圧縮空気を吹き付けたりすると，捕集堆積した石綿粉

じんが飛散したり，フィルタを破損するおそれがあるので，行わないこと。

① 面体形（全面形，半面形）

　面体形を使用するときは，装着のつど，密着性の確認（シールチェック）を行うこと。また，男性の場合は，面体と顔の密着性を良くするため，ひげを剃ること。

　面体形は，故障等により電動ファンが停止しても，ろ過式のマスクとして使用できるが，その状態で通常の作業をしてはいけない。

　半面形を使用するときは，保護めがねまたは専用のフードを併用する。

② ルーズフィット形（フード）

　ルーズフィット形（フード）を使用するときは，電動ファンの停止や送風量の低下により，フードと顔のすき間から石綿粉じんを吸入してしまうおそれがあるので注意が必要である。ルーズフィット形（フード）を使用するときは，送風量低下警報装置の付いたものを使用する。

(3)　送気マスク（一定流量形エアラインマスク，送風機形ホースマスク）

1)　性能・特徴

　石綿を取り扱う作業では，面体形またはフード形の一定流量形エアラインマスク，面体形またはフード形の送風機形ホースマスクの送気マスク（**写真 3-1-7**）を使用する。フェイスシールド形の送気マスクおよび肺力吸引形のホースマスクは使用できない。

① 　一定流量形エアラインマスク　　　　　② 　電動送風機形ホースマスク

写真 3-1-7　送気マスクの例

163

　　一定流量形エアラインマスクと送風機形ホースマスクの送気マスクは，呼吸に適した空気を，ホースを通して着用者に送気する方式の呼吸用保護具である。一定流量形エアラインマスクは，プレッシャデマンド形エアラインマスクと同様に，コンプレッサ等の圧縮空気源からホースを通じて送気をする。送風機形ホースマスクは，作業場の外部に置いた電動送風機等からホースを通じて送気をする。

　　送気マスクの特徴として，連続で使用できるが，ホースの長さにより行動範囲の制限がある。

　　一定流量形エアラインマスク，送風機形ホースマスクは，JIS T 8153「送気マスク」に規定がある。

① 面体による違い

　　面体の種類は，全面形，半面形の面体形とフード形がある。

　　全面形，半面形は送風量が十分であれば面体内の内部は陽圧に保たれるので，石綿粉じんが漏れ込む可能性が低い。しかし，陽圧の程度はプレッシャデマンド形エアラインマスクほど高くはない。

　　フード形は全面形，半面形と比べて陽圧の程度は低いが，送風量が十分であれば石綿粉じんが漏れ込む可能性は低い。ただし，送風量が低下すると，フードと顔のすき間から石綿粉じんを吸入してしまうおそれがあるので注意が必要である。

　　全面形，フード形は眼の保護ができる。

　　全面形は専用の視力矯正用眼鏡を使用できるものがある。半面形，フード形は一般の視力矯正用眼鏡を使用できる。

2) 使用前点検

　　コンプレッサや送風機が酸欠空気，石綿粉じん，有害ガス，悪臭，ほこり等のない，常に呼吸に適した清浄な空気が得られる場所に設置してあることを確認する。

　　面体各部・供給弁・ホース・送風機等に亀裂，変形，穴，ひび割れ，べとつき等の破損がないことを確認する。

　　排気弁や排気弁座に亀裂，変形，ひび割れ，劣化によるべとつき等の破損や，汚れや異物の付着がないことを確認する。

　　しめひもに亀裂，よじれ等の破損がないことを確認する。また，しめひもは十分に弾力があり伸びきっていないことを確認する。

　　作業場に入る前に，空気が正常に送風されるかを確認する。

　送気マスクは適切に保守管理がされていないと，その性能を維持できないだけでなく，かえって危険性もある。使用後にも使用前と同様に必ず点検し，不具合があれば必要な整備を行うこと。

　石綿作業主任者は，労働者が使用前点検を確実に実施したかを立ち会って確認するとともに，送風空気が酸欠空気でなく，石綿粉じん，有害ガスが混入していないかを必ず確認しなければならない。

3) 使用方法・使用上の注意事項

　全面形，半面形を使用するときは，装着のつど，密着性の確認（シールチェック）を行うこと。

　フード形は有害ガスが発生する環境や酸素濃度が 18 ％未満の環境では使用できない。

　一定流量形エアラインマスクを使用するときは，緊急時給気警報装置を設置しておくことが望ましい。

① 供給空気

　供給される空気は，酸欠空気ではなく，石綿粉じんや有害ガス等のない，呼吸に適した清浄な空気でなければならない。コンプレッサ，マスク用空気清浄装置や送風機は，この呼吸に適した清浄な空気が得られる作業場外に設置する。

② 一定流量形エアラインマスク

　転倒等の事故やホースの破損を防ぐため，余分なホースはホースリールに巻き取ることが望ましい。

　高温下作業を行う場合は，圧縮空気等を利用した冷却装置を併用することが望ましい。

③ 送風機形ホースマスク

　送風機形ホースマスクは連続して使用できるが，電動送風機は長時間運転すると，フィルタにほこりが付着して通気抵抗が増えて送風量が減り，モーターが過熱することがあるので注意が必要である。フィルタが目詰まりしたら，フィルタを交換する。

(4) 全面形の取替え式防じんマスク，半面形の取替え式防じんマスク

1) 性能・特徴

　取替え式防じんマスク（**写真 3-1-8**）は，作業環境中の石綿粉じんをフィルタ

① 全面形の取替え式防じんマ　② 半面形の取替え式防じんマ　③ 半面形の取替え式防じんマ
スク　　　　　　　　　　　　スク　　　　　　　　　　　　スク

写真 3-1-8　取替え式防じんマスクの例

によって捕集し，着用者が清浄な空気を吸入できるマスクで，フィルタ，排気弁
等を交換して，さらに使用を続けることができる方式の呼吸用保護具である。

　石綿を取り扱う作業では，厚生労働省の「防じんマスクの規格」に基づく国家
検定に合格した全面形の取替え式防じんマスク，半面形の取替え式防じんマスク
を使用する。使い捨て式防じんマスクは使用できない。

　取替え式防じんマスクには，マスクを装着したまま会話が可能な伝声器付き防
じんマスクがある。また，着用者の息苦しさを軽減できるファン内蔵の吸気補助
具付きもある。

① 　粒子捕集効率による分類

　　取替え式防じんマスクの粒子捕集効率による分類を表 3-1-5 に示す。全面
形の取替え式防じんマスク（RL3，RS3）と半面形の取替え式防じんマスク
（RL3，RS3）の粒子捕集効率は，99.9 ％以上であり，取替え式防じんマスク
（RL2，RS2）の粒子捕集効率は，95.0 ％以上である。

　　オイルミスト等が存在するときは，DOP 粒子による試験に合格した RL3,
RL2 の取替え式防じんマスクを使用する。

② 　面体による違い

　　面体の種類は全面形と半面形がある。

　　全面形は眼の保護ができる。

　　全面形は専用の視力矯正用眼鏡を使用できるものがある。半面形は一般の視
力矯正用眼鏡を使用できる。

2) 使用前点検

　面体各部に亀裂，変形，穴，ひび割れ，べとつき等の破損がないことを確認する。

表3-1-5　粒子捕集効率による防じんマスクの等級別記号

種　類	粒子捕集効率(%)	等級別記号	
		DOP粒子による試験	NaCl粒子による試験
取替え式防じんマスク	99.9以上	RL3	RS3
	95.0以上※1	RL2	RS2
	80.0以上※2	RL1	RS1

（99.9以上・95.0以上） } 使用可能
（80.0以上） ← 使用不可

※1　レベル3の作業で，明らかに発じんの小さい場合のみ使用可能
※2　石綿を取り扱う作業では使用できない
・等級別記号の意味
　R：取替え式防じんマスク
　L：液体粒子による試験に合格
　S：固体粒子による試験に合格
　1，2，3：粒子捕集効率の最低値によるランクに対応

　フィルタは，亀裂，変形，穴，ひび割れ等の破損がなく正しく取り付いていることを確認する。また，著しい汚れや湿りがなく，装着時に息苦しくないことを確認する。

　排気弁や排気弁座に亀裂，変形，ひび割れ，劣化によるべとつき等の破損や，汚れや異物の付着がないことを確認する。

　しめひもに亀裂，よじれ等の破損がないことを確認する。また，しめひもは十分に弾力があり伸びきっていないことを確認する。

　石綿作業主任者は，作業者が使用前点検を確実に実施したかを立ち会って確認するとともに，予備フィルタ等が十分に準備されているかを確認しなければならない。

3）　使用方法・使用上の注意事項

　有害ガスが発生する環境や酸素濃度が18％未満の環境では使用できない。

　半面形の防じんマスクを使用するときは，保護めがね（ゴグル形）を併用する。

①　密着性

　面体内が陰圧になるので，面体と顔面との密着の状態が悪いと，石綿粉じんを吸入してしまうおそれがある。マスクを装着したら，必ず，面体と顔面の密着性を確認（シールチェック）する。

　石綿作業主任者は，マスク装着時に労働者が面体と顔面の密着性の確認を行ったかを立ち会って確認しなければならない。

　面体と顔面の密着性が損なわれるので，タオル等を当てた上から防じんマス

クを装着することや，メリヤスカバーを接顔部に取り付けて使用してはいけない。

　　男性の場合は，面体と顔の密着性を良くするため，ひげを剃ること。

②　フィルタ

　　石綿を取り扱う作業で使用したフィルタは，作業場外へ持ち出してはいけない。

　　フィルタをたたいたり，圧縮空気を吹き付けたりすると，捕集堆積した石綿粉じんが飛散したり，フィルタを破損するおそれがあるので行わないこと。

　　フィルタは毎日交換するか，使用中に息苦しくなったら新しいフィルタに交換する。

4.　呼吸用保護具の保守管理

　面体，連結管，ホース，排気弁，吸気弁，しめひも等が劣化した場合は，新しいものと交換する。

　コンプレッサ，マスク専用清浄空気供給装置，電動ファン，電動送風機等は，正常に作動するように整備しておく。

　使用済みのフィルタは，粉じんが再飛散しないようにプラスチック袋等に入れる。

　使用後のマスクは汚れを掃除し，専用の保管箱（袋）に入れ冷暗所で保管する。

　作業場より持ち出すときは，石綿粉じんを完全に取り除き，専用の袋等に入れて持ち出す。ただし，フィルタは外部に持ち出さない。

　面体部，腰ベルト，連結管，ホースは布等で傷が付かないようにふく。面体部の汚れの著しいときは，フィルタを外し，ぬるま湯で薄めた中性洗剤で傷がつかないように洗う。ただし，電動ファン付き呼吸用保護具では電気部品があるので，取扱説明書に従い清掃する。

　防じんマスク，電動ファン付き呼吸用保護具，給気・ろ過両用式の全面形のプレッシャデマンド形エアラインマスクを保管するときは，フィルタからの粉じんが再飛散しないように注意する。

5. 呼吸用保護具の密着性の確認方法

　顔面と面体の密着性は，着用者の顔の大きさ，鼻梁の高さ，頰のふくらみ，額の大きさ等が関係するので，呼吸用保護具を選択するときは，密着性の良否を確認し，着用者の顔面に合っているかを確認（シールチェック）する。

　また，装着のつど，密着性の良否を確認し，呼吸用保護具を正しく装着しているかを調べる。排気弁に粉じん等が付着している場合には，相当の漏れ込みが考えられるので，呼吸用保護具（特に防じんマスク）を装着のつど，陰圧法により顔面と面体の密着性，排気弁の気密性を確認する。

（1）　測定機器による測定

　呼吸用保護具の外側と内側の粉じんの濃度または個数を測定機器（**写真 3-1-9**）で測定し，外側と内側の粉じんの濃度または個数の比から漏れ率を計算し，密着性を調べる方法である。定量的に調べられるので，最初に呼吸用保護具（特に防じんマスク）を選択するときには，この方法を用いることが望ましい。

写真 3-1-9
測定機器

　顔面と面体のすきまからの漏れと併せて，排気弁からの漏れも測定できるので，全体の漏れ率を調べることができる。

（2）　陰圧法による密着性の確認

　フィットテスターを使用して，フィルタの吸気口をふさいだ状態で息を吸い，顔面と面体の密着性を調べる。このとき，空気が吸引されずに面体が顔に吸い付くのが確認できれば，密着性の状態は良好である（**図 3-1-4**）。

　密着性が悪い場合は，顔面と面体の隙間からシューシューと外気が面体内に入り込む音がして，面体が顔に吸い付かない。

　フィットテスターを使用してのシールチェックが望ましいが，フィットテスターがないときは，手のひらをフィルタの吸気口に当て，吸気口をふさいで確認することができる。このと

図 3-1-4　陰圧法による密着性の確認

図 3-1-5　陽圧法による密着性の確認

き，面体を顔に押し付けないように，軽く手のひらを吸気口に当てる。強く押し当てると，このテストのときだけ，密着性が良くなるので注意が必要である。

陰圧法による密着性の確認は，顔面と面体のすき間からの漏れと併せて，排気弁からの漏れも確認できるので，全体の漏れを調べることができる。

(3)　陽圧法による密着性の確認

フィットテスターを使用して，排気弁の排気口をふさいだ状態で息を吐き，顔面と面体の密着性を調べる。このとき，空気が面体と顔面のすき間から漏れ出さなければ，密着性の状態は良好である（**図 3-1-5**）。

密着性が悪い場合は，顔面と面体の隙間からシューシューと息が吹き出す音がする。

フィットテスターを使用しての密着性の確認を行うことが望ましいが，フィットテスターがないときは，手のひらを排気弁の排気口に当て，排気口をふさいで確認することができる。このとき，面体を顔に押し付けないように，軽く手のひらを排気口に当てる。強く押し当てると，このテストのときだけ，密着性が良くなるので注意が必要である。

陽圧法による密着性の確認は，排気弁の排気口をふさいで行うため，排気弁からの漏れを確認できない。

6.　呼吸用保護具の装着方法

(1)　全面形（エアラインマスク，電動ファン付き呼吸用保護具，防じんマスク等）

① しめひもを全部緩める。

② しめひもを面体の前面側に裏返す。

③ 前髪を上方に持ち上げて，髪の毛が顔面と面体の間に挟まれないようにして，顎の部分を面体の顎当て部に合わせながら，面体全体を顔面に合わせる。

④ しめひもを後頭部に戻す。

⑤ しめひもの先端部を下から順に左右均等に締め付ける。

⑥ 密着性の確認（シールチェック）を行う。

(2)　半面形（電動ファン付き呼吸用保護具，防じんマスク等）

①　頭部のひもを後頭部に安定するようにかける。

②　しめひもの留め具を持ち，左右均等に引きながらマスクを顔面にあて，留め具を首の後ろで留める。しめひもの長さが合わないときはしめひもの長さを調整する。

③　マスクと顔面に隙間がないように，マスクを上下左右に動かして位置を調整する。特に鼻梁部に隙間ができやすいので，マスクの上部と鼻梁部をきちんと合わせる。

④　密着性の確認（シールチェック）を行う。

第2章　保護衣等およびその他の保護具

1. 保護衣等およびその他の保護具の種類

　保護衣等およびその他の保護具の種類には，保護衣，作業衣，保護めがね，シューズカバー等がある。それぞれ，石綿粉じんの皮膚，頭髪，眼等への付着や侵入を防ぐためのものである。

　皮膚等に石綿粉じんが付着すると，呼吸用保護具をはずした後に，この付着した粉じんを労働者が吸入するおそれがある。また，付着したまま作業場外へ出ると，石綿粉じんを労働者本人や労働者以外の人が吸入するおそれがある。これらの保護衣等・その他保護具は，このような二次汚染・二次災害を防止する目的もある。

　保護衣，シューズカバーについては，高所作業における墜落防止，湿潤化による転倒防止にも留意し安全保護具の併用についても考慮しなければならない。

2. 保護衣等およびその他の保護具の選択

（1）　保護衣等の選択

　石綿等の除去等の作業にあたっては、除去対象製品および除去工法に応じた保護衣等の種類に従って、保護衣または専用の作業衣を着用する。

　隔離空間の内部など石綿粉じん等の発生が多い作業場では、JIS T 8115:2015 化学防護服の浮遊固体粉じん防護用密閉服（タイプ5）同等以上のものでフード付きのものを使用すること（令和2年10月28日基発1028第1号）。

　保護衣は，呼吸用保護具やその他の保護具と併用しやすく，呼吸用保護具等とのすき間の少ないものを選ぶ。サイズが数種類用意されているものがあるので，通常の服のサイズより1サイズ大きいサイズで体型に合ったものを選ぶ。

　専用の作業衣は，石綿等の取り扱いを行う作業場内で着用する作業衣のことで，石綿等を取り扱う作業以外で着用する作業衣や通勤衣とは区別して使用する。

(2)　その他の保護具の選択

　保護めがねは，顔とのすき間から石綿粉じんが入りこみにくい，両眼を覆う構造のゴグル形を使用する。また，視力矯正用眼鏡を装着している場合は，視力矯正用眼鏡との併用ができる保護めがねを選択する。

　保護手袋には，ニトリルラテックス製，ビニール製等があり，作業性の良いものを選択する。綿製の手袋を使用するときは，上に保護手袋を着用する。

3.　保護衣等およびその他の保護具の性能・特徴・使用上の注意

(1)　保護衣

1)　性能・特徴

　石綿等の取り扱い時における石綿粉じんの除去は，その実効性の評価が難しいため，使い捨てタイプの化学防護服または浮遊個体粉じん防護用密閉服（タイプ5）同等以上のものを使用する。形状は頭部を含む全身を覆うフード付きのものとする（**写真3-2-1**）。

2)　使用前点検・使用上の注意事項

①　除去場所への入室時

　新品の保護衣を着用する前に，破損，損傷が無いことを確認し，破損，損傷したものを着用してはならない。

　所定の呼吸用保護具を着用した後に保護衣，手袋，シューズカバーを着用した場合，それぞれの間にすき間があるときは，それぞれのすき間を不浸透性テープで目ばりをしたうえで，除去作業場所に入室すること。

　使用中に穴が開く等，破損したら作業を中止して，新しい保護衣と交換する。

②　除去場所からの退出時

　除去場所を退出するごとに，セキュリティーゾーンの前室

①　浮遊固体粉じ
ん防護用密閉服
②　浮遊固体粉じん防護用密
閉服とマスクの装着例
写真3-2-1　保護衣の例

で，保護衣，保護手袋，シューズカバーの目ばりを取り外す。

　　石綿粉じんの飛散に留意して，目ばりとともに，保護衣および手袋，シューズカバーを前室に設置している所定の廃棄物容器に入れ，密封すること。

3) 保守管理

使い捨て式のものは，使用のつど廃棄して再使用しない。

また廃棄にあっては，石綿粉じん等が付着しているため適切に廃棄する。

(2) 作業衣

1) 性能・特徴

ポケットの数が少ない作業衣等は，粉じんが払い落としやすい。

静電気帯電防止加工をした作業衣は，粉じんが付着しにくい。このため，素材や製品に静電気帯電防止加工を施したもので，ポケットの数が少なく粉じんが付着しにくく，また付着した粉じんを払い落としやすいものを使用する。

2) 使用前点検・使用上の注意事項

専用の作業衣の使用は，保護衣を必要としない石綿の取扱い作業（隔離なし，前室なし）であるが，石綿粉じんの発散は少ないものの作業衣が石綿に汚染されているおそれがあるので，次の点に留意すること。

① 除去場所への入室時

作業衣を着用する前に，破損，損傷が無いことを確認し，破損，損傷したものを着用してはならない。

② 除去場所からの退出時

除去場所等からの退出時は，呼吸用保護具を着用したまま，所定の場所に設置されている HEPA フィルタ付真空掃除機を使用し，作業衣全体から石綿粉じんを含む粉じんを十分に取り除くこと。特にポケットがある作業衣については，念入りに吸引すること。

3) 保守管理

除去等の工事が完了するまでは，工事区域内の所定の場所に，通勤衣とは別の箇所で保管すること。

除去等の工事が完了し，作業衣を持ち帰る必要が生じた場合は，再度，HEPAフィルタ付真空掃除機を使用し，作業衣を清浄にしたうえで，作業衣をプラスチック袋に入れ，密封した状態で持ち帰り，次の工事まで保管しておくこと。

専用の作業衣を着用したまま，通勤してはならない。

　作業衣を，工事現場で洗濯する場合は，石綿に汚染されている可能性は低いものの，数多くの作業衣を洗濯するとき，洗濯水に石綿が含まれているかもしれないので，洗濯水の処理に留意しなければならない。

(3)　保護めがね

1)　性能・特徴

　両眼を覆う構造のゴグル形は，顔との密着性がよいので，内部に石綿粉じんが入り込みにくい（**写真 3-2-2**）。

　一般的な視力矯正用眼鏡と併用できるタイプのゴグル形の保護めがねがある。アイピースに防曇処理が施されているものは曇りにくいので，安全性が高い。

　保護めがねは JIS T 8147「保護めがね」に規定されている。

2)　使用前点検

　アイピース，フレームを洗っても落ちない汚れ，傷，亀裂，変形等がないことを確認する。

　アイピース，フレームにガタツキがないか確認する。

3)　使用方法・使用上の注意事項

　顔とのすき間がないように装着する。

　アイピースが傷つき，視野の妨げになる場合にはアイピースを交換する。

4)　保守管理

　使用後は，HEPA フィルタ付真空掃除機で粉じんを吸引した上でエアシャワーを十分に浴びる等により，付着した石綿粉じんを取り除く。

写真 3-2-2　保護めがね（ゴグル形）の例

①　手袋　　　　　　　　②　シューズカバー
写真 3-2-3　保護手袋・シューズカバーの例

　　アイピース面を直接他のものに接触させないように，柔らかい袋やケース等に入れて保管する。

（4）　保護手袋・シューズカバー

1）　性能・特徴

　　素材がすべすべしたものは粉じんが払い落としやすい（**写真 3-2-3**）。

2）　使用前点検

　　穴があく等の破損のないことを確認する。

3）　使用方法・使用上の注意事項

　　使用中に穴があく等破損したら，使用を中止して交換する。

4）　保守管理

　　保護手袋・シューズカバーは，付着した石綿粉じんが飛散しないようプラスチック袋等に入れ廃棄する。

第4編
関係法令

◆この編で学ぶこと
○石綿等の製造または取扱い作業に関する法令について学ぶ。

第七編

関連法令

第1章　法令とは

1. 法律，政令，省令

　国民の代表機関である国会が制定した「法律」と，法律の委任を受けて内閣が制定した「政令」および専門の行政機関が制定した「省令」などの「命令」を併せて一般に「法令」と呼ぶ。

　例えば，工場や建設工事の現場などの事業場には，放置すれば労働災害の発生につながるような危険有害因子（ハザード）が常に存在する。一例として，ある事業場で労働者に有害な物質を取り扱う作業を行わせようとする場合に，もし労働者にそれらの物質の有害性や健康障害を防ぐ方法を教育しなかったり，正しい作業方法を守らせる指導や監督を怠ったり，作業に使う設備に欠陥があったりすると，それらの物質による疾病や，物質によってはがん等の重篤な健康障害が発生する危険がある。そこで，このような危険を取り除いて労働者に安全で健康的な作業を行わせるために，事業場の最高責任者である事業者（法律上の事業者は事業場そのものであるが，一般的には事業場の代表者が事業者の義務を負っているものと解釈される）には，法令に定められたいろいろな対策を講じて労働災害を防止する義務がある。

　事業者も国民であり，民主主義のもとで国民に義務を負わせるには，国民の代表機関である国会が制定した「法律」によらなければならない。労働安全衛生に関する法律として「労働安全衛生法」等がある。

　では，法律により国民に義務を課す大枠は決められたとして，義務の課せられる対象の範囲等さらに細部にわたる事項や技術的なことなどについてはどうか。確かにそれらについても法律に定めることが理想的であるが，日々変化する社会情勢，進歩する技術に関する事項をその都度国会の両院の議決を必要とする法律で定めていたのでは社会情勢の変化等に対応することはできない。むしろそうした専門的，技術的な事項については，それぞれ専門の行政機関に任せることが適当である。

　そこで，法律を実施するための規定や，法律を補充したり，法律の規定を具体化したり，より詳細に解釈する権限が行政機関に与えられている。これを「法律」による「命令」への「委任」と言い，政府の定める命令を「政令」，行政機関の長である大臣

が定める「命令」を「省令」（厚生労働大臣が定める命令は「厚生労働省令」）と呼ぶ。

2.　労働安全衛生法と政令，省令

　労働安全衛生法令とは，具体的には「労働安全衛生法施行令」で，労働安全衛生法の各条における規定の適用範囲，用語の定義などを定めている。

　また，省令については，すべての事業場に適用される事項の詳細等を定める「労働安全衛生規則」と，特定の設備や特定の業務等を行う事業場だけに適用される「特別規則」がある。石綿等を取り扱う等の業務を行う事業場だけに適用される設備や管理に関する詳細な事項を定める「特別規則」が「石綿障害予防規則」である。

3.　告示，公示および通達

　法律，政令，省令のほかに，さらに詳細な事項について具体的に定めて国民に知らせるものとして「告示」あるいは「公示」がある。技術基準などは一般に告示として公表される。「指針」などは一般に公示として公表される。告示や公示は厳密には法令とは異なるが法令の一部を構成するものといえる。また，法令，告示／公示に関して，上級の行政機関が下級の機関（例えば厚生労働省労働基準局長が都道府県労働局長）に対して，法令の内容を解説するとか，指示を与えるために発する通知を「通達」という。通達は法令ではないが，法令を正しく理解するためには通達も知る必要がある。通達の中でも，法令，告示／公示の内容を解説するものは「解釈例規」として公表されている。

4.　石綿作業主任者と法令

　石綿作業主任者が職務を行うためには，「石綿障害予防規則」と関係する法令，告示，通達についての理解が必要である。

　ただし，法令等は，社会情勢の変化や技術の進歩に応じて新しい内容が加えられるなどの改正が行われるものであるから，すべての条文を丸暗記することは意味がない。石綿作業主任者は「石綿障害予防規則」と関係法令の目的と必要な条文の意味をよく理解するとともに，今後の改正にも対応できるように「法」，「令（政令，省令）」，「告示／公示」，「通達」の関係を理解し，作業者の指導に応用することが重要である。

　以下に例として，作業主任者の資格と選任に関係する「法（＝法律）」，「令（＝政

令，省令）」，「告示／公示」，「通達」について解説する。

(1)　法（労働安全衛生法）

労働安全衛生法（以下「安衛法」という。）では「作業主任者」に関して次のように定めている。

労働安全衛生法

（作業主任者）

第 14 条　事業者は，高圧室内作業その他の労働災害を防止するための管理を必要とする作業で，政令で定めるものについては，都道府県労働局長の免許を受けた者又は都道府県労働局長の登録を受けた者が行う技能講習を修了した者のうちから，厚生労働省令で定めるところにより，当該作業の区分に応じて，作業主任者を選任し，その者に当該作業に従事する労働者の指揮その他の厚生労働省令で定める事項を行わせなければならない。

このように安衛法第 14 条は「作業主任者」に関して，事業者に対して最も基本となる「労働災害を防止するための管理を必要とする作業のうちのあるものに『作業主任者』を選任しなければならない」ことと「その者に当該作業に従事する労働者の指揮その他の事項を行わせなければならない」ことを定め，具体的に作業主任者の選任を要する作業は「政令」に委任している。また，政令で定められた作業主任者を選任しなければならない作業ごとに「作業主任者」となるべき者の資格は「都道府県労働局長の免許を受けた者」か「都道府県労働局長の登録を受けた者が行う技能講習を修了した者」のどちらかであるが，作業主任者の選任を要する作業の中でも，その危険・有害性の程度が異なるため，そのどちらかにするかは「厚生労働省令」（この場合は労働安全衛生規則）で定めることとしている。

さらに，「作業主任者」の職務も作業ごとにまちまちであるため，安衛法では作業主任者としては，どの作業にも共通な「当該作業に従事する労働者の指揮」をすることを例示した上で，その他のそれぞれの作業に特有な必要とされる事項もあわせて「厚生労働省令」（石綿作業については石綿障害予防規則）に委任して定めることとしている。

(2)　令（労働安全衛生法施行令）

作業主任者の選任を要する作業の範囲を定めた「政令」であるが，この場合の「政令」は，「労働安全衛生法施行令」（以下「安衛令」という。）で，具体的には安衛令第 6

条に作業主任者を選任しなければならない作業を列挙している。石綿関係については同条第23号に次のように定められている。

労働安全衛生法施行令

（作業主任者を選任すべき作業）

第6条　法第14条の政令で定める作業は，次のとおりとする。

1〜22　略

23　石綿若しくは石綿をその重量の0.1パーセントを超えて含有する製剤その他の物（以下「石綿等」という。）を取り扱う作業（試験研究のため取り扱う作業を除く。）又は石綿等を試験研究のため製造する作業若しくは第16条第1項第4号イからハまでに掲げる石綿で同号の厚生労働省令で定めるもの若しくはこれらの石綿をその重量の0.1パーセントを超えて含有する製剤その他の物（以下「石綿分析用試料等」という。）を製造する作業

---

(3)　省令（厚生労働省令）

上記（1）に述べた安衛法第14条には2カ所の「厚生労働省令」がある。最初の「厚生労働省令」は，労働安全衛生規則（以下「安衛則」という。）第16条第1項（安衛則別表第1）や安衛則第17条，第18条と石綿障害予防規則（以下「石綿則」という。）第19条を指し，2つ目は石綿則第20条を指している。

1)　作業主任者の選任

まず，安衛則第16条では，政令により指定された作業主任者を選任しなければならない作業ごとに当該作業主任者となりうる者の資格および当該作業主任者の名称を定めている。石綿関係については，作業主任者となるべき者の資格として「石綿作業主任者技能講習を修了した者」と定め，その名称を「石綿作業主任者」としている。

労働安全衛生規則

（作業主任者の選任）

第16条　法第14条の規定による作業主任者の選任は，別表第1の上欄（編注：左欄）に掲げる作業の区分に応じて，同表の中欄に掲げる資格を有する者のうちから行なうものとし，その作業主任者の名称は，同表の下欄（編注：右欄）に掲げるとおりとする。

---

② 略

別表第1（第16条，第17条関係）

作業の区分	資格を有する者	名称
略	略	略
令第6条第23号の作業	石綿作業主任者技能講習を修了した者	石綿作業主任者

　このように安衛則第16条では，政令に定められた作業主任者を選任しなければならない作業ごとに作業主任者となるべき人の資格要件およびその作業主任者の名称を定めたのに対し，石綿則第19条では，事業者に「石綿作業主任者」選任の義務を定めている。

石綿障害予防規則

　（石綿作業主任者の選任）

第19条　事業者は，令第6条第23号に掲げる作業については，石綿作業主任者技能講習を修了した者のうちから，石綿作業主任者を選任しなければならない。

　さらに，安衛則では作業主任者に関して上記の第16条のほか，次の2条を置いている。

労働安全衛生規則

　（作業主任者の職務の分担）

第17条　事業者は，別表第1の上欄に掲げる一の作業を同一の場所で行なう場合において，当該作業に係る作業主任者を2人以上選任したときは，それぞれの作業主任者の職務の分担を定めなければならない。

　（作業主任者の氏名等の周知）

第18条　事業者は，作業主任者を選任したときは，当該作業主任者の氏名及びその者に行なわせる事項を作業場の見やすい箇所に掲示する等により関係労働者に周知させなければならない。

---

2) 作業主任者の職務

　上記（1）に述べた安衛法第14条の2カ所の「厚生労働省令」のうち2つ目の「厚生労働省令」は，作業主任者の職務について定めている。安衛法第14条にあるように，

「当該作業に従事する労働者の指揮」を行うほか，それぞれの作業の作業主任者に必要な職務は「厚生労働省令」に委任している。石綿関係については，石綿則第20条に定められている。

石綿障害予防規則

（石綿作業主任者の職務）

第20条　事業者は，石綿作業主任者に次の事項を行わせなければならない。

1　作業に従事する労働者が石綿等の粉じんにより汚染され，又はこれらを吸入しないように，作業の方法を決定し，労働者を指揮すること。

2　局所排気装置，プッシュプル型換気装置，除じん装置その他労働者が健康障害を受けることを予防するための装置を1月を超えない期間ごとに点検すること。

3　保護具の使用状況を監視すること。

このように法律では，国民の権利・義務に関する最も基本的なこと（「事業者は，・・・・・をしなければならない。」など）を定め，細部は政令と省令に委任している。

（4）　告示／公示，通達

告示／公示は，例えば法第65条第2項に「作業環境測定は，厚生労働大臣の定める作業環境測定基準に従つて行わなければならない。」と定められているが，この「厚生労働大臣の定める作業環境測定基準」は，昭和51年労働省告示第46号（最終改正：令和2年厚生労働省告示第397号）として「作業環境測定基準」という告示が公布されている。

また，石綿則関係においても多くの解釈通達が出されている。

石綿則を正しく理解するためには，法律・政令・省令とともに通達にも留意する必要がある。

第2章　労働安全衛生法のあらまし

　労働安全衛生法は，労働条件の最低基準を定めている労働基準法と相まって，

①　危害防止基準の確立

②　事業場内における安全衛生管理の責任体制の明確化

③　事業者の自主的安全衛生活動の促進

等の措置を講ずる等の総合的，計画的な対策を推進することにより，労働者の安全と健康を確保し，さらに快適な職場環境の形成を促進することを目的として昭和47年に制定された。

　その後何回か改正が行われて現在に至っている。

　労働安全衛生法は，労働安全衛生法施行令，労働安全衛生規則等で適用の細部を定めているほか，石綿などの取扱い業務について事業者の講ずべき措置の基準は特別規則で細かく定めている。労働安全衛生法と関係法令のうち，労働衛生に関する法令の関係を示すと**図4-2-1**のようになる。

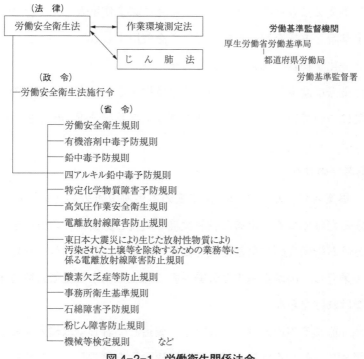

図 4-2-1　労働衛生関係法令

1. 総則（第1条～第5条）

　労働安全衛生法（以下，「安衛法」という。）の目的，法律に出てくる用語の定義，事業者の責務，労働者の協力等について定めている。

　（目的）

第1条　この法律は，労働基準法（昭和22年法律第49号）と相まつて，労働災害の防止のための危害防止基準の確立，責任体制の明確化及び自主的活動の促進の措置を講ずる等その防止に関する総合的計画的な対策を推進することにより職場における労働者の安全と健康を確保するとともに，快適な職場環境の形成を促進することを目的とする。

　（定義）

第2条　この法律において，次の各号に掲げる用語の意義は，それぞれ当該各号に定めるところによる。

　1　労働災害　労働者の就業に係る建設物，設備，原材料，ガス，蒸気，粉じん等により，又は作業行動その他業務に起因して，労働者が負傷し，疾病にかかり，又は死亡することをいう。

　2　労働者　労働基準法第9条に規定する労働者（同居の親族のみを使用する事業又は事務所に使用される者及び家事使用人を除く。）をいう。

　3　事業者　事業を行う者で，労働者を使用するものをいう。

　3の2　化学物質　元素及び化合物をいう。

　4　作業環境測定　作業環境の実態をは握するため空気環境その他の作業環境について行うデザイン，サンプリング及び分析（解析を含む。）をいう。

　（事業者等の責務）

第3条　事業者は，単にこの法律で定める労働災害の防止のための最低基準を守るだけでなく，快適な職場環境の実現と労働条件の改善を通じて職場における労働者の安全と健康を確保するようにしなければならない。また，事業者は，国が実施する労働災害の防止に関する施策に協力するようにしなければならない。

　②　機械，器具その他の設備を設計し，製造し，若しくは輸入する者，原材料を製造し，若しくは輸入する者又は建設物を建設し，若しくは設計する

者は，これらの物の設計，製造，輸入又は建設に際して，これらの物が使用されることによる労働災害の発生の防止に資するように努めなければならない。

③ 建設工事の注文者等仕事を他人に請け負わせる者は，施工方法，工期等について，安全で衛生的な作業の遂行をそこなうおそれのある条件を附さないように配慮しなければならない。

第4条 労働者は，労働災害を防止するため必要な事項を守るほか，事業者その他の関係者が実施する労働災害の防止に関する措置に協力するように努めなければならない。

2. 労働災害防止計画（第6条～第9条）

労働災害の防止に関する総合的計画的な対策を図るために，厚生労働大臣が策定する「労働災害防止計画」等について定めている。

3. 安全衛生管理体制（第10条～第19条の3）

企業の安全衛生活動を確立させ，的確に促進させるために安衛法では組織的な安全衛生管理体制について規定している。安全衛生組織には次の2通りのものがある。

(1) 労働災害防止のための一般的な安全衛生管理組織

これには①総括安全衛生管理者，②安全管理者，③衛生管理者（衛生工学衛生管理者を含む），④安全衛生推進者等，⑤産業医，⑥作業主任者があり，安全衛生に関する調査審議機関として，安全委員会および衛生委員会ならびに安全衛生委員会がある。

安衛法では，安全衛生管理が企業の生産ラインと一体的に運用されることを期待し，一定規模以上の事業場には当該事業の実施を統括管理する者をもって総括安全衛生管理者に充てることとしている。安衛法第10条，安衛則第3条の2には，総括安全衛生管理者に安全管理者，衛生管理者等を指揮させるとともに，次の業務を統括管理することが規定されている。

① 労働者の危険または健康障害を防止するための措置に関すること
② 労働者の安全または衛生のための教育の実施に関すること
③ 健康診断の実施その他健康の保持増進のための措置に関すること
④ 労働災害の原因の調査および再発防止対策に関すること
⑤ 安全衛生に関する方針の表明に関すること

⑥　危険性または有害性等の調査およびその結果に基づき講ずる措置に関すること（リスクアセスメント）

⑦　安全衛生に関する計画の作成，実施，評価および改善に関すること

また，安全管理者および衛生管理者は，①から⑦までの業務の安全面および衛生面の実務管理者として位置付けられており，安全衛生推進者等や産業医についても，その役割が明確に規定されている。

作業主任者については，第1章に記述したとおり法第14条に規定されている。

(2) 一の場所において，請負契約関係下にある数事業場が混在して事業を行うことから生ずる労働災害防止のための安全衛生管理組織

これには，①統括安全衛生責任者，②元方安全衛生管理者，③店社安全衛生管理者および④安全衛生責任者があり，また関係請負人を含めて協議組織がある。

統括安全衛生責任者は，当該場所においてその事業の実施を統括管理するものをもって充てることとし，その職務として当該場所において各事業場の労働者が混在して働くことによって生ずる労働災害を防止するための事項を統括管理することとされている（建設業および造船業）。

また，建設業の統括安全衛生責任者を選任した事業場は，元方安全衛生管理者を置き，統括安全衛生管理者の職務のうち技術的事項を管理させることとなっている。

統括安全衛生責任者および元方安全衛生管理者を選任しなくてもよい場合であっても，一定のもの（中小規模の建設現場）については，店社安全衛生管理者を選任し，当該場所において各事業場の労働者が混在して働くことによって生ずる労働災害を防止するための事項に関する必要な措置を担当する者に対し指導を行う，毎月1回建設現場を巡回するなどの業務を行わせることとされている。

さらに，下請事業場における安全衛生管理体制を確立するため，統括安全衛生責任者を選任すべき事業者以外の請負人においては，安全衛生責任者を置き，統括安全衛生責任者からの指示，連絡を受け，これを関係者に伝達する等の措置をとらなければならないこととなっている。

なお，安衛法第19条の2には，労働災害防止のための業務に従事する者に対し，その業務に関する能力の向上を図るための教育を受けさせるよう努めることが規定されている。

4. 労働者の危険又は健康障害を防止するための措置 （第20条〜第36条）

労働災害防止の基礎となる，いわゆる危害防止基準を定めたもので，①事業者の講ずべき措置，②厚生労働大臣による技術上の指針の公表，③元方事業者の講ずべき措置，④注文者の講ずべき措置，⑤機械等貸与者等の講ずべき措置，⑥建築物貸与者の講ずべき措置，⑦重量物の重量表示などが定められている。

これらのうち石綿作業主任者に関係が深いのは，健康障害を防止するために必要な措置を定めた第22条である。

第22条 事業者は，次の健康障害を防止するため必要な措置を講じなければならない。

　1　原材料，ガス，蒸気，粉じん，酸素欠乏空気，病原体等による健康障害

　2〜3　略

　4　排気，排液又は残さい物による健康障害

第26条 労働者は，事業者が第20条から第25条まで及び前条第1項の規定に基づき講ずる措置に応じて，必要な事項を守らなければならない。

---

5. 機械等並びに危険物及び有害物に関する規制（第37条〜第58条）

(1) 譲渡等の制限

機械等に関する安全を確保するには，製造，流通段階において一定の基準により規制することが重要である。そこで安衛法では，危険もしくは有害な作業を必要とするもの，危険な場所において使用するもの又は危険又は健康障害を防止するため使用するもののうち一定のものは，厚生労働大臣の定める規格又は安全装置を具備しなければ譲渡し，貸与し，又は設置してはならないこととしている。

(2) 型式検定・個別検定

(1)の機械等のうち，さらに一定のものについては個別検定または型式検定を受けなければならないこととされている。

石綿を取り扱う作業に関連した器具としては，防じんマスクと電動ファン付き呼吸用保護具がある。それらの物は厚生労働大臣の定める規格を具備し，型式検定に合格したものでなければならないこととされている。

```
┌─ 労働安全衛生法施行令 ──────────────────

  （型式検定を受けるべき機械等）

  第14条の2　法第44条の2第1項の政令で定める機械等は，次に掲げる機

  　械等（本邦の地域内で使用されないことが明らかな場合を除く。）とする。

  　1〜4　略

  　5　防じんマスク（ろ過材及び面体を有するものに限る。）

  　6〜12　略

  　13　電動ファン付き呼吸用保護具

└──────────────────────────────────
```

(3) 定期自主検査

　一定の機械等について使用開始後一定の期間ごとに定期的に所定の機能を維持していることを確認するために検査を行わなければならないこととされている。

(4) 危険物および化学物質に関する規制

　危険物や化学物質について，製造の禁止や許可，容器等へのラベル表示及び文書による有害性情報の提供等の義務について定めており，石綿の製造禁止も規定されている。また，所定の化学物質についてのリスクアセスメント実施義務についても規定されている。

```
┌──────────────────────────────────

  （製造等の禁止）

  第55条　黄りんマッチ，ベンジジン，ベンジジンを含有する製剤その他の

  　　労働者に重度の健康障害を生ずる物で，政令で定めるものは，製造し，輸

  　　入し，譲渡し，提供し，又は使用してはならない。ただし，試験研究のた

  　　め製造し，輸入し，又は使用する場合で，政令で定める要件に該当すると

  　　きは，この限りでない。

└──────────────────────────────────
```

```
┌─ 労働安全衛生法施行令 ──────────────────

  （製造等が禁止される有害物等）

  第16条　法第55条の政令で定める物は，次のとおりとする。

  　1〜3　略

  　4　石綿（次に掲げる物で厚生労働省令で定めるものを除く。）

  　　イ　石綿の分析のための試料の用に供される石綿
```

> 　　ロ　石綿の使用状況の調査に関する知識又は技能の習得のための教育の
> 　　　用に供される石綿
> 　　ハ　イ又はロに掲げる物の原料又は材料として使用される石綿
> 　5〜9　略
> ②　略

6. 労働者の就業に当たつての措置（第59条〜第63条）

　労働災害を防止するためには，作業に就く労働者に対する安全衛生教育の徹底等も きわめて重要なことである。このような観点から安衛法では，新規雇入れ時のほか， 作業内容変更時においても安全衛生教育を行うべきことを定め，また，職長その他の 現場監督者に対する安全衛生教育についても規定している。

　特定の危険有害業務に労働者を就業させる時は，一定の有資格者でなければその業 務に就かせてはならない。

7. 健康の保持増進のための措置（第64条〜第71条）

　安衛法では，労働者の健康の保持増進のため，作業環境測定や健康診断，面接指導 等の実施について定めており，第66条では，労働者の疾病の早期発見と予防を目的 として事業者に労働者を対象とする健康診断の実施を義務付けているが，その健康診 断には次のような種類がある。

　ア　全ての労働者を対象とした「一般健康診断」
　イ　有害業務に従事する労働者に対する「特殊健康診断」
　ウ　一定の有害業務に従事した後，配置転換した労働者に対する「特殊健康診断」
　エ　有害業務に従事する労働者に対する歯科医師による健康診断
　オ　都道府県労働局長が指示する臨時の健康診断

石綿取扱い業務に従事する労働者に対しては上記イ「特殊健康診断」を実施しなけ ればならないこととなる。

> 　（健康診断）
> 　第66条　事業者は，労働者に対し，厚生労働省令で定めるところにより，
> 　　医師による健康診断（第66条の10第1項に規定する検査を除く。以下こ
> 　　の条及び次条において同じ。）を行わなければならない。

②　事業者は，有害な業務で，政令に定めるものに従事する労働者に対し，厚生労働省令で定めるところにより，医師による特別の項目についての健康診断を行なわなければならない。有害な業務で，政令で定めるものに従事させたことのある労働者で，現に使用しているものについても，同様とする。

③　事業者は，有害な業務で，政令で定めるものに従事する労働者に対し，厚生労働省令で定めるところにより，歯科医師による健康診断を行なわなければならない。

④　都道府県労働局長は，労働者の健康を保持するため必要があると認めるときは，労働衛生指導医の意見に基づき，厚生労働省令で定めるところにより，事業者に対し，臨時の健康診断の実施その他必要な事項を指示することができる。

⑤　労働者は，前各項の規定により事業者が行なう健康診断を受けなければならない。ただし，事業者の指定した医師又は歯科医師が行なう健康診断を受けることを希望しない場合において，他の医師又は歯科医師の行なうこれらの規定による健康診断に相当する健康診断を受け，その結果を証明する書面を事業者に提出したときは，この限りでない。

8.　快適な職場環境の形成のための措置（第71条の2〜第71条の4）

　労働者がその生活時間の多くを過ごす職場について，疲労やストレスを感じることが少ない快適な職場環境を形成する必要がある。安衛法では，事業者が講ずる措置について規定するとともに，国は，快適な職場環境の形成のための指針を公表することとしている。

9.　免許等（第72条〜第77条）

　危険有害業務であり労働災害を防止するために管理を必要とする作業について選任を義務付けられている作業主任者や特殊な業務に就く者に必要とされる資格，技能講習，試験等についての規定がなされている。

10.　事業場の安全又は衛生に関する改善措置等（第78条〜第87条）

　労働災害の防止を図るため，総合的な改善措置を講ずる必要がある事業場について

は，都道府県労働局長が安全衛生改善計画の作成を指示し，その自主的活動によって安全衛生状態の改善を進めることが制度化されている。

　この際，企業外の民間有識者の安全及び労働衛生についての知識を活用し，企業における安全衛生についての診断や指導に対する需要に応ずるため，労働安全・労働衛生コンサルタント制度が設けられている。

　なお，一定期間内に重大な労働災害を自社の複数の事業場で繰り返して発生させた企業に対し，厚生労働大臣が特別安全衛生改善計画の策定を指示することができる制度が設けられている。これは，企業が計画の作成指示や変更指示に従わない場合や計画を実施しない場合には厚生労働大臣が当該事業者に勧告を行い，勧告に従わない場合には企業名を公表する仕組みとなっている。

11.　監督等，雑則及び罰則（第88条〜第123条）

（1）計画の届出

　一定の機械等を設置し，もしくは移転し，またはこれらの主用構造部分を変更しようとする事業者には，当該計画を事前に労働基準監督署長に届け出る義務を課し，事前に法令違反がないかどうかの審査が行われることとなっている。

　建設業に属する仕事のうち，重大な労働災害が生ずるおそれがある，特に大規模な仕事に係わるものについては，その計画の届出を工事開始の日の30日前までに行うこと，その他の一定の仕事については工事開始の日の14日前までに所轄労働基準監督署長に行うこと，およびそれらの工事または仕事のうち一定のものの計画については，その作成時に有資格者を参画させなければならないこととされている。

（計画の届出等）

第88条

①〜②略

③　事業者は，建設業その他政令で定める業種に属する事業の仕事（建設業に属する事業にあつては，前項の厚生労働省令で定める仕事を除く。）で，厚生労働省令で定めるものを開始しようとするときは，その計画を当該仕事の開始の日の14日前までに，厚生労働省令で定めるところにより，労働基準監督署長に届け出なければならない。

④〜⑦略

---

(2) 罰則

　安衛法は，その厳正な運用を担保するため，違反に対する罰則について 12 カ条の規定を置いている（第 115 条の 3，第 115 条の 4，第 115 条の 5，第 116 条，第 117 条，第 118 条，第 119 条，第 120 条，第 121 条，第 122 条，第 122 条の 2，第 123 条）。

　また，同法は，事業者責任主義を採用し，その第 122 条で両罰規定を設けて各本条が定めた措置義務者（事業者）のほかに，法人の代表者，法人又は人の代理人，使用人その他の従事者がその法人又は人の業務に関して，それぞれの違反行為をしたときの従事者が実行行為者として罰されるほか，その法人又は人に対しても，各本条に定める罰金刑を科すこととされている。なお，安衛法第 20 条から第 25 条に規定される事業者の講じた危害防止措置または救護措置等に関し，第 26 条により労働者は遵守義務を負い，これに違反した場合も罰金刑が課せられる。

　石綿障害予防規則などの省令にはそれぞれ根拠となる労働安全衛生法の条文があり，当然のことながら，省令への違反は根拠法の違反となる。この場合，根拠法の条文が罰則対象ならば同様に罰則の対象となる。

第 3 章　石綿障害予防規則

（平成 17 年 2 月 24 日厚生労働省令第 21 号）

（最終改正　令和 4 年 5 月 31 日厚生労働省令第 91 号）

第 1 章　総則

（事業者の責務）

第 1 条　事業者は，石綿による労働者の肺がん，中皮腫その他の健康障害を予防するため，作業方法の確立，関係施設の改善，作業環境の整備，健康管理の徹底その他必要な措置を講じ，もって，労働者の危険の防止の趣旨に反しない限りで，石綿にばく露される労働者の人数並びに労働者がばく露される期間及び程度を最小限度

にするよう努めなければならない。

② 事業者は，石綿を含有する製品の使用状況等を把握し，当該製品を計画的に石綿を含有しない製品に代替するよう努めなければならない。

解　説

　第 1 項の「労働者の危険の防止の趣旨に反しない限り」とは，石綿にばく露される労働者の人数並びにばく露される期間及び程度を最小限度にすることを重視するあまり，例えば取り外した建材を保持する労働者の人数を制限したため，労働者が建材の重量に耐えられず建材を落下させ，負傷する等労働者の安全の確保に支障が生ずることのないように留意すべきことを定めている。

（定義）

第 2 条　この省令において「石綿等」とは，労働安全衛生法施行令（以下「令」という。）第 6 条第 23 号に規定する石綿等をいう。

②　この省令において「所轄労働基準監督署長」とは，事業場の所在地を管轄する労働基準監督署長をいう。

③　この省令において「切断等」とは，切断，破砕，穿孔、研磨等をいう。

④　この省令において「石綿分析用試料等」とは，令第 6 条第 23 号に規定する石綿分析用試料等をいう。

第 2 章　石綿等を取り扱う業務等に係る措置

第 1 節　解体等の業務に係る措置

（事前調査及び分析調査）

第 3 条　事業者は，建築物，工作物又は船舶（鋼製の船舶に限る。以下同じ。）の解体又は改修（封じ込め又は囲い込みを含む。）の作業（以下「解体等の作業」という。）を行うときは，石綿による労働者の健康障害を防止するため，あらかじめ，当該建築物，工作物又は船舶（それぞれ解体等の作業に係る部分に限る。以下「解体等対象建築物等」という。）について，石綿等の使用の有無を調査しなければならない。

②　前項の規定による調査（以下「事前調査」という。）は，解体等対象建築物等の全ての材料について次に掲げる方法により行わなければならない。

1　設計図書等の文書（電磁的記録を含む。以下同じ。）を確認する方法。ただし，

設計図書等の文書が存在しないときは，この限りでない。

2　目視により確認する方法。ただし，解体等対象建築物等の構造上目視により確認することが困難な材料については，この限りでない。

③　前項の規定にかかわらず，解体等対象建築物等が次の各号のいずれかに該当する場合は，事前調査は，それぞれ当該各号に定める方法によることができる。

1　既に前項各号に掲げる方法による調査に相当する調査が行われている解体等対象建築物等　当該解体等対象建築物等に係る当該相当する調査の結果の記録を確認する方法

2　船舶の再資源化解体の適正な実施に関する法律（平成30年法律第61号）第4条第1項の有害物質一覧表確認証書（同条第2項の有効期間が満了する日前のものに限る。）又は同法第8条の有害物質一覧表確認証書に相当する証書（同法附則第5条第2項に規定する相当証書を含む。）の交付を受けている船舶　当該船舶に係る同法第2条第6項の有害物質一覧表を確認する方法

3　建築物若しくは工作物の新築工事若しくは船舶（日本国内で製造されたものに限る。）の製造工事の着工日又は船舶が輸入された日（第5項第4号において「着工日等」という。）が平成18年9月1日以降である解体等対象建築物等（次号から第8号までに該当するものを除く。）　当該着工日等を設計図書等の文書で確認する方法

4　平成18年9月1日以降に新築工事が開始された非鉄金属製造業の用に供する施設の設備（配管を含む。以下この項において同じ。）であって，平成19年10月1日以降にその接合部分にガスケットが設置されたもの　当該新築工事の着工日及び当該ガスケットの設置日を設計図書等の文書で確認する方法

5　平成18年9月1日以降に新築工事が開始された鉄鋼業の用に供する施設の設備であって，平成21年4月1日以降にその接合部分にガスケット又はグランドパッキンが設置されたもの　当該新築工事の着工日及び当該ガスケット又はグランドパッキンの設置日を設計図書等の文書で確認する方法

6　平成18年9月1日以降に製造工事が開始された潜水艦であって，平成21年4月1日以降にガスケット又はグランドパッキンが設置されたもの　当該製造工事の着工日及び当該ガスケット又はグランドパッキンの設置日を設計図書等の文書で確認する方法

7　平成18年9月1日以降に新築工事が開始された化学工業の用に供する施設（次

号において「化学工業施設」という。）の設備であって，平成23年3月1日以降にその接合部分にグランドパッキンが設置されたもの　当該新築工事の着工日及び当該グランドパッキンの設置日を設計図書等の文書で確認する方法

8　平成18年9月1日以降に新築工事が開始された化学工業施設の設備であって，平成24年3月1日以降にその接合部分にガスケットが設置されたもの　当該新築工事の着工日及び当該ガスケットの設置日を設計図書等の文書で確認する方法

④　事業者は，事前調査を行ったにもかかわらず，当該解体等対象建築物等について石綿等の使用の有無が明らかとならなかったときは，石綿等の使用の有無について，分析による調査（以下「分析調査」という。）を行わなければならない。ただし，事業者が，当該解体等対象建築物等について石綿等が使用されているものとみなして労働安全衛生法（以下「法」という。）及びこれに基づく命令に規定する措置を講ずるときは，この限りでない。

⑤　事業者は，事前調査又は分析調査（以下「事前調査等」という。）を行ったときは，当該事前調査等の結果に基づき，次に掲げる事項（第3項第3号から第8号までの場合においては，第1号から第4号までに掲げる事項に限る。）の記録を作成し，これを事前調査を終了した日（分析調査を行った場合にあっては，解体等の作業に係る全ての事前調査を終了した日又は分析調査を終了した日のうちいずれか遅い日）（第3号及び次項第1号において「調査終了日」という。）から3年間保存するものとする。

1　事業者の名称，住所及び電話番号

2　解体等の作業を行う作業場所の住所並びに工事の名称及び概要

3　調査終了日

4　着工日等（第3項第4号から第8号までに規定する方法により事前調査を行った場合にあっては，設計図書等の文書で確認した着工日及び設置日）

5　事前調査を行った建築物，工作物又は船舶の構造

6　事前調査を行った部分（分析調査を行った場合にあっては，分析のための試料を採取した場所を含む。）

7　事前調査の方法（分析調査を行った場合にあっては，分析調査の方法を含む。）

8　第6号の部分における材料ごとの石綿等の使用の有無（前項ただし書〈編注：令和5年10月1日より「第5項ただし書」となる。〉の規定により石綿等が使用されているものとみなした場合は，その旨を含む。）及び石綿等が使用されてい

　　ないと判断した材料にあっては，その判断の根拠
　9　第2項第2号ただし書に規定する材料の有無及び場所
⑥　事業者は，解体等の作業を行う作業場には，次の事項を，作業に従事する労働者が見やすい箇所に掲示するとともに，次条第1項の作業を行う作業場には，前項の規定による記録の写しを備え付けなければならない。
　1　調査終了日
　2　前項第6号及び第8号に規定する事項の概要
⑦　第2項第2号ただし書に規定する材料については，目視により確認することが可能となったときに，事前調査を行わなければならない。

令和5年4月1日より，第3条第6項において一部文言が以下のとおり改正される。
　　第3条第6項中，「作業に従事する労働者が」を削除する。

令和5年10月1日より，第3条第3項第3号は，以下のように改正される。
　3　建築物若しくは工作物の新築工事若しくは船舶（日本国内で製造されたものに限る。）の製造工事の着工日又は船舶が輸入された日（第7項第4号において「着工日等」という。）が平成18年9月1日以降である解体等対象建築物等（次号から第8号までに該当するものを除く。）　当該着工日等を設計図書等の文書で確認する方法
また，第3条第4項以下は，以下のように改正される。
④　事業者は，事前調査のうち，建築物及び船舶に係るものについては，前項各号に規定する場合を除き，適切に当該調査を実施するために必要な知識を有する者として厚生労働大臣が定めるものに行わせなければならない。
⑤　事業者は，事前調査を行ったにもかかわらず，当該解体等対象建築物等について石綿等の使用の有無が明らかとならなかったときは，石綿等の使用の有無について，分析による調査（以下「分析調査」という。）を行わなければならない。ただし，事業者が，当該解体等対象建築物等について石綿等が使用されているものとみなして労働安全衛生法（以下「法」という。）及びこれに基づく命令に規定する措置を講ずるときは，この限りでない。
⑥　事業者は，分析調査については，適切に分析調査を実施するために必要な知識及び技能を有する者として厚生労働大臣が定めるものに行わせなければならない。
⑦　事業者は，事前調査又は分析調査（以下「事前調査等」という。）を行ったときは，当該事前調査等の結果に基づき，次に掲げる事項（第3項第3号から第8号までの場合においては，第1号から第4号までに掲げる事項に限る。）の記録を作成し，これを事前調査を終了した日（分析調査を行った場合にあっては，解体等の作業に係る全ての事前調査を終了した日又は分析調査を終了した日のうちいずれか遅い日）（第3号及び次項第1号において「調査終了日」という。）から3年間保存するものとする。
　1　事業者の名称，住所及び電話番号
　2　解体等の作業を行う作業場所の住所並びに工事の名称及び概要
　3　調査終了日
　4　着工日等（第3項第4号から第8号までに規定する方法により事前調査を行った場合にあっては，設計図書等の文書で確認した着工日及び設置日）
　5　事前調査を行った建築物，工作物又は船舶の構造
　6　事前調査を行った部分（分析調査を行った場合にあっては，分析のための試料を採取した場所を含む。）
　7　事前調査の方法（分析調査を行った場合にあっては，分析調査の方法を含む。）
　8　第6号の部分における材料ごとの石綿等の使用の有無（第5項ただし書の規定により石綿等が使用されているものとみなした場合は，その旨を含む。）及び石綿等が使用されていないと判断した材料にあっては，その判断の根拠

9　事前調査のうち，建築物及び船舶に係るもの（第3項第3号に掲げる方法によるものを除く。）を行った者（分析調査を行った場合にあっては，当該分析調査を行った者を含む。）の氏名及び第4項の厚生労働大臣が定める者であることを証明する書類（分析調査を行った場合にあっては，前項の厚生労働大臣が定める者であることを証明する書類を含む。）の写し

10　第2項第2号ただし書に規定する材料の有無及び場所

⑧　事業者は，解体等の作業を行う作業場には，次の事項を，見やすい箇所に掲示するとともに，次条第1項の作業を行う作業場には，前項の規定による記録の写しを備え付けなければならない。

1　調査終了日

2　前項第6号及び第8号に規定する事項の概要

⑨　第2項第2号ただし書に規定する材料については，目視により確認することが可能となったときに，事前調査を行わなければならない。

解　説

①　第1項の「建築物」とは，全ての建築物をいい，建築物に設けるガス若しくは電気の供給，給水，排水，換気，暖房，冷房，排煙又は汚水処理の設備等の建築設備を含むものであること。「工作物」とは，「建築物」以外のものであって，土地，建築物又は工作物に設置されているもの又は設置されていたものの全てをいい，例えば，煙突，サイロ，鉄骨架構，上下水道管等の地下埋設物，化学プラント等，建築物内に設置されたボイラー，非常用発電設備，エレベーター，エスカレーター等又は製造若しくは発電等に関連する反応槽，貯蔵設備，発電設備，焼却設備等及びこれらの間を接続する配管等の設備等があること。なお，建築物内に設置されたエレベーターについては，かご等は工作物であるが，昇降路の壁面は建築物であることに留意すること。

②　以下に掲げる作業は，石綿等の粉じんが発散しないことが明らかであることから，石綿による健康障害を防止するという石綿障害予防規則の制定目的も踏まえて，建築物，工作物又は船舶の解体等の作業には該当せず，事前調査を行う必要はないものであること。

㋐　除去等を行う材料が，木材，金属，石，ガラス等のみで構成されているもの，畳，電球等の石綿等が含まれていないことが明らかなものであって，手作業や電動ドライバー等の電動工具により容易に取り外すことが可能又はボルト，ナット等の固定具を取り外すことで除去又は取

り外しが可能である等，当該材料の除去等を行う時に周囲の材料を損傷させるおそれのない作業。

㋑　釘を打って固定する，又は刺さっている釘を抜く等，材料に，石綿が飛散する可能性がほとんどないと考えられる極めて軽微な損傷しか及ぼさない作業。なお，電動工具等を用いて，石綿等が使用されている可能性がある壁面等に穴を開ける作業は，これには該当せず，事前調査を行う必要があること。

㋒　既存の塗装の上に新たに塗装を塗る作業等，現存する材料等の除去は行わず，新たな材料を追加するのみの作業。

㋓　国土交通省による用途や仕様の確認，調査結果から石綿が使用されていないことが確認されたaからkまでの工作物，経済産業省による用途や仕様の確認，調査結果から石綿が使用されていないことが確認されたl及びmの工作物，農林水産省による用途や仕様の確認，調査結果から石綿が使用されていないことが確認されたf及びnの工作物並びに防衛装備庁による用途や仕様の確認，調査結果から石綿が使用されていないことが確認されたoの船舶の解体・改修の作業。

a　港湾法（昭和25年法律第218号）第2条第5項第2号に規定する外郭施設及び同項第3号に規定する係留施設

b　河川法（昭和39年法律第67号）第3条第2項に規定する河川管理施設

c　砂防法（明治30年法律第29号）

第 1 条に規定する砂防設備

d　地すべり等防止法（昭和 33 年法律第 30 号）第 2 条第 3 項に規定する地すべり防止施設及び同法第 4 条第 1 項に規定するぼた山崩壊防止区域内において都道府県知事が施工するぼた山崩壊防止工事により整備されたぼた山崩壊防止のための施設

e　急傾斜地の崩壊による災害の防止に関する法律（昭和 44 年法律第 57 号）第 2 条第 2 項に規定する急傾斜地崩壊防止施設

f　海岸法（昭和 31 年法律第 101 号）第 2 条第 1 項に規定する海岸保全施設

g　鉄道事業法施行規則（昭和 62 年運輸省令第 6 号）第 9 条に規定する鉄道線路（転てつ器及び遮音壁を除く）

h　軌道法施行規則（大正 12 年内務省令運輸省令）第 9 条に規定する土工（遮音壁を除く），土留壁（遮音壁を除く），土留擁壁（遮音壁を除く），橋梁（遮音壁を除く），隧道，軌道（転てつ器を除く）及び踏切（保安設備を除く）

i　道路法（昭和 27 年法律第 180 号）第 2 条第 1 項に規定する道路のうち道路土工，舗装，橋梁（塗装部分を除く。），トンネル（内装化粧板を除く。），交通安全施設及び駐車場（①の工作物のうち建築物に設置されているもの，特定工作物告示に掲げる工作物を除く。）

j　航空法施行規則（昭和 27 年運輸省令第 56 号）第 79 条に規定する滑走路，誘導路及びエプロン

k　雪崩対策事業により整備された雪崩防止施設

l　ガス事業法（昭和 29 年法律第 51 号）第 2 条第 13 項に規定するガス工作物の導管のうち地下に埋設されている部分

m　液化石油ガスの保安の確保及び取引の適正化に関する法律施行規則（平成 9 年通商産業省令第 11 号）第 3 条に規定する供給管のうち地下に埋設されている部分

n　漁港漁場整備法（昭和 25 年法律第 137 号）第 3 条に規定する漁港施設のうち基本施設（外郭施設，係留施設及び水域施設）

o　自衛隊の使用する船舶（防熱材接着剤，諸管フランジガスケット，電線貫通部充塡・シール材及びパッキンを除く）

③　第 2 項の「設計図書等の文書を確認する方法」には，調査対象材料に直接印字されている製品番号を確認する方法も含まれること。

④　解体等対象建築物等の構造上目視による確認することが困難な調査対象材料については，解体等の作業を進める過程で，目視により確認することが可能となったときに，改めて事前調査を行わなければならないこと。

⑤　事前調査において，調査対象材料に石綿等が使用されていないと判断する方法は，次の㋐又は㋑のいずれかの方法によること。なお，設計図書にノンアスベスト材料等，石綿等が使用されていない建材であることの記載がある場合であっても，労働安全衛生法令の適用対象となる石綿等の含有率は数次にわたり変更されているため，材料の製造当時は法令適用対象外として石綿等の使用がないと判断されていたとしても，現行の法令では適用対象となる場合もあることから，設計図書の記載のみをもって石綿等が使用されていないと判断することはできないこと。

㋐　調査対象材料について，製品を特定し，その製品のメーカーによる石綿等の使用の有無に関する証明や成分情報等と照合する方法。

㋑　調査対象材料について，製品を特定し，その製造年月日が平成 18 年 9 月 1 日以降（第 3 条第 3 項第 4 号から第 8 号までに掲げるガスケット又はグランドパッキンにあっては，それぞれ当該各号に掲げる日以降）であることを確認する方法

（作業計画）

第4条　事業者は，石綿等が使用されている解体等対象建築物等（前条第4項ただし書の規定により石綿等が使用されているものとみなされるものを含む。）の解体等の作業（以下「石綿使用建築物等解体等作業」という。）を行うときは，石綿による労働者の健康障害を防止するため，あらかじめ，作業計画を定め，かつ，当該作業計画により石綿使用建築物等解体等作業を行わなければならない。

②　前項の作業計画は，次の事項が示されているものでなければならない。

1　石綿使用建築物等解体等作業の方法及び順序

2　石綿等の粉じんの発散を防止し，又は抑制する方法

3　石綿使用建築物等解体等作業を行う労働者への石綿等の粉じんのばく露を防止する方法

③　事業者は，第1項の作業計画を定めたときは，前項各号の事項について関係労働者に周知させなければならない。

令和5年10月1日より，第4条第1項は，以下のように改正される。
第4条　事業者は，石綿等が使用されている解体等対象建築物等（前条第5項ただし書の規定により石綿等が使用されているものとみなされるものを含む。）の解体等の作業（以下「石綿使用建築物等解体等作業」という。）を行うときは，石綿による労働者の健康障害を防止するため，あらかじめ，作業計画を定め，かつ，当該作業計画により石綿使用建築物等解体等作業を行わなければならない。

― **解　説** ―

　事業者が解体等の作業に係る作業手順，注意事項等を記載した計画書を作成している場合において，第2項各号に掲げる事項を含むときは，別途本条に基づく作業計画を定める必要はない。また，当該計画には，周辺環境への対応，解体廃棄物の適切な処理についても含めることが望ましい。なお，施工中に事前調査では把握していなかった石綿を含有する建材等が発見された場合には，その都度作業計画の見直しを行う。

（事前調査の結果等の報告）

第4条の2　事業者は，次のいずれかの工事を行おうとするときは，あらかじめ，電子情報処理組織（厚生労働省の使用に係る電子計算機と，この項の規定による報告を行う者の使用に係る電子計算機とを電気通信回線で接続した電子情報処理組織をいう。）を使用して，次項に掲げる事項を所轄労働基準監督署長に報告しなければならない。

1　建築物の解体工事（当該工事に係る部分の床面積の合計が80平方メートル以上

であるものに限る。)

2　建築物の改修工事（当該工事の請負代金の額が100万円以上であるものに限る。)

3　工作物（石綿等が使用されているおそれが高いものとして厚生労働大臣が定めるものに限る。）の解体工事又は改修工事（当該工事の請負代金の額が100万円以上であるものに限る。)

4　船舶（総トン数20トン以上の船舶に限る。）の解体工事又は改修工事

②　前項の規定により報告しなければならない事項は，次に掲げるもの（第3条第3項第3号から第8号までの場合においては，第1号から第4号までに掲げるものに限る。）とする。

1　第3条第5項第1号から第4号までに掲げる事項及び労働保険番号

2　解体工事又は改修工事の実施期間

3　前項第1号に掲げる工事にあっては，当該工事の対象となる建築物（当該工事に係る部分に限る。）の床面積の合計

4　前項第2号又は第3号に掲げる作業にあっては，当該工事に係る請負代金の額

5　第3条第5項第5号及び第8号に掲げる事項の概要

6　前条第1項に規定する作業を行う場合にあっては，当該作業に係る石綿作業主任者の氏名

7　材料ごとの切断等の作業（石綿を含有する材料に係る作業に限る。）の有無並びに当該作業における石綿等の粉じんの発散を防止し，又は抑制する方法及び当該作業を行う労働者への石綿等の粉じんのばく露を防止する方法

③　第1項の規定による報告は，様式第1号による報告書を所轄労働基準監督署長に提出することをもって代えることができる。

④　第1項各号に掲げる工事を同一の事業者が二以上の契約に分割して請け負う場合においては，これを一の契約で請け負ったものとみなして，同項の規定を適用する。

⑤　第1項各号に掲げる工事の一部を請負人に請け負わせている事業者（当該仕事の一部を請け負わせる契約が二以上あるため，その者が二以上あることとなるときは，当該請負契約のうちの最も先次の請負契約における注文者とする。）があるときは，当該仕事の作業の全部について，当該事業者が同項の規定による報告を行わなければならない。

令和5年10月1日より，第4条の2第2項第1号は，以下のように改正される。
1　第3条第7項第1号から第4号までに掲げる事項及び労働保険番号

> また，同項第5号は，以下のように改正される。
> 　5　第3条第7項第5号，第8号及び第9号に掲げる事項の概要

（作業の届出）

第5条　事業者は，次に掲げる作業を行うときは，あらかじめ，様式第1号の2による届書に当該作業に係る解体等対象建築物等の概要を示す図面を添えて，所轄労働基準監督署長に提出しなければならない。

　1　解体等対象建築物等に吹き付けられている石綿等（石綿等が使用されている仕上げ用塗り材（第6条の3において「石綿含有仕上げ塗材」という。）を除く。）の除去，封じ込め又は囲い込みの作業

　2　解体等対象建築物等に張り付けられている石綿等が使用されている保温材，耐火被覆材（耐火性能を有する被覆材をいう。）等（以下「石綿含有保温材等」という。）の除去，封じ込め又は囲い込みの作業（石綿等の粉じんを著しく発散するおそれがあるものに限る。）

②　前項の規定は，法第88条第3項の規定による届出をする場合にあっては，適用しない。

解　説

①　第1項第2号の「保温材，耐火被覆材等」の「等」には，断熱材が含まれる。

②　同号の「石綿等の粉じんを著しく発散させるおそれのあるもの」とは，以下に掲げる保温材，耐火被覆材等が張り付けられた建築物又は工作物の解体等の作業をいう。

・「石綿等が使用されている保温材」とは，石綿保温材並びに石綿を含有するけい酸カルシウム保温材，けいそう土保温材，バーミキュライト保温材，パーライト保温材及び配管等の仕上げの最終段階で使用する石綿含有塗り材をいう。

・「石綿等が使用されている耐火被覆材」とは，石綿を含有する耐火被覆板

及びけい酸カルシウム板第二種をいう。

・石綿等が使用されている断熱材とは，屋根用折版石綿断熱材及び煙突石綿断熱材をいう。

③　令和2年厚生労働省令第134号により改正された第3条の規定により，これまで本条に基づき届出の対象となっていた作業については，法第88条第3項の規定に基づく計画届の対象に変更となるため，改正省令の施行後は作業の届出は不要となるが，計画届は届出を行うべき業種が建設業及び土石採取業に限定されており，これら以外の業種に属する事業者が対象作業を行う場合には，作業の届出を行う必要がある。

（吹き付けられた石綿等及び石綿含有保温材等の除去等に係る措置）

第6条　事業者は，次の作業に労働者を従事させるときは，適切な石綿等の除去等に係る措置を講じなければならない。ただし，当該措置と同等以上の効果を有する

措置を講じたときは，この限りでない。

1　前条第 1 項第 1 号に掲げる作業（囲い込みの作業にあっては、石綿等の切断等の作業を伴うものに限る。）

2　前条第 1 項第 2 号に掲げる作業（石綿含有保温材等の切断等の作業を伴うものに限る。）

② 前項本文の適切な石綿等の除去等に係る措置は，次に掲げるものとする。

1　前項各号に掲げる作業を行う作業場所（以下この項において「石綿等の除去等を行う作業場所」という。）を，それ以外の作業を行う作業場所から隔離すること。

2　石綿等の除去等を行う作業場所にろ過集じん方式の集じん・排気装置を設け，排気を行うこと。

3　石綿等の除去等を行う作業場所の出入口に前室，洗身室及び更衣室を設置すること。これらの室の設置に当たっては，石綿等の除去等を行う作業場所から労働者が退出するときに，前室，洗身室及び更衣室をこれらの順に通過するように互いに連接させること。

4　石綿等の除去等を行う作業場所及び前号の前室を負圧に保つこと。

5　第 1 号の規定により隔離を行った作業場所において初めて前項各号に掲げる作業を行う場合には，当該作業を開始した後速やかに，第 2 号のろ過集じん方式の集じん・排気装置の排気口からの石綿等の粉じんの漏えいの有無を点検すること。

6　第 2 号のろ過集じん方式の集じん・排気装置の設置場所を変更したときその他当該集じん・排気装置に変更を加えたときは，当該集じん・排気装置の排気口からの石綿等の粉じんの漏えいの有無を点検すること。

7　その日の作業を開始する前及び作業を中断したときは，第 3 号の前室が負圧に保たれていることを点検すること。

8　前三号の点検を行った場合において，異常を認めたときは，直ちに前項各号に掲げる作業を中止し，ろ過集じん方式の集じん・排気装置の補修又は増設その他の必要な措置を講ずること。

③ 事業者は，前項第 1 号の規定により隔離を行ったときは，隔離を行った作業場所内の石綿等の粉じんを処理するとともに，第 1 項第 1 号に掲げる作業（石綿等の除去の作業に限る。）又は同項第 2 号に掲げる作業（石綿含有保温材等の除去の作業に限る。）を行った場合にあっては，吹き付けられた石綿等又は張り付けられた石綿含有保温材等を除去した部分を湿潤化するとともに，石綿等に関する知識を有する

者が当該石綿等又は石綿含有保温材等の除去が完了したことを確認した後でなければ，隔離を解いてはならない。

解　説

① 第1項ただし書の同等以上の効果を有する措置には，次に掲げる措置を全て満たしたグローブバッグ工法が含まれる。

・グローブバッグにより，吹き付けられた石綿等又は石綿含有保温材等の除去作業を行おうとする箇所を覆い，密閉すること。

・除去作業を開始する前に，スモークテスト又はそれと同等の方法で密閉の状況を点検し，漏れがあった場合はふさぐこと。

・吹き付けられた石綿等又は石綿含有保温材等を除去する前に，これらの材料を湿潤な状態のものとすること。

・除去作業が終了した後，密閉を解く前に，吹き付けられた石綿等又は石綿含有保温材等を除去した部分を湿潤化すること。

・除去作業が終了した後，グローブバッグを取り外すときは，あらかじめ内部の空気を HEPA フィルタを通して抜くこと。

・グローブバッグから工具等を持ち出すときは，あらかじめ付着した物を除去し，又は梱包すること。

② 第1項第2号の作業には，保温材，耐火被覆材等が張り付けられた建材等を当該保温材，耐火被覆材等が使用されていない部分の切断等により除去する作業は含まれず，当該作業には第7条の規定が適用される。

③ 第1項第2号の石綿等の切断等の作業を伴う囲い込みの作業として，例えば，石綿が吹き付けられた天井に穴を開け，覆いを固定するためのボルトを取り付ける等の作業がある。

④ 第2項第4号の「前号の前室を負圧に保つ」とは，石綿等の除去等を行う作業場所に設置したろ過集じん方式集じん・排気装置が適正に作動し，作業場所及び前室の空気を排出することで負圧を保つことをいい，前室にろ過集じん方式集じん・排気装置を設置することを求めるものではないとされている。

⑤ 石綿等の粉じんの漏洩の有無の点検は，集じん・排気装置の排気口で，粉じん相対濃度計（いわゆるデジタル粉じん計をいう。），繊維状粒子自動測定機（いわゆるリアルタイムモニターをいう。）又はこれらと同様に空気中の粉じん濃度を迅速に計測できるものを使用すること。

⑥ 第2項第7号の「その日の作業を開始する前」とは，1日の石綿等の除去等の作業のうち最初に行うものの前の時点をいう。なお，昼休み等で一旦作業を中止し，集じん・排気装置を停止させた場合や，作業が複数日にわたって行われる場合で最終日を除く日の作業が終了したときも，作業を中断したときに該当する。なお，点検のタイミングは，作業を中断して作業者の前室からの退出が完了した時点で行う必要がある。

⑦ 負圧の点検は，集じん・排気装置を稼働させた状態で，前室への出入口で，スモークテスター若しくは微差圧計（いわゆるマノメーターをいう。）又はこれに類する方法により行う。

⑧ 第3項の石綿等に関する知識を有する者とは，第3条第4項に規定する厚生労働大臣が定める者（建築物に係る除去作業に限る。）又は当該除去作業に係る石綿作業主任者とされている。

⑨ 除去が完了したことの確認は，分析ではなく目視によることとされている。

（石綿含有成形品の除去に係る措置）

第6条の2　事業者は，成形された材料であって石綿等が使用されているもの（石綿

含有保温材等を除く。次項において「石綿含有成形品」という。）を建築物，工作物又は船舶から除去する作業においては，切断等以外の方法により当該作業を実施しなければならない。ただし，切断等以外の方法により当該作業を実施することが技術上困難なときは，この限りでない。

② 事業者は，前項ただし書の場合において，石綿含有成形品のうち特に石綿等の粉じんが発散しやすいものとして厚生労働大臣が定めるものを切断等の方法により除去する作業を行うときは，次に掲げる措置を講じなければならない。ただし，当該措置と同等以上の効果を有する措置を講じたときは，この限りでない。

1　当該作業を行う作業場所を，当該作業以外の作業を行う作業場所からビニルシート等で隔離すること。

2　当該作業中は，当該石綿含有成形品を常時湿潤な状態に保つこと。

令和5年4月1日より，第6条の2は以下のとおり改正される。
　第1項中，「次項」を「第3項」に改める。
また，第2項以下が次のとおり改正される。
② 事業者は，前項の作業の一部を請負人に請け負わせるときは，当該請負人に対し，切断等以外の方法により当該作業を実施する必要がある旨を周知させなければならない。ただし，同項ただし書の場合は，この限りでない。
③ 事業者は，第1項ただし書の場合において，石綿含有成形品のうち特に石綿等の粉じんが発散しやすいものとして厚生労働大臣が定めるものを切断等の方法により除去する作業を行うときは，次に掲げる措置を講じなければならない。ただし，当該措置（第1号及び第2号に掲げる措置に限る。）と同等以上の効果を有する措置を講じたときは，第1号及び第2号の措置については，この限りでない。
1　当該作業を行う作業場所を，当該作業以外の作業を行う作業場所からビニルシート等で隔離すること。
2　当該作業中は，当該石綿含有成形品を常時湿潤な状態に保つこと。
3　当該作業の一部を請負人に請け負わせるときは，当該請負人に対し，前二号に掲げる措置を講ずる必要がある旨を周知させること。

解　説

① 「石綿含有成形品」とは，成形された材料で石綿が使用されているものをいい，石綿含有保温材等は含まない。

② 第1項の「切断等以外の方法」とは，ボルトや釘等を撤去し，手作業で取り外すこと等をいう。

③ 第1項の「切断等以外の方法により石綿含有成形品の除去作業を実施することが技術上困難なとき」には，当該材料が下地材等と接着材で固定されており，切断等を行わずに除去することが困難な場合や，当該材料が大きく切断等を行わずに手作業で取り外すことが困難な場合等が含まれる。

④ 第2項第1号の「隔離」は，負圧に保つことを求めるものではないとされている。

⑤ 第2項第2号の「常時湿潤な状態に保つ」とは，切断面等への散水等の措置を講じながら作業を行うことにより，湿潤な状態を保つことをいう。

（石綿含有仕上げ塗材の電動工具による除去に係る措置）

第6条の3　前条第2項の規定は，事業者が建築物，工作物又は船舶の壁，柱，天井等に用いられた石綿含有仕上げ塗材を電動工具を使用して除去する作業に労働者を従事させる場合について準用する。

令和5年4月1日より，第6条の3は以下のとおり改正される。
　（石綿含有仕上げ塗材の電動工具による除去による措置）
第6条の3　前条第3項の規定は，事業者が建築物，工作物又は船舶の壁，柱，天井等に用いられた石綿含有仕上げ塗材を電動工具を使用して除去する作業に労働者を従事させる場合及び当該作業の一部を請負人に請け負わせる場合について準用する。

─── **解　説** ───

①　「石綿含有仕上げ塗材」とは，セメント，合成樹脂等の結合材，顔料，骨材等を主原料とし，主として建築物の内外の壁又は天井を，吹付け，ローラー塗り，こて塗り等によって立体的な造形性を持つ模様に仕上げる材料としてJIS A 6909に定められている建築用仕上塗材のうち，石綿等が使用されているものをいう。

②　「電動工具を使用して除去する作業」とは，ディスクグラインダー又はディスクサンダーを用いて除去する作業をいい，高圧水洗工法，超音波ケレン工法等により除去する作業は含まれないとされている。

③　「常時湿潤な状態に保つ」措置の方法としては，剥離剤を使用する方法も含まれる。

（石綿等の切断等の作業を伴わない作業に係る措置）

第7条　事業者は，次に掲げる作業に労働者を従事させるときは，当該作業場所に当該作業に従事する労働者以外の者（第14条に規定する措置が講じられた者を除く。）が立ち入ることを禁止し，かつ，その旨を見やすい箇所に表示しなければならない。

1　第5条第1項第1号に掲げる作業（石綿等の切断等の作業を伴うものを除き，囲い込みの作業に限る。）

2　第5条第1項第2号に掲げる作業（石綿含有保温材等の切断等の作業を伴うものを除き，除去又は囲い込みの作業に限る。）

②　特定元方事業者（法第15条第1項の特定元方事業者をいう。）は，その労働者及び関係請負人（法第15条第1項の関係請負人をいう。以下この項において同じ。）の労働者の作業が，前項各号に掲げる作業と同一の場所で行われるときは，当該作業の開始前までに，関係請負人に当該作業の実施について通知するとともに，作業の時間帯の調整等必要な措置を講じなければならない。

```
──── 解　説 ────
① 立入禁止の対象となる作業場所は，石      ② 保護具等を使用した者は立入禁止の対
  綿等の粉じんが発散するおそれのある区        象とされていないが，みだりに当該作業
  域をいい，壁，天井等により区画される        場所で他の作業を行うべきではない。
  区域をいうものではない。
```

（発注者の責務等）

第8条　解体等の作業を行う仕事の発注者（注文者のうち，その仕事を他の者から請け負わないで注文している者をいう。次項及び第35条の2第2項において同じ。）は，当該仕事の請負人に対し，当該仕事に係る解体等対象建築物等における石綿等の使用状況等を通知するよう努めなければならない。

②　解体等の作業を行う仕事の発注者は，当該仕事の請負人による事前調査等及び第35条の2第1項の規定による記録の作成が適切に行われるように配慮しなければならない。

（建築物の解体等の作業等の条件）

第9条　解体等の作業を行う仕事の注文者は，事前調査等，当該事前調査等の結果を踏まえた当該作業等の方法，費用又は工期等について，法及びこれに基づく命令の規定の遵守を妨げるおそれのある条件を付さないように配慮しなければならない。

第2節　労働者が石綿等の粉じんにばく露するおそれがある建築物等における業務に係る措置

第10条　事業者は，その労働者を就業させる建築物若しくは船舶又は当該建築物若しくは船舶に設置された工作物（次項及び第4項に規定するものを除く。）に吹き付けられた石綿等又は張り付けられた石綿含有保温材等が損傷，劣化等により石綿等の粉じんを発散させ，及び労働者がその粉じんにばく露するおそれがあるときは，当該吹き付けられた石綿等又は石綿含有保温材等の除去，封じ込め，囲い込み等の措置を講じなければならない。

②　事業者は，その労働者を臨時に就業させる建築物若しくは船舶又は当該建築物若しくは船舶に設置された工作物（第4項に規定するものを除く。）に吹き付けられた石綿等又は張り付けられた石綿含有保温材等が損傷，劣化等により石綿等の粉じんを発散させ，及び労働者がその粉じんにばく露するおそれがあるときは，労働者に呼吸用保護具及び作業衣又は保護衣を使用させなければならない。

③　労働者は，事業者から前項の保護具等の使用を命じられたときは，これを使用しなければならない。

④　法第34条の建築物貸与者は，当該建築物の貸与を受けた2以上の事業者が共用する廊下の壁等に吹き付けられた石綿等又は張り付けられた石綿含有保温材等が損傷，劣化等により石綿等の粉じんを発散させ，及び労働者がその粉じんにばく露するおそれがあるときは，第1項に規定する措置を講じなければならない。

令和5年4月1日より，第10条は以下のとおり改正される。
　　第1項中，「第4項」を「第5項」に改める。
　　第2項中，「第4項」を「第5項」に改める。
　また，第3項以下が次のとおり改正される。
③　事業者は，前項のおそれがある場所における作業の一部を請負人に請け負わせる場合であって，当該請負人が当該場所で臨時に就業するときは，当該請負人に対し，呼吸用保護具及び作業衣又は保護衣を使用する必要がある旨を周知させなければならない。
④　労働者は，事業者から第2項の保護具等の使用を命じられたときは，これを使用しなければならない。
⑤　法第34条の建築物貸与者は，当該建築物の貸与を受けた2以上の事業者が共用する廊下の壁等に吹き付けられた石綿等又は張り付けられた石綿含有保温材等が損傷，劣化等により石綿等の粉じんを発散させ，及び労働者がその粉じんにばく露するおそれがあるときは，第1項に規定する措置を講じなければならない。

解　説

①　「吹き付けられた石綿等」には，天井裏等通常労働者が立ち入らない場所に吹き付けられた石綿等で，建材等で隔離されているものは含まないとされている。
②　石綿等が吹き付けられている又は張り付けられた石綿含有保温材等を使用したことが明らかとなった場合には，吹き付けられた石綿等又は張り付けられた石綿含有保温材等の損傷，劣化等により石綿等の粉じんにばく露するおそれがある旨を労働者に対し情報提供することが望ま

しい。
③　第2項の「作業衣」は，粉じんが付着しにくいものとする。
④　損傷等によりその粉じんを発散させている石綿含有保温材等の囲い込みの作業は，石綿等の切断，穿孔，研磨等を伴わない場合であっても，石綿等の粉じんに労働者がばく露するおそれがあることから，石綿等を取り扱う作業に該当するものとして石綿則の規定の適用をうける。

第3節　石綿等を取り扱う業務に係るその他の措置

第11条　削除

（作業に係る設備等）

第12条　事業者は，石綿等の粉じんが発散する屋内作業場については，当該粉じんの発散源を密閉する設備，局所排気装置又はプッシュプル型換気装置を設けなければならない。ただし，当該粉じんの発散源を密閉する設備，局所排気装置若しくは

プッシュプル型換気装置の設置が著しく困難なとき，又は臨時の作業を行うときは，この限りでない。

② 事業者は，前項ただし書の規定により石綿等の粉じんの発散源を密閉する設備，局所排気装置又はプッシュプル型換気装置を設けない場合には，全体換気装置を設け，又は当該石綿等を湿潤な状態にする等労働者の健康障害を予防するため必要な措置を講じなければならない。

解　説

　本規則において，「屋内作業場」には，作業場の建家の側面の半分以上にわたって壁，羽目板，その他のしゃ蔽物が設けられ

ておらず，かつ粉じんがその内部に滞留するおそれがない作業場は含まれないとされている。

（石綿等の切断等の作業等に係る措置）

第13条　事業者は，次の各号のいずれかに掲げる作業に労働者を従事させるときは，石綿等を湿潤な状態のものとしなければならない。ただし，石綿等を湿潤な状態のものとすることが著しく困難なときは，除じん性能を有する電動工具の使用その他の石綿等の粉じんの発散を防止する措置を講ずるように努めなければならない。

1　石綿等の切断等の作業（第6条の2第2項に規定する作業を除く。）

2　石綿等を塗布し，注入し，又は張り付けた物の解体等の作業（石綿使用建築物等解体等作業を含み，第6条の3に規定する作業を除く。）

3　粉状の石綿等を容器に入れ，又は容器から取り出す作業

4　粉状の石綿等を混合する作業

5　前各号に掲げる作業，第6条の2第2項に規定する作業又は第6条の3に規定する作業（以下「石綿等の切断等の作業等」という。）において発散した石綿等の粉じんの掃除の作業

② 事業者は，石綿等の切断等の作業等を行う場所に，石綿等の切りくず等を入れるためのふたのある容器を備えなければならない。

令和5年4月1日より，第13条は以下のとおり改正される。
　第1項第1号中，「第6条の2第2項」を「第6条の2第3項」に改める。
　同項第5号中，「第6条の2第2項」を「第6条の2第3項」に改める。
また，同条に第3項が新たに次のとおり追加される。
③ 事業者は，第1項各号のいずれかに掲げる作業の一部を請負人に請け負わせるときは，当該請負人に対し，石綿等を湿潤な状態のものとする必要がある旨を周知させなければならない。ただし，同項ただし書の場合は，除じん性能を有する電動工具の使用その他の石綿等の粉じんの発散を防止する措置を講ずるように努めなければならない旨を周知させなければならない。

┌─────────────── 解　説 ───────────────┐
│ ① 第1項の「湿潤な状態のものとするこ　　② 第1項第3号及び第4号の「粉状の
│ と」には，散水による方法，封じ込めの　　石綿等」には，繊維状の石綿等が含まれ，
│ 作業において固化剤を吹き付ける方法の　　樹脂等で塊状，布状等に加工され発じん
│ ほか，除去の作業において剥離剤を使用　　のおそれのないものは含まれないとされ
│ する方法も含まれる。　　　　　　　　　　ている。
└──────────────────────────────────────┘

第14条　事業者は，石綿等の切断等の作業等に労働者を従事させるときは，当該労働者に呼吸用保護具（第6条第2項第1号の規定により隔離を行った作業場所における同条第1項第1号に掲げる作業（除去の作業に限る。第35条の2第2項において「吹付石綿等除去作業」という。）に労働者を従事させるときは，電動ファン付き呼吸用保護具又はこれと同等以上の性能を有する空気呼吸器，酸素呼吸器若しくは送気マスク（同項において「電動ファン付き呼吸用保護具等」という。）に限る。）を使用させなければならない。

②　事業者は，石綿等の切断等の作業等に労働者を従事させるときは，当該労働者に作業衣を使用させなければならない。ただし，当該労働者に保護衣を使用させるときは，この限りでない。

③　労働者は，事業者から前二項の保護具等の使用を命じられたときは，これを使用しなければならない。

┌───┐
│ 令和5年4月1日より，第14条は以下のとおり改正される。
│ 　第1項中，「第35条の2第2項」を「次項及び第35条の2第2項」に，「同項」を「次項及び第
│ 35条の2第2項」にそれぞれ改める。
│ また，第2項以下が次のとおり改正される。
│ ②　事業者は，石綿等の切断等の作業等の一部を請負人に請け負わせるときは，当該請負人に対
│ 　し，呼吸用保護具（吹付石綿等除去作業の一部を請負人に請け負わせるときは，電動ファン付
│ 　き呼吸用保護具等に限る。）を使用する必要がある旨を周知させなければならない。
│ ③　事業者は，石綿等の切断等の作業等に労働者を従事させるときは，当該労働者に作業衣を使
│ 　用させなければならない。ただし，当該労働者に保護衣を使用させるときは，この限りでない。
│ ④　事業者は，石綿等の切断等の作業等の一部を請負人に請け負わせるときは，当該請負人に対
│ 　し，作業衣又は保護衣を使用する必要がある旨を周知させなければならない。
│ ⑤　労働者は，事業者から第1項及び第3項の保護具等の使用を命じられたときは，これを使用
│ 　しなければならない。
└───┘

┌─────────────── 解　説 ───────────────┐
│ ① 第1項の「電動ファン付き呼吸用保護　　0.1％以下（規格で定める漏れ率に係る
│ 具」とは，「電動ファン付き呼吸用保護　　性能区分がS級）であり，かつ，ろ過材
│ 具の規格」（平成26年厚生労働省告示第　　の粒子捕集効率が99.97％以上（規格で
│ 455号。以下「規格」という。）に適合す　　定めるろ過材の性能区分がPS3又は
│ るもののうち，規格で定める電動ファン　　PL3）であるものをいう。
│ の性能区分が大風量形であり，漏れ率が　　② 第1項の空気呼吸器とは日本産業規

格 T8155 に定める規格に適合する空気呼吸器又はこれと同等以上の性能を有する空気呼吸器をいい，酸素呼吸器とは日本産業規格 M7601 若しくは日本産業規格 T8156 に定める規格に適合する酸素呼吸器又はこれらと同等以上の性能を有する酸素呼吸器，送気マスクとは日本産業規格 T8153 に定める規格に適合する送気マスク又はこれと同等以上の性能を有する送気マスクをいい，これらのうち，電動ファン付き呼吸用保護具と同等以上の性能を有するものとして，例え

ば，プレッシャデマンド形や一定流量形のエアラインマスク等がある。

③　第 1 項の「同条第 1 項第 1 号に掲げる作業」とは，吹き付けられた石綿等を除去する作業に伴う一連の作業をいい，例えば，隔離された作業場所における，除去した石綿等を袋等に入れる作業，現場監督に係る作業等についても含まれる。なお，これらの作業を行うため事前に行う作業（足場の設置の作業等）等については含まないとされている。

（立入禁止措置）

第 15 条　事業者は，石綿等を取り扱い（試験研究のため使用する場合を含む。以下同じ。），若しくは試験研究のため製造する作業場又は石綿分析用試料等を製造する作業場には，関係者以外の者が立ち入ることを禁止し，かつ，その旨を見やすい箇所に表示しなければならない。

令和 5 年 4 月 1 日より，第 15 条は以下のとおり改正される。
　（立入禁止措置）
第 15 条　事業者は，石綿等を取り扱い（試験研究のため使用する場合を含む。以下同じ。），若しくは試験研究のため製造する作業場又は石綿分析用試料等を製造する作業場には，当該作業場において作業に従事する者以外の者が立ち入ることについて，禁止する旨を見やすい箇所に表示することその他の方法により禁止するとともに，表示以外の方法により禁止したときは，当該作業場が立入禁止である旨を見やすい箇所に表示しなければならない。

第 3 章　設備の性能等

（局所排気装置等の要件）

第 16 条　事業者は，第 12 条第 1 項の規定により設ける局所排気装置については，次に定めるところに適合するものとしなければならない。

1　フードは，石綿等の粉じんの発散源ごとに設けられ，かつ，外付け式又はレシーバー式のフードにあっては，当該発散源にできるだけ近い位置に設けられていること。

2　ダクトは，長さができるだけ短く，ベンドの数ができるだけ少なく，かつ，適当な箇所に掃除口が設けられている等掃除しやすい構造のものであること。

213

3　排気口は，屋外に設けられていること。ただし，石綿の分析の作業に労働者を従事させる場合において，排気口からの石綿等の粉じんの排出を防止するための措置を講じたときは，この限りでない。

4　厚生労働大臣が定める性能を有するものであること。

② 事業者は，第12条第1項の規定により設けるプッシュプル型換気装置については，次に定めるところに適合するものとしなければならない。

1　ダクトは，長さができるだけ短く，ベンドの数ができるだけ少なく，かつ，適当な箇所に掃除口が設けられている等掃除しやすい構造のものであること。

2　排気口は，屋外に設けられていること。ただし，石綿の分析の作業に労働者を従事させる場合において，排気口からの石綿等の粉じんの排出を防止するための措置を講じたときは，この限りでない。

3　厚生労働大臣が定める要件を具備するものであること。

解　説

① 第1項及び第2項の「石綿の分析の作業」とは，石綿の分析に際して行う，秤量，顕微鏡観察，試料調整や粉砕の作業が挙げられること。なお，石綿小体に係る病理検査やプレパラートを顕微鏡観察する作業など石綿粉じんの発散しない作業については第12条の適用がないこと。

② 第1項及び第2項の「排気口からの石綿等の粉じんの排出を防止するための措置」とは，国が専門家を参集して行った「化学物質による労働者の健康障害防止措置に係る検討会」における検討結果を受け，次の㋐及び㋑のいずれも満たすものとして取り扱うこと。

㋐ 除じん装置は，ろ過方式とし，HEPAフィルターなど捕集効率が99.97%以上のろ過材を使用すること

㋑ 正常に除じんできていることを確認するため次のすべての措置を講じること

・局所排気装置等の設置時・移転時やフィルターの交換時には，除じん装置が適切に粉じんを捕集することを確認すること。確認の方法としては，例えば，①微粒子計測器（いわゆるパーティクルカウンター）により排気の粒子濃度を室内のバックグラウンドと比較すること，又は②スモークテスターをたいて排気口で粉じんが検出されないことを粉じん相対濃度計（いわゆるデジタル粉じん計）若しくは微粒子計測器により確認することが挙げられること。

・除じん装置を1月以内ごとに1回点検すること。点検の主な内容としては，除じん装置の主要部分の損傷，脱落，異常音等の異常の有無，除じん効果の確認等があること。除じん効果の確認方法については，上記の設置時等における粉じんの捕集の確認方法があること。

・石綿分析作業中に，除じん装置の排気口において，半年以内ごとに1回，総繊維数濃度の測定を行い，排気口において総繊維数濃度が管理濃度の10分の1を上回らないことを確認すること。その際，測定は，ろ過捕集方式及び計数方法によること。なお，繊維数の計数は技術等を要するため，十分な経験及び必要な能力を有する者が行うことが望ましいこと。

・これらの確認・点検で問題が認められ

た場合は，直ちに補修・フィルターの　　　交換等の必要な改善措置を講じること。

（局所排気装置等の稼働）

第17条　事業者は，第12条第1項の規定により設ける局所排気装置又はプッシュプル型換気装置については，石綿等に係る作業が行われている間，厚生労働大臣が定める要件を満たすように稼働させなければならない。

②　事業者は，前項の局所排気装置又はプッシュプル型換気装置を稼働させるときは，バッフルを設けて換気を妨害する気流を排除する等当該装置を有効に稼働させるため必要な措置を講じなければならない。

> 令和5年4月1日より，第17条は以下のとおり改正される。
> 　第1項中，「石綿等に係る作業が行われている間」を「労働者が石綿等に係る作業に従事する間」に改める。
> また，第2項以下が次のとおり改正される。
> ②　事業者は，前項の作業の一部を請負人に請け負わせるときは，当該請負人が当該作業に従事する間（労働者が当該作業に従事するときを除く。），同項の局所排気装置又はプッシュプル型換気装置を同項の厚生労働大臣が定める要件を満たすように稼働させること等について配慮しなければならない。
> ③　労働者は，前二項の局所排気装置又はプッシュプル型換気装置の稼働時においては，バッフルを設けて換気を妨害する気流を排除する等当該装置を有効に稼働させるため必要な措置を講じなければならない。

（除じん）

第18条　事業者は，石綿等の粉じんを含有する気体を排出する製造設備の排気筒又は第12条第1項の規定により設ける局所排気装置若しくはプッシュプル型換気装置には，次の表の上欄（編注：左欄）に掲げる粉じんの粒径に応じ，同表の下欄（編注：右欄）に掲げるいずれかの除じん方式による除じん装置又はこれらと同等以上の性能を有する除じん装置を設けなければならない。

粉じんの粒径 （単位　マイクロメートル）	除　じ　ん　方　式
5未満	ろ過除じん方式　　電気除じん方式
5以上20未満	スクラバによる除じん方式 ろ過除じん方式　　電気除じん方式
20以上	マルチサイクロン（処理風量が毎分20立方メートル以内ごとに1つのサイクロンを設けたものをいう。）による除じん方式

スクラバによる除じん方式 ろ過除じん方式　　電気除じん方式
備考　この表における粉じんの粒径は，重量法で測定した粒径分布において最大頻度を示す粒径をいう。

② 　事業者は，前項の除じん装置には，必要に応じ，粒径の大きい粉じんを除去するための前置き除じん装置を設けなければならない。

③ 　事業者は，前二項の除じん装置を有効に稼働させなければならない。

第 4 章　管理

（石綿作業主任者の選任）

第 19 条　事業者は，令第 6 条第 23 号に掲げる作業については，石綿作業主任者技能講習を修了した者のうちから，石綿作業主任者を選任しなければならない。

> ──────── 解　　説 ────────
>
> 　石綿作業主任者の選任については，必ずしも単位作業室ごとに選任を要するものでなく，第 20 条各号に掲げる事項の遂行が可能な範囲ごとに選任し配置すれば足りるとされている。なお「選任」にあたっては，その者が第 20 条各号に掲げる事項を常時遂行することができる立場にある者を選任することが必要である。

（石綿作業主任者の職務）

第 20 条　事業者は，石綿作業主任者に次の事項を行わせなければならない。

　1　作業に従事する労働者が石綿等の粉じんにより汚染され，又はこれらを吸入しないように，作業の方法を決定し，労働者を指揮すること。

　2　局所排気装置，プッシュプル型換気装置，除じん装置その他労働者が健康障害を受けることを予防するための装置を 1 月を超えない期間ごとに点検すること。

　3　保護具の使用状況を監視すること。

> ──────── 解　　説 ────────
>
> 　第 1 号の「作業の方法」については，専ら，石綿による健康障害の予防に必要な事項に限るとされている。例えば，湿潤化，隔離の要領，立入禁止区域の決定等。

（定期自主検査を行うべき機械等）

第 21 条　令第 15 条第 1 項第 9 号の厚生労働省令で定める局所排気装置，プッシュプル型換気装置及び除じん装置（石綿等に係るものに限る。）は，次のとおりとする。

1　第 12 条第 1 項の規定に基づき設けられる局所排気装置

2　第 12 条第 1 項の規定に基づき設けられるプッシュプル型換気装置

3　第 18 条第 1 項の規定に基づき設けられる除じん装置

（定期自主検査）

第22条　事業者は，前条各号に掲げる装置については，1 年以内ごとに 1 回，定期に，次の各号に掲げる装置の種類に応じ，当該各号に掲げる事項について自主検査を行わなければならない。ただし，1 年を超える期間使用しない同条の装置の当該使用しない期間においては，この限りでない。

1　局所排気装置

　イ　フード，ダクト及びファンの摩耗，腐食，くぼみ，その他損傷の有無及びその程度

　ロ　ダクト及び排風機におけるじんあいのたい積状態

　ハ　ダクトの接続部における緩みの有無

　ニ　電動機とファンを連結するベルトの作動状態

　ホ　吸気及び排気の能力

　ヘ　イからホまでに掲げるもののほか，性能を保持するため必要な事項

2　プッシュプル型換気装置

　イ　フード，ダクト及びファンの摩耗，腐食，くぼみ，その他損傷の有無及びその程度

　ロ　ダクト及び排風機におけるじんあいのたい積状態

　ハ　ダクトの接続部における緩みの有無

　ニ　電動機とファンを連結するベルトの作動状態

　ホ　送気，吸気及び排気の能力

　ヘ　イからホまでに掲げるもののほか，性能を保持するため必要な事項

3　除じん装置

　イ　構造部分の摩耗，腐食，破損の有無及びその程度

　ロ　当該装置内におけるじんあいのたい積状態

　ハ　ろ過除じん方式の除じん装置にあっては，ろ材の破損又はろ材取付部等の緩みの有無

　ニ　処理能力

　ホ　イからニまでに掲げるもののほか，性能を保持するため必要な事項

②　事業者は，前項ただし書の装置については，その使用を再び開始する際に同項各号に掲げる事項について自主検査を行わなければならない。

（定期自主検査の記録）

第23条　事業者は，前条の自主検査を行ったときは，次の事項を記録し，これを3年間保存しなければならない。

1　検査年月日

2　検査方法

3　検査箇所

4　検査の結果

5　検査を実施した者の氏名

6　検査の結果に基づいて補修等の措置を講じたときは，その内容

（点検）

第24条　事業者は，第21条各号に掲げる装置を初めて使用するとき，又は分解して改造若しくは修理を行ったときは，当該装置の種類に応じ第22条第1項各号に掲げる事項について，点検を行わなければならない。

（点検の記録）

第25条　事業者は，前条の点検を行ったときは，次の事項を記録し，これを3年間保存しなければならない。

1　点検年月日

2　点検方法

3　点検箇所

4　点検の結果

5　点検を実施した者の氏名

6　点検の結果に基づいて補修等の措置を講じたときは，その内容

（補修等）

第26条　事業者は，第22条の自主検査又は第24条の点検を行った場合において，異常を認めたときは，直ちに補修その他の措置を講じなければならない。

（特別の教育）

第27条　事業者は，石綿使用建築物等解体等作業に係る業務に労働者を就かせるときは，当該労働者に対し，次の科目について，当該業務に関する衛生のための特別の教育を行わなければならない。

　　1　石綿の有害性

　　2　石綿等の使用状況

　　3　石綿等の粉じんの発散を抑制するための措置

　　4　保護具の使用方法

　　5　前各号に掲げるもののほか，石綿等の粉じんのばく露の防止に関し必要な事項

② 　労働安全衛生規則（昭和 47 年労働省令第 32 号。以下「安衛則」という。）第 37 条
　　及び第 38 条並びに前項に定めるもののほか，同項の特別の教育の実施について必
　　要な事項は，厚生労働大臣が定める。

解　　説

　　安衛則第 37 条の規定により，特別教育の科目の全部又は一部について十分な知識及び技能を有していると認められる労働者については，当該科目についての特別教育を省略することができるが，具体的には次の者が含まれるとされている。

・特定化学物質等作業主任者技能講習修了者（平成 18 年 3 月 31 日までに修了した者に限る。）及び石綿作業主任者

・他の事業場において当該業務に関し，既に特別の教育を受けた者

・昭和 63 年 3 月 30 日付け基発第 200 号通達に基づく石綿除去現場の管理者に対する労働衛生教育を受けた者

（休憩室）

第 28 条　事業者は，石綿等を常時取り扱い，若しくは試験研究のため製造する作業
　　又は石綿分析用試料等を製造する作業に労働者を従事させるときは，当該作業を行
　　う作業場以外の場所に休憩室を設けなければならない。

② 　事業者は，前項の休憩室については，次の措置を講じなければならない。

　　1　入口には，水を流し，又は十分湿らせたマットを置く等労働者の足部に付着し
　　　た物を除去するための設備を設けること。

　　2　入口には，衣服用ブラシを備えること。

③ 　労働者は，第 1 項の作業に従事したときは，同項の休憩室に入る前に，作業衣等
　　に付着した物を除去しなければならない。

> 令和 5 年 4 月 1 日より，第 28 条第 3 項において一部文言が以下のとおり改正される。
> 　第 3 項中，「労働者は，第 1 項の作業に従事したとき」を「第 1 項の作業に従事した者」に改める。

（床）

第 29 条　事業者は，石綿等を常時取り扱い，若しくは試験研究のため製造する作業
　　場又は石綿分析用試料等を製造する作業場及び前条第 1 項の休憩室の床を水洗等に
　　よって容易に掃除できる構造のものとしなければならない。

（掃除の実施）

第30条　事業者は，前条の作業場及び休憩室の床等については，水洗する等粉じんの飛散しない方法によって，毎日1回以上，掃除を行わなければならない。

（洗浄設備）

第31条　事業者は，石綿等を取り扱い，若しくは試験研究のため製造する作業又は石綿分析用試料等を製造する作業に労働者を従事させるときは，洗眼，洗身又はうがいの設備，更衣設備及び洗濯のための設備を設けなければならない。

（容器等）

第32条　事業者は，石綿等を運搬し，又は貯蔵するときは，当該石綿等の粉じんが発散するおそれがないように，堅固な容器を使用し，又は確実な包装をしなければならない。

②　事業者は，前項の容器又は包装の見やすい箇所に石綿等が入っていること及びその取扱い上の注意事項を表示しなければならない。

③　事業者は，石綿等の保管については，一定の場所を定めておかなければならない。

④　事業者は，石綿等の運搬，貯蔵等のために使用した容器又は包装については，当該石綿等の粉じんが発散しないような措置を講じ，保管するときは，一定の場所を定めて集積しておかなければならない。

解　説

①　第1項の措置は，塊状であって，そのままの状態では発じんのおそれがないものについては適用されないとされている。

②　第2項の「取扱い上の注意事項」については，石綿等の取扱いに際し健康障害を予防するため，特に留意すべき事項を具体的に表示する必要がある。

（使用された器具等の付着物の除去）

第32条の2　事業者は，石綿等を取り扱い，若しくは試験研究のため製造する作業又は石綿分析用試料等を製造する作業に使用した器具，工具，足場等について，付着した物を除去した後でなければ作業場外に持ち出してはならない。ただし，廃棄のため，容器等に梱包したときは，この限りでない。

令和5年4月1日より，第32条の2に新たに第2項が以下のとおり追加される。

②　事業者は，前項の作業の一部を請負人に請け負わせるときは，当該請負人に対し，当該作業に使用した器具，工具，足場等について，廃棄のため，容器等に梱包したときを除き，付着した物を除去した後でなければ作業場外に持ち出してはならない旨を周知させなければならない。

解　説

　「器具，工具，足場等」の「等」とは，作業場内において使用され粉じんが付着した物すべてが含まれる趣旨であり，支保工等の仮設機材，高所作業車等の建設機械等も含まれる。なお「付着した物を除去」する方法は，真空掃除機で取り除く方法，湿っ

た雑巾で拭き取る方法，石綿の付着した部材を交換する方法等，汚染の程度に応じて適切な方法を用い，フィルター等の付着物の除去が困難な物は，廃棄物として処分する。

（喫煙等の禁止）

第 33 条　事業者は，石綿等を取り扱い，若しくは試験研究のため製造する作業場又は石綿分析用試料等を製造する作業場で労働者が喫煙し，又は飲食することを禁止し，かつ，その旨を当該作業場の見やすい箇所に表示しなければならない。

②　労働者は，前項の作業場で喫煙し，又は飲食してはならない。

令和 5 年 4 月 1 日より，第 33 条は以下のとおり改正される。
　（喫煙等の禁止）
第 33 条　事業者は，石綿等を取り扱い，若しくは試験研究のため製造する作業場又は石綿分析用試料等を製造する作業場における作業に従事する者の喫煙又は飲食について，禁止する旨を見やすい箇所に表示することその他の方法により禁止するとともに，表示以外の方法により禁止したときは，当該作業場において喫煙又は飲食が禁止されている旨を当該作業場の見やすい箇所に表示しなければならない。
②　前項の作業場において作業に従事する者は，当該作業場で喫煙し，又は飲食してはならない。

（掲示）

第 34 条　事業者は，石綿等を取り扱い，若しくは試験研究のため製造する作業場又は石綿分析用試料等を製造する作業場には，次の事項を，作業に従事する労働者が見やすい箇所に掲示しなければならない。

1　石綿等を取り扱い，若しくは試験研究のため製造する作業場又は石綿分析用試料等を製造する作業場である旨

2　石綿の人体に及ぼす作用

3　石綿等の取扱い上の注意事項

4　使用すべき保護具

令和 5 年 4 月 1 日より，第 34 条において一部文言が以下のとおり改正される。
　本文中，「作業に従事する労働者が」を削除する。
また，同条第 2 号及び第 4 号が以下のとおり改正される。
　2　石綿により生ずるおそれのある疾病の種類及びその症状
　4　当該作業場においては保護具等を使用しなければならない旨及び使用すべき保護具等

─── 解　　説 ───

第4号については取扱いの実態に応じ，保護具の名称を具体的に掲示する。

（作業の記録）

第35条　事業者は，石綿等の取扱い若しくは試験研究のための製造又は石綿分析用試料等の製造に伴い石綿等の粉じんを発散する場所において常時作業に従事する労働者について，1月を超えない期間ごとに次の事項を記録し，これを当該労働者が当該事業場において常時当該作業に従事しないこととなった日から40年間保存するものとする。

1　労働者の氏名

2　石綿等を取り扱い，若しくは試験研究のため製造する作業又は石綿分析用試料等を製造する作業に従事した労働者にあっては，従事した作業の概要，当該作業に従事した期間，当該作業（石綿使用建築物等解体等作業に限る。）に係る事前調査（分析調査を行った場合においては事前調査及び分析調査）の結果の概要並びに次条第1項の記録の概要

3　石綿等の取扱い若しくは試験研究のための製造又は石綿分析用試料等の製造に伴い石綿等の粉じんを発散する場所における作業（前号の作業を除く。以下この号及び次条第1項第2号において「周辺作業」という。）に従事した労働者（以下この号及び次条第1項第2号において「周辺作業従事者」という。）にあっては，当該場所において他の労働者が従事した石綿等を取り扱い，若しくは試験研究のため製造する作業又は石綿分析用試料等を製造する作業の概要，当該周辺作業従事者が周辺作業に従事した期間，当該場所において他の労働者が従事した石綿等を取り扱う作業（石綿使用建築物等解体等作業に限る。）に係る事前調査及び分析調査の結果の概要，次条第1項の記録の概要並びに保護具等の使用状況

4　石綿等の粉じんにより著しく汚染される事態が生じたときは，その概要及び事業者が講じた応急の措置の概要

─── 解　　説 ───

①　第2号及び第3号の「事前調査及び分析調査の結果の概要」は，令和2年厚生労働省令第134号による改正により追加された様式第1号に規定する内容と同様のものを保存すれば足り，所轄労働基準監督署に報告した事前調査結果等の結果の写しを保存することで差し支えないとされている。また「作業の実施状況の写真等による記録の概要」は，写真等をそのまま保存する必要はなく，保護具の使用状況も含めて作業の実施状況について，文章等による簡潔な記載による記録

を保存すれば足りるとされている。

② 第4号の「著しく汚染される事態」には，設備の故障等により石綿等の粉じんを多量に吸入した場合等がある。

③ 第4号の「その概要」とは，ばく露期間，濃度等の汚染の程度，汚染により生じた健康障害等をいう。

④ 周辺作業従事者については，当該周辺作業従事者が従事する周辺作業と当該周辺作業従事者の石綿のばく露量は直接関係がないため，当該周辺作業の概要については記録を要しないとされている。

（作業計画による作業の記録）

第35条の2　事業者は，石綿使用建築物等解体等作業を行ったときは，当該石綿使用建築物等解体等作業に係る第4条第1項の作業計画に従って石綿使用建築物等解体等作業を行わせたことについて，写真その他実施状況を確認できる方法により記録を作成するとともに，次の事項を記録し，これらを当該石綿使用建築物等解体等作業を終了した日から3年間保存するものとする。

1　当該石綿使用建築物等解体等作業に従事した労働者の氏名及び当該労働者ごとの当該石綿使用建築物等解体等作業に従事した期間

2　周辺作業従事者の氏名及び当該周辺作業従事者ごとの周辺作業に従事した期間

② 事業者は，前項の記録を作成するために必要である場合は，当該記録の作成者又は石綿使用建築物等解体等作業を行う仕事の発注者の労働者（いずれも呼吸用保護具（吹付石綿等除去作業が行われている場所に当該者を立ち入らせるときは，電動ファン付き呼吸用保護具等に限る。）及び作業衣又は保護衣を着用する者に限る。）を第6条第2項第1号及び第6条の2第2項第1号（第6条の3の規定により準用する場合を含む。）の規定により隔離された作業場所に立ち入らせることができる。

令和5年4月1日より，第35条の2において一部文言が以下のとおり改正される。
　第2項中，「第6条の2第2項第1号」を「第6条の2第3項第1号」に改める。

────────── **解　説** ──────────

① 第1項に規定されている「写真その他実施状況を確認できる方法」による記録には，次のものが含まれる。

　㋐ 事前調査等を行った部分及びその部分における石綿等の使用の有無の概要に関する掲示，関係者以外の立入禁止の表示，喫煙・飲食の禁止の表示及び次に掲げる事項の掲示の状況が確認できる写真等による記録。

　　ⅰ 石綿等を取り扱う作業場である旨

　　ⅱ 石綿の人体に及ぼす作用

　　ⅲ 石綿等の取扱い上の注意事項

　　ⅳ 使用すべき保護具

　㋑ 隔離の状況，集じん・排気装置の設置状況，前室・洗身室・更衣室の設置状況，集じん・排気装置の排気口からの石綿等の粉じんの漏えいの有無の点検結果，前室の負圧に関する点検結果，隔離を解く前に除去が完了したことを確認する措置の実施状況及び当該

確認を行った者の資格が確認できる写真等による記録（第6条第1項各号に掲げる作業を行う場合に限る。）。

㈡　作業計画に示されている作業の順序に基づいて，同計画に示されている作業の方法，石綿等の粉じんの発散を防止し，又は抑制する方法及び作業を行う労働者への石綿等の粉じんのばく露を防止する方法のとおりに作業が行われたことが確認できる写真等による記録。

上記記録には，第13条の規定に基づく湿潤な状態のものとする措置（第6条の2第2項又は第6条の3に規定する作業を行うときは常時湿潤な状態に保つ措置）の実施状況及び第14条の規定に基づく呼吸用保護具等の使用状況が確認できる写真等による記録が含まれる。

なお，同様の作業を行う場合でも，作業を行う部屋や階が変わるごとに記録する必要がある。

㈢　除去等を行った石綿等の運搬又は貯蔵を行う際の容器又は包装，当該容器

等への必要な事項の表示及び保管の状況が確認できる写真等による記録。

②　第1項に規定する記録に当たっては，撮影場所，撮影日時等が特定できるように記録する。また，「写真その他実施状況を確認できる方法」には，動画により記録する方法が含まれる。

③　隔離が行われている作業場には，当該作業に従事する者（直接作業を行う者だけでなく，作業の指揮を行う石綿作業主任者，第6条第3項の規定に基づき除去が完了したことを確認する者及び作業場の管理を行う者を含む。）以外を立ち入らせることはできないが，第8条第2項及び第35条の2第1項の規定により，第35条の2第1項の記録を作成する者及び当該記録の作成に対し配慮を行う石綿使用建築物等解体等作業を行う仕事の発注者の労働者らに限り，呼吸用保護具の着用等の必要な措置を講じた上で，立ち入らせることができると定められている。

第5章　測定

（測定及びその記録）

第36条　事業者は，令第21条第7号の作業場（石綿等に係るものに限る。）について，6月以内ごとに1回，定期に，石綿の空気中における濃度を測定しなければならない。

②　事業者は，前項の規定による測定を行ったときは，その都度次の事項を記録し，これを40年間保存しなければならない。

1　測定日時

2　測定方法

3　測定箇所

4　測定条件

5　測定結果

6　測定を実施した者の氏名

7　測定結果に基づいて当該石綿による労働者の健康障害の予防措置を講じたときは，当該措置の概要

（測定結果の評価）

第37条　事業者は，石綿に係る屋内作業場について，前条第1項又は法第65条第5項の規定による測定を行ったときは，その都度，速やかに，厚生労働大臣の定める作業環境評価基準に従って，作業環境の管理の状態に応じ，第1管理区分，第2管理区分又は第3管理区分に区分することにより当該測定の結果の評価を行わなければならない。

②　事業者は，前項の規定による評価を行ったときは，その都度次の事項を記録し，これを40年間保存しなければならない。

1　評価日時

2　評価箇所

3　評価結果

4　評価を実施した者の氏名

（評価の結果に基づく措置）

第38条　事業者は，前条第1項の規定による評価の結果，第3管理区分に区分された場所については，直ちに，施設，設備，作業工程又は作業方法の点検を行い，その結果に基づき，施設又は設備の設置又は整備，作業工程又は作業方法の改善その他作業環境を改善するため必要な措置を講じ，当該場所の管理区分が第1管理区分又は第2管理区分となるようにしなければならない。

②　事業者は，前項の規定による措置を講じたときは，その効果を確認するため，同項の場所について当該石綿の濃度を測定し，及びその結果の評価を行わなければならない。

③　前二項に定めるもののほか，事業者は，第1項の場所については，労働者に有効な呼吸用保護具を使用させるほか，健康診断の実施その他労働者の健康の保持を図るため必要な措置を講じなければならない。

令和5年4月1日より，第38条において一部文言が以下のとおり改正される。
　第3項中，「前二項に定めるもののほか，」を削除する。
また，同条に第4項が新たに以下のとおり追加される。
④　事業者は，第1項の場所において作業に従事する者（労働者を除く。）に対し，同項の場所については，有効な呼吸用保護具を使用する必要がある旨を周知させなければならない。

また，令和6年4月1日より，第38条第3項は以下のとおり改正される。
③　事業者は，第1項の場所については，労働者に有効な呼吸用保護具を使用させるほか，健康診断の実施その他労働者の健康の保持を図るため必要な措置を講ずるとともに，前条第2項の規定による評価の記録，第1項の規定に基づき講ずる措置及び前項の規定に基づく評価の結果を次に掲げるいずれかの方法によって労働者に周知させなければならない。
1　常時各作業場の見やすい場所に掲示し，又は備え付けること。
2　書面を労働者に交付すること。
3　磁気ディスク，光ディスクその他の記録媒体に記録し，かつ，各作業場に労働者が当該記録の内容を常時確認できる機器を設置すること。

解　説

第3項の「労働者に有効な呼吸用保護具を使用させる」のは，第1項の規定による措置を講ずるまでの応急的なものであり，呼吸用保護具の使用をもって当該措置に代えることができる趣旨ではない。なお，局部的に濃度の高い場所があることにより第3管理区分に区分された場所については，当該場所の労働者のうち，濃度の高い位置で作業を行うものにのみ呼吸用保護具を着用させることとして差し支えないとされている。

第39条　事業者は，第37条第1項の規定による評価の結果，第2管理区分に区分された場所については，施設，設備，作業工程又は作業方法の点検を行い，その結果に基づき，施設又は設備の設置又は整備，作業工程又は作業方法の改善その他作業環境を改善するため必要な措置を講ずるよう努めなければならない。

令和6年4月1日より，第39条に第2項が新たに以下のとおり追加される。
②　前項に定めるもののほか，事業者は，同項の場所については，第37条第2項の規定による評価の記録及び前項の規定に基づき講ずる措置を次に掲げるいずれかの方法によって労働者に周知させなければならない。
1　常時各作業場の見やすい場所に掲示し，又は備え付けること。
2　書面を労働者に交付すること。
3　磁気ディスク，光ディスクその他の記録媒体に記録し，かつ，各作業場に労働者が当該記録の内容を常時確認できる機器を設置すること。

第6章　健康診断

（健康診断の実施）

第40条　事業者は，令第22条第1項第3号の業務（石綿等の取扱い若しくは試験研究のための製造又は石綿分析用試料等の製造に伴い石綿の粉じんを発散する場所における業務に限る。）に常時従事する労働者に対し，雇入れ又は当該業務への配置替えの際及びその後6月以内ごとに1回，定期に，次の項目について医師による健

康診断を行わなければならない。

1　業務の経歴の調査

2　石綿によるせき，たん，息切れ，胸痛等の他覚症状又は自覚症状の既往歴の有無の検査

3　せき，たん，息切れ，胸痛等の他覚症状又は自覚症状の有無の検査

4　胸部のエックス線直接撮影による検査

②　事業者は，令第22条第2項の業務（石綿等の製造又は取扱いに伴い石綿の粉じんを発散する場所における業務に限る。）に常時従事させたことのある労働者で，現に使用しているものに対し，6月以内ごとに1回，定期に，前項各号に掲げる項目について医師による健康診断を行わなければならない。

③　事業者は，前二項の健康診断の結果，他覚症状が認められる者，自覚症状を訴える者その他異常の疑いがある者で，医師が必要と認めるものについては，次の項目について医師による健康診断を行わなければならない。

1　作業条件の調査

2　胸部のエックス線直接撮影による検査の結果，異常な陰影（石綿肺による線維増殖性の変化によるものを除く。）がある場合で，医師が必要と認めるときは，特殊なエックス線撮影による検査，喀痰（かくたん）の細胞診又は気管支鏡検査

（健康診断の結果の記録）

第41条　事業者は，前条各項の健康診断（法第66条第5項ただし書の場合において当該労働者が受けた健康診断を含む。次条において「石綿健康診断」という。）の結果に基づき，石綿健康診断個人票（様式第2号）を作成し，これを当該労働者が当該事業場において常時当該業務に従事しないこととなった日から40年間保存しなければならない。

（健康診断の結果についての医師からの意見聴取）

第42条　石綿健康診断の結果に基づく法第66条の4の規定による医師からの意見聴取は，次に定めるところにより行わなければならない。

1　石綿健康診断が行われた日（法第66条第5項ただし書の場合にあっては，当該労働者が健康診断の結果を証明する書面を事業者に提出した日）から3月以内に行うこと。

2　聴取した医師の意見を石綿健康診断個人票に記載すること。

②　事業者は，医師から，前項の意見聴取を行う上で必要となる労働者の業務に関す

る情報を求められたときは，速やかに，これを提供しなければならない。

（健康診断の結果の通知）

第42条の2　事業者は，第40条各項の健康診断を受けた労働者に対し，遅滞なく，当該健康診断の結果を通知しなければならない。

（健康診断結果報告）

第43条　事業者は，第40条各項の健康診断（定期のものに限る。）を行ったときは，遅滞なく，石綿健康診断結果報告書（様式第3号）を所轄労働基準監督署長に提出しなければならない。

第7章　保護具

（呼吸用保護具）

第44条　事業者は，石綿等を取り扱い，若しくは試験研究のため製造する作業場又は石綿分析用試料等を製造する事業場には，石綿等の粉じんを吸入することによる労働者の健康障害を予防するため必要な呼吸用保護具を備えなければならない。

解　　説

　本条の「呼吸用保護具」とは，送気マスク等給気式呼吸用保護具（簡易救命器及び酸素発生式自己救命器を除く。），防じんマスク並びに面体形及びフード形の電動ファン付き呼吸用保護具をいい，これらのうち，防じんマスク及び電動ファン付き呼吸用保護具については，国家検定に合格したものである。

（保護具の数等）

第45条　事業者は，前条の呼吸用保護具については，同時に就業する労働者の人数と同数以上を備え，常時有効かつ清潔に保持しなければならない。

解　　説

　「有効」とは，各部の破損，脱落，弛み，湿気の付着，変形，耐用年数の超過等保護具の性能に支障をきたしている状態でないことをいう。

（保護具等の管理）

第46条　事業者は，第10条第2項，第14条第1項及び第2項，第35条の2第2項，第44条並びに第48条第6号（第48条の4において準用する場合を含む。）に規定する保護具等が使用された場合には，他の衣服等から隔離して保管しなければなら

ない。

② 事業者及び労働者は，前項の保護具等について，付着した物を除去した後でなければ作業場外に持ち出してはならない。ただし，廃棄のため，容器等に梱包したときは，この限りでない。

令和 5 年 4 月 1 日より，第 46 条は以下のとおり改正される。
　（保護具等の管理）
第 46 条　事業者は，第 10 条第 2 項，第 14 条第 1 項及び第 3 項，第 35 条の 2 第 2 項，第 38 条第 3 項，第 44 条並びに第 48 条第 6 号（第 48 条の 4 において準用する場合を含む。次項において同じ。）に規定する保護具等が使用された場合には，他の衣服等から隔離して保管しなければならない。
　②　事業者は，労働者以外の者が第 10 条第 3 項，第 14 条第 2 項及び第 4 項，第 38 条第 4 項並びに第 48 条第 6 号に規定する保護具等を使用したときは，当該者に対し，他の衣服等から隔離して保管する必要がある旨を周知させるとともに，必要に応じ，当該保護具等を使用した者（労働者を除く。）に対し他の衣服等から隔離して保管する場所を提供する等適切に保管が行われるよう必要な配慮をしなければならない。
　③　事業者及び労働者は，第 1 項の保護具等について，付着した物を除去した後でなければ作業場外に持ち出してはならない。ただし，廃棄のため，容器等に梱包したときは，この限りでない。
　④　事業者は，第 2 項の保護具等を使用した者（労働者を除く。）に対し，当該保護具等であって，廃棄のため容器等に梱包されていないものについては，付着した物を除去した後でなければ作業場外に持ち出してはならない旨を周知させなければならない。

解　説

　第 2 項の「付着した物を除去」する方法は，衣類ブラシ，真空掃除機で取り除く方法，作業場内で洗濯する方法等汚染の程度に応じ適切な方法を用いる。汚染のひどいものは廃棄物として処分する。

第 8 章　製造等

（石綿を含有するおそれのある製品の輸入時の措置）

第 46 条の 2　石綿をその重量の 0.1 パーセントを超えて含有するおそれのある製品であって厚生労働大臣が定めるものを輸入しようとする者（当該製品を販売の用に供し，又は営業上使用しようとする場合に限る。）は，当該製品の輸入の際に，厚生労働大臣が定める者が作成した次に掲げる事項を記載した書面を取得し，当該製品中に石綿がその重量の 0.1 パーセントを超えて含有しないことを当該書面により確認しなければならない。

1　書面の発行年月日及び書面番号その他の当該書面を特定することができる情報

2　製品の名称及び型式

3　分析に係る試料を採取した製品のロット（一の製造期間内に一連の製造工程により均質性を有するように製造された製品の一群をいう。以下この号及び次項において同じ。）を特定するための情報（ロットを構成しない製品であって，製造年月日及び製造番号がある場合はその製造年月日及び製造番号）

4　分析の日時

5　分析の方法

6　分析を実施した者の氏名又は名称

7　石綿の検出の有無及び検出された場合にあってはその含有率

②　前項の書面は，当該書面が輸入しようとする製品のロット（ロットを構成しない製品については，輸入しようとする製品）に対応するものであることを明らかにする書面及び同項第6号の分析を実施した者が同項に規定する厚生労働大臣が定める者に該当することを証する書面の写しが添付されたものでなければならない。

③　第1項の輸入しようとする者は，同項の書面（前項の規定により添付すべきこととされている書面及び書面の写しを含む。）を，当該製品を輸入した日から起算して3年間保存しなければならない。

（令第16条第1項第4号の厚生労働省令で定めるもの等）

第46条の3　令第16条第1項第4号の厚生労働省令で定めるものは，次の各号に掲げる場合の区分に応じ，当該各号に定めるものとする。

1　令第16条第1項第4号イからハまでに掲げる石綿又はこれらの石綿をその重量の0.1パーセントを超えて含有する製剤その他の物（以下この条において「製造等可能石綿等」という。）を製造し，輸入し，又は使用しようとする場合　あらかじめ労働基準監督署長に届け出られたもの

2　製造等可能石綿等を譲渡し，又は提供しようとする場合　製造等可能石綿等の粉じんが発散するおそれがないように，堅固な容器が使用され，又は確実な包装がされたもの

②　前項第1号の規定による届出をしようとする者は，様式第3号の2による届書を，製造等可能石綿等を製造し，輸入し，又は使用する場所を管轄する労働基準監督署長に提出しなければならない。

（製造等の禁止の解除手続）

第47条　令第16条第2項第1号の許可（石綿等に係るものに限る。次項において同

じ。）を受けようとする者は，様式第4号による申請書を，石綿等を製造し，又は使用しようとする場合にあっては当該石綿等を製造し，又は使用する場所を管轄する労働基準監督署長を経由して当該場所を管轄する都道府県労働局長に，石綿等を輸入しようとする場合にあっては当該輸入する石綿等を使用する場所を管轄する労働基準監督署長を経由して当該場所を管轄する都道府県労働局長に提出しなければならない。

② 　都道府県労働局長は，令第16条第2項第1号の許可をしたときは，申請者に対し，様式第5号による許可証を交付するものとする。

━━━━━━ 解　　説 ━━━━━━

　法第55条ただし書の規定による製造は，試験研究する者が直接行うべきものであり，他に委託して製造することは認められないとされている。

（石綿等の製造等に係る基準）

第48条　令第16条第2項第2号の厚生労働大臣が定める基準（石綿等に係るものに限る。）は，次のとおりとする。

1　石綿等を製造する設備は，密閉式の構造のものとすること。ただし，密閉式の構造とすることが作業の性質上著しく困難である場合において，ドラフトチェンバー内部に当該設備を設けるときは，この限りでない。

2　石綿等を製造する設備を設置する場所の床は，水洗によって容易に掃除できる構造のものとすること。

3　石綿等を製造し，又は使用する者は，当該石綿等による健康障害の予防について，必要な知識を有する者であること。

4　石綿等を入れる容器については，当該石綿等の粉じんが発散するおそれがないように堅固なものとし，かつ，当該容器の見やすい箇所に，当該石綿等が入っている旨を表示すること。

5　石綿等の保管については，一定の場所を定め，かつ，その旨を見やすい箇所に表示すること。

6　石綿等を製造し，又は使用する者は，保護前掛及び保護手袋を使用すること。

7　石綿等を製造する設備を設置する場所には，当該石綿等の製造作業中関係者以外の者が立ち入ることを禁止し，かつ，その旨を見やすい箇所に表示すること。

（製造の許可）

第48条の2　法第56条第1項の許可は，石綿分析用試料等を製造するプラントごとに行うものとする。

　（許可手続）

第48条の3　法第56条第1項の許可を受けようとする者は，様式第5号の2による申請書を，当該許可に係る石綿分析用試料等を製造する場所を管轄する労働基準監督署長を経由して厚生労働大臣に提出しなければならない。

②　厚生労働大臣は，法第56条第1項の許可をしたときは，申請者に対し，様式第5号の3による許可証（以下この条において「許可証」という。）を交付するものとする。

③　許可証の交付を受けた者は，これを滅失し，又は損傷したときは，様式第5号の4による申請書を第1項の労働基準監督署長を経由して厚生労働大臣に提出し，許可証の再交付を受けなければならない。

④　許可証の交付を受けた者は，氏名（法人にあっては，その名称）を変更したときは，様式第5号の4による申請書を第1項の労働基準監督署長を経由して厚生労働大臣に提出し，許可証の書替えを受けなければならない。

　（製造許可の基準）

第48条の4　第48条の規定は，石綿分析用試料等の製造に関する法第56条第2項の厚生労働大臣の定める基準について準用する。この場合において，第48条第3号及び第6号中「製造し，又は使用する」とあるのは，「製造する」と読み替えるものとする。

第8章の2　石綿作業主任者技能講習

第48条の5　石綿作業主任者技能講習は，学科講習によって行う。

②　学科講習は，石綿に係る次の科目について行う。

　1　健康障害及びその予防措置に関する知識

　2　作業環境の改善方法に関する知識

　3　保護具に関する知識

　4　関係法令

③　安衛則第80条から第82条の2まで及び前二項に定めるもののほか，石綿作業主

232

任者技能講習の実施について必要な事項は，厚生労働大臣が定める。

第9章　報告

（石綿関係記録等の報告）

第49条　石綿等を取り扱い，若しくは試験研究のため製造する事業者又は石綿分析用試料等を製造する事業者は，事業を廃止しようとするときは，石綿関係記録等報告書（様式第6号）に次の記録及び石綿健康診断個人票又はこれらの写しを添えて，所轄労働基準監督署長に提出するものとする。

1　第35条の作業の記録

2　第36条第2項の測定の記録

3　第41条の石綿健康診断個人票

（石綿を含有する製品に係る報告）

第50条　製品を製造し，又は輸入した事業者（当該製品を販売の用に供し，又は営業上使用する場合に限る。）は，当該製品（令第16条第1項第4号及び第9号に掲げるものに限り，法第55条ただし書の要件に該当するものを除く。）が石綿をその重量の0.1パーセントを超えて含有していることを知った場合には，遅滞なく，次に掲げる事項（当該製品について譲渡又は提供をしていない場合にあっては，第4号に掲げる事項を除く。）について，所轄労働基準監督署長に報告しなければならない。

1　製品の名称及び型式

2　製造した者の氏名又は名称

3　製造し，又は輸入した製品の数量

4　譲渡し，又は提供した製品の数量及び譲渡先又は提供先

5　製品の使用に伴う健康障害の発生及び拡大を防止するために行う措置

附　則（令和2年7月1日厚生労働省令第134号）（抄）

（施行期日）

第1条　この省令は，令和3年4月1日から施行する。ただし，次の各号に掲げる規定は，当該各号に定める日から施行する。

1　第1条中石綿障害予防規則第6条の2の改正規定並びに附則第3条第2項及び第6条の規定　令和2年10月1日

2　第1条中石綿障害予防規則第4条の2の改正規定，同令第5条の改正規定（「様式第1号」を「様式第1号の2」に改める部分に限る。）及び同令様式第1号を様式第1号の2とし，附則の次に一様式を加える改正規定並びに附則第5条の規定　令和4年4月1日

3　第2条〈編注：石綿障害予防規則第3条，第4条，第4条の2への重ねての改正部分〉及び第6条の規定　令和5年10月1日

（事前調査及びその結果等の報告等に関する経過措置）

第2条　第1条の規定による改正後の石綿障害予防規則（以下「新石綿則」という。）第3条第1項の解体等の作業であって，この省令の施行の日（以下「施行日」という。）前に開始されるものについては，同条の規定は適用せず，第1条の規定による改正前の石綿障害予防規則（以下「旧石綿則」という。）第3条の規定は，なおその効力を有する。

②　第2条の規定による改正後の石綿障害予防規則第3条第1項の解体等の作業であって，前条第3号に掲げる規定の施行の日前に開始されるものについては，第2条の規定による改正後の石綿障害予防規則第3条第4項，第6項及び第7項第9号の規定は適用しない。

③　新石綿則第4条第1項に規定する石綿使用建築物等解体等作業であって，施行日前に開始されるものについては，新石綿則第35条の2の規定は適用しない。

④　新石綿則第4条の2第1項第1号又は第2号に掲げる工事であって，前条第2号に掲げる規定の施行の日（附則第5条において「第2号施行日」という。）前に開始されるものについては，新石綿則第4条の2の規定は適用しない。

（除去等の作業に係る措置等に関する経過措置）

第3条　新石綿則第6条第1項第1号及び第2号の作業であって，施行日前に開始されるものについては，同条の規定は適用せず，旧石綿則第6条の規定は，なおその効力を有する。

②　新石綿則第6条の2第1項に規定する石綿含有成形品の除去の作業であって，附則第1条第1号に掲げる規定の施行の日前に開始されるものについては，新石綿則第6条の2の規定は適用せず，旧石綿則第13条の規定は，なおその効力を有する。

③　新石綿則第6条の3の作業（新石綿則第5条第1項第1号に規定する石綿含有仕

上げ塗材のうち吹き付けられていないものの除去の作業に限る。）であって，施行日前に開始されるものについては，新石綿則第 6 条の 3 の規定は適用せず，旧石綿則第 13 条の規定は，なおその効力を有する。

④　新石綿則第 13 条第 1 項第 5 号の石綿等の切断等の作業等であって，施行日前に開始されるものについては，同項ただし書の規定は適用せず，旧石綿則第 13 条第 1 項ただし書の規定は，なおその効力を有する。

（届出に関する経過措置等）

第 4 条　略

（様式に関する経過措置）

第 5 条　第 2 号施行日において現に提出されている旧石綿則様式第 1 号による建築物解体等作業届は，新石綿則様式第 1 号の 2 による建築物解体等作業届とみなす。

②　第 2 号施行日において現にある旧石綿則様式第 1 号による届出書の用紙については，当分の間，これを取り繕って使用することができる。

（罰則に関する経過措置）

第 6 条　この省令（附則第 1 条各号に掲げる規定については，当該各規定。以下この条において同じ。）の施行前にした行為並びに附則第 2 条第 1 項，第 3 条及び第 4 条第 1 項の規定によりなおその効力を有することとされる場合におけるこの省令の施行後にした行為に対する罰則の適用については，なお従前の例による。

附　則　（令和 2 年 8 月 28 日厚生労働省令第 154 号）

（施行期日）

1　この省令は、公布の日から施行する。

（経過措置）

2　この省令の施行の際現にこの省令による改正前のそれぞれの省令（次項において「旧省令」という。）の規定によりされている報告は、この省令による改正後のそれぞれの省令の規定による報告とみなす。

3　この省令の施行の際現にある旧省令に定める様式による用紙については、合理的に必要と認められる範囲内で、当分の間、これを取り繕って使用することができる。

附　則　（令和2年12月25日厚生労働省令第208号）（抄）

（施行期日）

第1条　この省令は、公布の日から施行する。

（経過措置）

第2条　この省令の施行の際現にあるこの省令による改正前の様式（次項において「旧様式」という。）により使用されている書類は、この省令による改正後の様式によるものとみなす。

②　この省令の施行の際現にある旧様式による用紙については、当分の間、これを取り繕って使用することができる。

附　則　（令和3年5月18日厚生労働省令第96号）

（施行期日）

第1条　この省令は，令和3年12月1日から施行する。ただし，第1条中石綿障害予防規則目次の改正規定，同令第49条及び第50条の改正規定並びに次条の規定は，令和3年8月1日から施行する。

（石綿を含有する製品に係る報告に関する経過措置）

第2条　第1条の規定による改正後の石綿障害予防規則（以下この条において「新石綿則」という。）第50条に規定する事業者は，前条ただし書に規定する規定の施行の日前に，製造し，又は輸入した製品（労働安全衛生法施行令（昭和47年政令第318号）第16条第1項第4号及び第9号に掲げるものに限り，労働安全衛生法第55条ただし書の要件に該当するものを除く。）が石綿をその重量の0.1パーセントを超えて含有していることを知っている場合には，新石綿則第50条の規定にかかわらず，その旨が公知の事実であるときを除き，遅滞なく，同条各号に掲げる事項（当該製品について譲渡又は提供をしていない場合にあっては，同条第4号に掲げる事項を除く。）について，所轄労働基準監督署長に報告するよう努めなければならない。

②　新石綿則第50条及び前項の規定は，次の各号に掲げる規定により労働安全衛生法第55条の規定が適用されない物については，適用しない。

1　労働安全衛生法施行令の一部を改正する政令（平成18年政令第257号）附則第2条

2　労働安全衛生法施行令の一部を改正する政令の一部を改正する政令（平成 19 年政令第 281 号）附則第 2 条

3　労働安全衛生法施行令等の一部を改正する政令（平成 20 年政令第 349 号）附則第 5 条

4　労働安全衛生法施行令の一部を改正する政令の一部を改正する政令（平成 21 年政令第 295 号）附則第 2 条

5　労働安全衛生法施行令等の一部を改正する政令（平成 23 年政令第 4 号）附則第 5 条

6　労働安全衛生法施行令等の一部を改正する政令（平成 24 年政令第 13 号）附則第 2 条第 1 項

（様式に関する経過措置）

第 3 条　この省令の施行の際現にあるこの省令による改正前の様式（次項において「旧様式」という。）により使用されている書類は，この省令による改正後の様式によるものとみなす。

②　この省令の施行の際現にある旧様式による様式については，当分の間，これを取り繕って使用することができる。

附　則　（令和 4 年 1 月 13 日厚生労働省令第 3 号）（抄）

この省令は，公布の日から施行する。

附　則　（令和 4 年 4 月 15 日厚生労働省令第 82 号）（抄）

（施行期日）

1　この省令は，令和 5 年 4 月 1 日から施行する。

附　則　（令和 4 年 5 月 31 日厚生労働省令第 91 号）（抄）

（施行期日）

第 1 条　この省令は，公布の日から施行する。ただし，次の各号に掲げる規定は，当該各号に定める日から施行する。

1　第 2 条，第 4 条，第 6 条，第 8 条，第 10 条，第 12 条及び第 14 条の規定　令和 5 年 4 月 1 日

2　第 3 条，第 5 条，第 7 条，第 9 条，第 11 条，第 13 条及び第 15 条の規定　令

和6年4月1日

（様式に関する経過）

第4条　この省令（附則第1条第1号に掲げる規定については，当該規定（第4条及び第8条に限る。）。以下同じ。）の施行の際現にあるこの省令による改正前の様式による用紙については，当分の間，これを取り繕って使用することができる。

（罰則に関する経過措置）

第5条　附則第1条各号に掲げる規定の施行前にした行為に対する罰則の適用については，なお従前の例による。

様式第１号（第４条の２関係）（表面）

事前調査結果等報告

元方事業者に関する事項	元方事業者の情報				
	事業者の名称			事業者の代表者氏名	
	担当者のメールアドレス			事業者の電話番号	− −
	事業者の住所	郵便番号	−		
		都道府県・市区町村名等			
		住所（続き）			
	工事現場の情報				
	労働保険番号	都道府県 − 所掌 − 管轄 − 基幹番号 − 枝番号			
		− − − −			
	作業場所の住所	郵便番号	−		
		都道府県・市区町村名等			
		住所（続き）			
	工事の名称				
	工事の概要				
	建築物等の概要				
	建築物、工作物又は船舶の新築工事の着工日	西暦　年　月　日	構造	□ 木造　□ RC造　□ S造　□ その他	耐火　□ 耐火　□ 準耐火　□その他
	延べ床面積	㎡	階数（地上階）　階建	階数（地下階）　階建	
	その他工作物・船舶 ※複数選択可	□ 反応槽　□ 加熱炉　□ ボイラー及び圧力容器　□ 配管設備　□ 焼却設備　□ 煙突　□ 貯蔵設備　□ 発電設備　□ 変電設備　□ 配電設備			
		□ 送電設備　□トンネルの天井板　□ プラットホームの上家　□ 遮音壁　□ 軽量盛土保護パネル　□ 鉄道の駅の地下式構造部分の壁及び天井板　□ 船舶			
	解体工事を行う床面積の合計	㎡	解体工事又は改修工事の実施期間	西暦　年　月　日 〜 西暦　年　月　日	
	解体工事又は改修工事の請負金額	億　万円	石綿に関する作業の開始時期	西暦　年　月頃	
	事前調査の終了年月日	西暦　年　月　日			
	事前調査を実施した者				
	氏名			講習実施機関の名称	
	分析調査を実施した者				
	氏名			講習実施機関の名称	
	作業に係る石綿作業主任者				
	氏名				
請負事業者に関する事項	請負事業者の情報				
	事業者の名称			事業者の電話番号	− −
	労働保険番号	都道府県 − 所掌 − 管轄 − 基幹番号 − 枝番号			
	□なし（又は不明）　□元方（元請）事業と同じ	− − − −			
	事業者の住所	郵便番号	−		
		都道府県・市区町村名等			
		住所（続き）			
	事前調査を実施した者の氏名			事前調査を実施した者の講習実施機関の名称	
	分析調査を実施した者の氏名			分析調査を実施した者の講習実施機関の名称	
	作業に係る石綿作業主任者の氏名				
	請負事業者の情報				
	事業者の名称			事業者の電話番号	− −
	労働保険番号	都道府県 − 所掌 − 管轄 − 基幹番号 − 枝番号			
	□なし（又は不明）　□元方（元請）事業と同じ	− − − −			
	事業者の住所	郵便番号	−		
		都道府県・市区町村名等			
		住所（続き）			
	事前調査を実施した者の氏名			事前調査を実施した者の講習実施機関の名称	
	分析調査を実施した者の氏名			分析調査を実施した者の講習実施機関の名称	
	作業に係る石綿作業主任者の氏名				
	請負事業者の情報				
	事業者の名称			事業者の電話番号	− −
	労働保険番号	都道府県 − 所掌 − 管轄 − 基幹番号 − 枝番号			
	□なし（又は不明）　□元方（元請）事業と同じ	− − − −			
	事業者の住所	郵便番号	−		
		都道府県・市区町村名等			
		住所（続き）			
	事前調査を実施した者の氏名			事前調査を実施した者の講習実施機関の名称	
	分析調査を実施した者の氏名			分析調査を実施した者の講習実施機関の名称	
	作業に係る石綿作業主任者の氏名				

様式第1号（第4条の2関係）（裏面）

事前調査結果等報告

作業対象の材料の種類	石綿使用の有無			石綿使用なしと判断した根拠 ※石綿使用が無の場合のみ記載 ①目視 ②設計図書（④を除く。）③分析 ④材料製造者による説明 ⑤製造年月日	作業の種類			切断等の有無		作業時の措置 ①負圧隔離 ②隔離（負圧なし） ③湿潤化 ④呼吸用保護具の使用
	有	みなし	無		除去	封じ込め	囲い込み	有	無	
吹付け材	□	□	□	①□ ②□ ③□ ④□ ⑤□	□	□	□	□	□	①□ ②□ ③□ ④□
保温材	□	□	□	①□ ②□ ③□ ④□ ⑤□	□	□	□	□	□	①□ ②□ ③□ ④□
煙突断熱材	□	□	□	①□ ②□ ③□ ④□ ⑤□	□	□	□	□	□	①□ ②□ ③□ ④□
屋根用折版断熱材	□	□	□	①□ ②□ ③□ ④□ ⑤□	□	□	□	□	□	①□ ②□ ③□ ④□
耐火被覆材（吹付け材を除く、けい酸カルシウム板第2種を含む）	□	□	□	①□ ②□ ③□ ④□ ⑤□	□	□	□	□	□	①□ ②□ ③□ ④□
仕上塗材	□	□	□	①□ ②□ ③□ ④□ ⑤□				□	□	①□ ②□ ③□ ④□
スレート波板	□	□	□	①□ ②□ ③□ ④□ ⑤□				□	□	①□ ②□ ③□ ④□
スレートボード	□	□	□	①□ ②□ ③□ ④□ ⑤□				□	□	①□ ②□ ③□ ④□
屋根用化粧スレート	□	□	□	①□ ②□ ③□ ④□ ⑤□				□	□	①□ ②□ ③□ ④□
けい酸カルシウム板第1種	□	□	□	①□ ②□ ③□ ④□ ⑤□				□	□	①□ ②□ ③□ ④□
押出成形セメント板	□	□	□	①□ ②□ ③□ ④□ ⑤□				□	□	①□ ②□ ③□ ④□
パルプセメント板	□	□	□	①□ ②□ ③□ ④□ ⑤□				□	□	①□ ②□ ③□ ④□
ビニル床タイル	□	□	□	①□ ②□ ③□ ④□ ⑤□				□	□	①□ ②□ ③□ ④□
窯業系サイディング	□	□	□	①□ ②□ ③□ ④□ ⑤□				□	□	①□ ②□ ③□ ④□
石膏ボード	□	□	□	①□ ②□ ③□ ④□ ⑤□				□	□	①□ ②□ ③□ ④□
ロックウール吸音天井板	□	□	□	①□ ②□ ③□ ④□ ⑤□				□	□	①□ ②□ ③□ ④□
その他の材料	□	□	□	①□ ②□ ③□ ④□ ⑤□				□	□	①□ ②□ ③□ ④□

（左縦書き）事前調査の結果及び予定する石綿の除去等に係る措置の内容

　　　年　　　月　　　日　　　　　　　　　　　　　　　事業者職氏名

労働基準監督署長 殿

備考
1　「労働保険番号」の欄は、一括有期事業の場合は当該事業に係る労働保険番号、一括有期事業ではない場合は、各事業者の継続事業に係る労働保険番号を記載すること。
2　「請負事業者に関する事項」の欄は、当該作業を請け負わせている事業者がいる場合に、全ての請負事業者について記入すること。
3　「請負事業者に関する事項」の「事前調査を実施した者」及び「分析調査を実施した者」の欄は、元請事業に関する事項と同一となる場合は、同様に記載すること。
4　「解体工事を行う床面積の合計」の欄は、建築物の解体工事に該当する場合に記入すること。なお、建築物の解体工事とは、建築物の壁、柱及び床を同時に撤去する工事をいうこと。
5　「解体工事又は改修工事の請負金額」の欄は、建築物の改修工事又は工作物の解体工事若しくは改修工事に該当する場合に記入すること。
6　「調査実施機関の名称」の欄は、事前調査を実施した者が一般社団法人日本アスベスト調査診断協会登録者である場合には、その旨を記入すること。
7　「作業に係る石綿作業主任者の氏名」の欄は、石綿使用建築物等解体等作業がある場合に必ず記入すること。なお、報告時点で未選任の場合は、選任予定者を記入すること。
8　裏面の記載は、請負事業者がいる場合は、請負事業者に請け負わせる作業に係るものも含めて、作業対象の材料に該当するもの全てについてまとめて記入すること。
9　「石綿使用の有無」の欄は、石綿を含有しているものとみなす場合には、「みなし」に記入すること。
10　「石綿使用なしと判断した根拠」の欄は、①から⑤までのうち該当するものが複数ある場合には、その全てを記入すること。
11　「切断等の有無」の欄は、材料の切断、破砕、穿（せん）孔、研磨等を行う作業の有無について記入すること。
12　「作業時の措置」の欄は、報告の時点で予定している措置を記入すること。また、①から④までのうち該当するものが複数ある場合には、その全てを記入すること。

様式第1号の2（第5条関係）

<h3 style="text-align:center">建 築 物 解 体 等 作 業 届</h3>

事業場の名称		作業場の所在地		
仕事の範囲				
作業に係る部材の種類				
発 注 者 名		工 事 請 負金　　　額		円
仕事の開始予定年月日	年　　　月　　　日	仕事の終了予定年月日	年　　　月　　　日	
主たる事務所の 所 在 地		電話		
使 用 予 定労 働 者 数	人	関係請負人の 予 定 数	人	関係請負人の使用する労働者の予定数の合計	人
作 業 主 任 者の 氏 名				
石綿ばく露防止のための措置の概要				

　　　　　　　年　　　月　　　日

事業者職氏名

　　労働基準監督署長　　殿

備考
　1　「使用予定労働者数」の欄は，届出事業者が直接雇用する労働者数を記入すること。
　2　「関係請負人の使用する労働者の予定数の合計」の欄は，延数で記入すること。
　3　「石綿ばく露防止のための措置の概要」の欄は，工事に当たって行う石綿ばく露防止対策を講ずる措置の内容について，簡潔に記入すること。

様式第2号（第41条関係）（表面）

石 綿 健 康 診 断 個 人 票

氏名		生年月日	年　　　月　　　日	雇入年月日	年　　　月　　　日
		性　別	男　・　女		
業　　　務　　　名					
健 康 診 断 の 時 期 （雇入れ・配置替え・定期）					
第一次健康診断	健 診 年 月 日	年　月　日	年　月　日	年　月　日	年　月　日
	既　　　往　　　歴				
	検診又は検査の項目				
	医 師 の 診 断 及 び 第二次健康診断の要否				
	健康診断を実施した 医　師　の　氏　名				
	備　　　　　考				
第二次健康診断	健 診 年 月 日	年　月　日	年　月　日	年　月　日	年　月　日
	作　業　条　件				
	検診又は検査の項目				
	医　師　の　診　断				
	健康診断を実施した 医　師　の　氏　名				
	備　　　　　考				
医　師　の　意　見					
意　見　を　述　べ　た 医　師　の　氏　名					

様式第2号（第41条関係）（裏面）

業　務　の　経　歴						
	業務等	期　間	年　数		業務名	期　間	年　数
現在の勤務先に来る前	事業場名 業務名	年　月から 年　月まで	年　月	現在の勤務先に来てから		年　月から 年　月まで	年　月
	事業場名 業務名	年　月から 年　月まで	年　月			年　月から 年　月まで	年　月
	事業場名 業務名	年　月から 年　月まで	年　月			年　月から 年　月まで	年　月
	事業場名 業務名	年　月から 年　月まで	年　月			年　月から 年　月まで	年　月
	事業場名 業務名	年　月から 年　月まで	年　月			年　月から 年　月まで	年　月
	業務に従事した期間の 合　　　　計		年　月			年　月から 年　月まで	年　月

備考
1　第一次健康診断及び第二次健康診断の「検診又は検査の項目」の欄は，業務ごとに定められた項目についての検診又は検査をした結果を記載すること。
2　「医師の診断」の欄は，異常なし，要精密検査，要治療等の医師の診断を記入すること。
3　「医師の意見」の欄は，健康診断の結果，異常の所見があると診断された場合に，就業上の措置について医師の意見を記入すること。

様式第3号（第43条関係）（表面）

石綿健康診断結果報告書

80310

標準字体
0123456789

労働保険番号	都道府県　所掌　管轄　　基幹番号　　枝番号　被一括事業場番号		在籍労働者数	人
事業場の名称		事業の種類		
事業場の所在地	郵便番号（　　　） 電話　　　（　　）			

対象年	7：平成 9：令和 →	元号 □□□ 年（　月～　月分）（報告　回目）		健診年月日	7：平成 9：令和 →	元号 年 月 日 □□□□□□□
健康診断実施機関の名称				第二次健康診断		年　月　日
健康診断実施機関の所在地						

項　目／石綿業務の種別	石綿業務コード □□ 具体的業務内容（　　　　　）	石綿業務コード □□ 具体的業務内容（　　　　　）	石綿業務コード □□ 具体的業務内容（　　　　　）
従事労働者数	□□□□ 人	□□□□ 人	□□□□ 人
受診労働者数	□□□□ 人	□□□□ 人	□□□□ 人
上記のうち第二次健康診断を要するとされた者の数	人	人	人
第二次健康診断受診者数	人	人	人
上記のうち有所見者数	□□□□ 人	□□□□ 人	□□□□ 人
疾病にかかっていると診断された者の数	□□□□ 人	□□□□ 人	□□□□ 人

ページ □ ／ 総ページ □	産業医	氏名 所属機関の名称及び所在地

年　月　日

事業者職氏名

労働基準監督署長殿

受付印

様式第3号（第43条関係）（裏面）

備　考

1　□□□で表示された枠（以下「記入枠」という。）に記入する文字は，光学的文字読取装置（OCR）で直接読み取りを行うので，この用紙は汚したり，穴をあけたり，必要以上に折り曲げたりしないこと。

2　記載すべき事項のない欄又は記入枠は，空欄のままとすること。

3　記入枠の部分は，必ず黒のボールペンを使用し，様式右上に記載された「標準字体」にならって，枠からはみ出さないように大きめのアラビア数字で明瞭に記載すること。

4　「対象年」の欄は，報告対象とした健康診断の実施年を記入すること。

5　1年を通し順次健診を実施して，一定期間をまとめて報告する場合は，「対象年」の欄の（　月〜　月分）にその期間を記入すること。また，この場合の健診年月日は報告日に最も近い健診年月日を記入すること。

6　「対象年」の欄の（報告　回目）は，当該年の何回目の報告かを記入すること。

7　「事業の種類」の欄は，日本標準産業分類の中分類によって記入すること。

8　「健康診断実施機関の名称」及び「健康診断実施機関の所在地」の欄は，健康診断を実施した機関が2以上あるときは，その各々について記入すること。

9　「在籍労働者数」，「従事労働者数」及び「受診労働者数」の欄は，健康診断年月日現在の人数を記入すること。なお，この場合，「在籍労働者数」は常時使用する労働者数を，「従事労働者数」は別表に掲げる石綿業務に常時従事する労働者数をそれぞれ記入すること。

10　「石綿業務の種別」の欄は，別表を参照して，該当コードをすべて記入し，（　）内には具体的業務内容を記載すること。なお，該当コードを記入枠に記入しきれない場合には，報告書を複数枚使用し，2枚目以降の報告書については，該当コード及び具体的業務内容のほか「労働保険番号」，「健診年月日」及び「事業場の名称」の欄を記入すること。

別　表

コード	石綿業務の内容
01	アモサイト（これをその重量の0.1%を超えて含有する製剤その他の物を含む。）を製造し，又は取り扱う業務
02	クロシドライト（これをその重量の0.1%を超えて含有する製剤その他の物を含む。）を製造し，又は取り扱う業務
10	石綿（アモサイト及びクロシドライトを除く。）（これをその重量の0.1%を超えて含有する製剤その他の物を含む。）を製造し，又は取り扱う業務
20	石綿（これをその重量の0.1%を超えて含有する製剤その他の物を含む。）の製造又は取り扱いに伴い石綿の粉じんを発散する場所における業務（コード01，02及び10に掲げる業務を除く。）

様式第3号の2（第46条の3関係）

石 綿 分 析 用 試 料 等　製 造　輸 入　使 用　届

製 造 、 輸 入 又 は使 用 す る 石 綿 等 の用 途 及 び 数 量	
製 造 、 輸 入 又 は使 用 す る 期 間	
製 造 、 輸 入 又 は使 用 す る 事 業 場 等の 名 称 及 び 所 在 地	電話　（　　　）
製 造 、 輸 入 又 は使 用 す る 事 業 場 等の 代 表 者 の 職 氏 名	
参 　考 　事 　項	

　　　年　　月　　日

　　　　　　　　届出者

　　労働基準監督署長　殿

備考
1　表題中「製造」、「輸入」及び「使用」のうち該当しない文字は抹消すること。
2　「製造、輸入又は使用する石綿等の用途及び数量」の欄のうち、用途は次の区分で記入し、数量は用途別に記入すること。
　(1)　石綿の分析のための試料の用に供される石綿等
　(2)　石綿の使用状況の調査に関する知識又は技能の習得のための教育の用に供される石綿等
　(3)　(1)又は(2)の原料又は材料として使用される石綿等
3　「製造、輸入又は使用する期間」の欄は、製造又は使用にあっては製造又は使用する期間の始期及び終期を、輸入にあっては輸入する年月を、それぞれ用途別に記入すること。
4　「参考事項」の欄には、石綿等の保管場所、保管方法及び管理責任者並びに石綿等を製造する場合にあっては当該石綿等の譲渡又は提供の予定及び譲渡又は提供の相手方、石綿等を輸入する場合にあっては輸入事務を代行する機関名及びその所在地並びに当該石綿等に係る船（取）卸港名、積載船（機）名及び船荷証券番号又は石綿等を使用する場合にあっては当該石綿等の入手方法を記入すること。
5　製造し、輸入し、又は使用する事業場等の所在地を管轄する労働基準監督署長に提出すること。

様式第4号（第47条関係）

石 綿 等　製造 輸入 使用　許 可 申 請 書

石 綿 等 の 名 称				
目　　　　　　　的				
製造若しくは使用の期間又は 輸 入 年 月 日		製造	年 月 ～ 年 月	
		使用	年 月 ～ 年 月	
		輸入	年 月	
石 綿 等 の 数 量				g
製 造 又 は 使 用 の 概 要				
従 事 労 働 者 数		製造 名	使用 名	
製造設備等	建家概要の	床 面 積	m²	
		構 造		
	製 造 設 備 の 概 要		（密閉式の構造，ドラフトチェンバーの内部に設置）別添図面のとおり	
	使 用 設 備 の 概 要		別添図面のとおり	
保管	石 綿 等 を 入 れ る 容 器 の 概 要			
	石 綿 等 を 保 管 す る 場 所			
保護具	保 護 前 掛 の 種 類 別 個 数			
	保 護 手 袋 の 種 類 別 個 数			
	その他の保護具の種類別個数			
試 験 研 究 機 関 の 名 称				
試 験 研 究 機 関 の 所 在 地				
試験研究機関の代表者職氏名				
参 　 考 　 事 　 項				

年　　月　　日

住　所

氏　名

労働局長　殿

備考
1　表題中「製造」，「輸入」及び「使用」のうち該当しない文字は，抹消すること。
2　「建家の概要」の欄は，石綿等を製造し，又は使用する作業場所について記入すること。
3　「構造」の欄は，鉄筋コンクリート造り，木造等の別を記入すること。
4　「製造設備の概要」の欄は，該当するものに○を付すること。また，主要な製造設備ごとの密閉状況及び配管の接続部を示す図面又はドラフトチェンバーの構造を示す図面を添付すること。なお，製造設備をドラフトチェンバーの内部に設置する場合には，局所排気装置摘要書（労働安全衛生規則様式第25号）又はプッシュプル型換気装置摘要書（労働安全衛生規則様式第26号）を添付すること。
5　「石綿等を入れる容器の概要」の欄は，容器の材質及びその容量について記入すること。
6　「保護前掛の種類別個数」及び「保護手袋の種類別個数」の欄は，当該保護具の材質及びその個数を記入すること。
7　「その他の保護具の種類別個数」の欄は，防じんマスク等の種類別にその個数を記入すること。
8　「参考事項」の欄は，定期の健康診断の実施予定月及び実施機関名並びに石綿等を輸入する場合にあっては，輸入事務を代行する機関名及びその所在地並びに当該石綿等に係る船（取）卸港名，積載船（機）名及び船荷証券番号を記入すること。
9　住所は，届出をしようとする者が法人である場合にあっては，主たる事務所の所在地を記入すること。
10　氏名は，届出をしようとする者が法人である場合にあっては，名称及び代表者の氏名を記入すること。
11　許可申請書は，製造し，又は使用する試験研究機関の所在地を管轄する労働基準監督署長を経由して提出すること。

様式第５号（第47条関係）

製造等許可番号第　　　号

石　綿　等　製造
　　　　　　　輸入　許　可　証
　　　　　　　使用

石 綿 等 の 名 称	
申 請 者 の 住 所	
申 請 者 の 氏 名	
試験研究機関の 名称及び所在地	名　　称
	所 在 地

労働安全衛生法施行令第16条第２項第１号の規定により，申請のあった上記物質の　製造
　　　　　　　　　　　　　　　　　　　　　　　　　　　　　　　　　　　　　　　輸入　を許可する。
　　　　　　　　　　　　　　　　　　　　　　　　　　　　　　　　　　　　　　　使用

年　　月　　日

労働局長　　　　　　　　　　㊞

様式第5号の2（第48条の3関係）

石 綿 分 析 用 試 料 等 製 造 許 可 申 請 書

石　綿　等　の　用　途				
製　造　の　期　間		年　月　～　　　　　年　月		
従　事　労　働　者　数				名
生産計画等	石 綿 等 の 生 産 計 画	年間を通して生産 特定時期（　　月）に生産	生産予定量	（　　　　　／月）
	石 綿 等 の 最 大 生 産 能 力			（　　　　　／月）
製造設備等	建家の概要 床　面　積			m²
	構　　　造			
	製 造 設 備 の 概 要	（密閉式の構造、ドラフトチェンバーの内部に設置） 別添図面のとおり		
保管	石 綿 等 を 入 れ る 容 器 の 概 要			
	石 綿 等 を 保 管 す る 場 所			
保護具	保 護 前 掛 の 種 類 別 個 数			
	保 護 手 袋 の 種 類 別 個 数			
	そ の 他 の 保 護 具 の 種 類 別 個 数			
製 造 を 行 う 事 業 場 等 の 名 称 及 び 所 在 地				
製 造 を 行 う 事 業 場 等 の 代 表 者 職 氏 名				
参　　考　　事　　項				

　　　　年　　月　　日

```
┌──────────┐
│  収　入  │        住　所
│          │
│  印　紙  │        氏　名
└──────────┘
```

　　　　厚生労働大臣　殿

備考
1　「石綿等の用途」の欄は、次の区分で記入すること。
　(1)　石綿の分析のための試料の用に供される石綿等
　(2)　石綿の使用状況の調査に関する知識又は技能の習得のための教育の用に供される石綿等
　(3)　(1)又は(2)の原料又は材料として使用される石綿等
2　「建家の概要」の欄は、石綿等を製造する作業場所について記入すること。
3　「構造」の欄は、鉄筋コンクリート造り、木造等の別を記入すること。
4　「製造設備の概要」の欄は、該当するものに○を付すること。また、プラント並びに主要な製造設備ごと
　の密閉状況及び配管の接続部を示す図面又はドラフトチェンバーの構造を示す図面を添付すること。なお、
　製造設備をドラフトチェンバーの内部に設置する場合には、局所排気装置摘要書（労働安全衛生規則様式第
　25号）又はプッシュプル型換気装置摘要書（労働安全衛生規則様式第26号）を添付すること。
5　「石綿等を入れる容器の概要」の欄は、容器の材質及びその容量について記入すること。
6　「保護前掛の種類別個数」及び「保護手袋の種類別個数」の欄は、当該保護具の材質及びその個数を記入
　すること。
7　「その他の保護具の種類別個数」の欄は、防じんマスク等の種類別にその個数を記入すること。
8　「参考事項」の欄は、定期の健康診断の実施予定月及び実施機関名を記入すること。
9　住所は、届出をしようとする者が法人である場合にあっては、主たる事務所の所在地を記入すること。
10　氏名は、届出をしようとする者が法人である場合にあっては、名称及び代表者の氏名を記入すること。
11　許可申請書は、製造を行う事業場等の所在地を管轄する労働基準監督署長を経由して提出すること。
12　収入印紙は、申請者において消印しないこと。

様式第5号の3（第48条の3関係）

製造許可番号　第　　　　号

石 綿 分 析 用 試 料 等 製 造 許 可 証

申 請 者 の 住 所	
申 請 者 の 氏 名	
製造を行う事業場等の所在地	
製造を行う事業場等の名称	

　労働安全衛生法第56条第1項の規定により、申請のあった石綿分析用試料等の製造（申請に係るプラントにおける製造に限る。）を許可する。

　　　年　　月　　日

　　　　　　　　　　　　　　　　厚生労働大臣　　　　　　　　　㊞

250

様式5号の4（第48条の3関係）

石 綿 分 析 用 試 料 等 製 造 許 可 証　再 交 付　申 請 書
書　　替

製 造 許 可 番 号 及 び 許 可 年 月 日	
製 造 を 行 う 事 業 場 等 の 所 在 地 及 び 名 称	
再 交 付 又 は 書 替 え の 理 由	

　　　年　　　月　　　日

住所

氏名

　　厚生労働大臣　殿

備考
　1　住所は、申請者が法人である場合にあっては、主たる事務所の所在地を記入すること。
　2　氏名は、申請者が法人である場合にあっては、名称及び代表者の氏名を記入すること。
　3　申請書は、製造を行う事業場等の所在地を管轄する労働基準監督署長を経由して提出すること。

様式第6号（第49条関係）

石 綿 関 係 記 録 等 報 告 書

事 業 の 種 類	
事 業 場 の 名 称	
事 業 場 の 所 在 地	電話

　　　年　　　月　　　日

事業者　　　　　　

　　労働基準監督署長　殿

備考
　1　「事業の種類」の欄は日本標準産業分類の中分類により記入すること。
　2　この報告書に記載しきれない事項については別紙に記載して添付すること。

石綿障害予防規則第 4 条の 2 第 1 項第 3 号の規定に基づき
厚生労働大臣が定める物

（令和 2 年 7 月 27 日厚生労働省告示第 278 号）

　石綿障害予防規則（平成 17 年厚生労働省令第 21 号）第 4 条の 2 第 1 項第 3 号の石綿等が使用されているおそれが高いものとして厚生労働大臣が定めるものは，次に掲げる物（土地，建築物又は工作物に設置されているもの又は設置されていたものに限る。）とする。

1　反応槽
2　加熱炉
3　ボイラー及び圧力容器
4　配管設備（建築物に設ける給水設備，排水設備，換気設備，暖房設備，冷房設備，排煙設備等の建築設備を除く。）
5　焼却設備
6　煙突（建築物に設ける排煙設備等の建築設備を除く。）
7　貯蔵設備（穀物を貯蔵するための設備を除く。）
8　発電設備（太陽光発電設備及び風力発電設備を除く。）
9　変電設備
10　配電設備
11　送電設備（ケーブルを含む。）
12　トンネルの天井板
13　プラットホームの上家
14　遮音壁
15　軽量盛土保護パネル
16　鉄道の駅の地下式構造部分の壁及び天井板

附　則

この告示は，令和 4 年 4 月 1 日から施行する。

石綿障害予防規則第6条の2第2項の規定に基づき 厚生労働大臣が定める物

（令和2年7月27日厚生労働省告示第279号）

石綿障害予防規則（平成17年厚生労働省令第21号）第6条の2第2項の石綿含有成形品のうち特に石綿等の粉じんが飛散しやすいものとして厚生労働大臣が定めるものは，石綿等を含有するけい酸カルシウム板第一種とする。

附　則

この告示は，令和2年10月1日から施行する。

> 令和4年11月17日厚生労働省告示第335号の改正により，上記告示の名称及び本文の一部が以下のとおり改正される。
> 　「第6条の2第2項」が「第6条の2第3項」となる（施行日は令和5年4月1日）。

石綿障害予防規則第16条第1項第4号の 厚生労働大臣が定める性能

（平成17年3月31日　厚生労働省告示第129号）

（最終改正　平成21年3月31日　厚生労働省告示第198号）

石綿障害予防規則第16条第1項第4号の厚生労働大臣が定める性能は，石綿等（同令第2条に規定する石綿等をいう。）の粉じんが発散する作業場に設ける局所排気装置のフードの外側における空気1立方センチメートル当たりに占める石綿の5マイクロメートル以上の繊維の数が0.15を超えないものとする。

石綿障害予防規則第 16 条第 2 項第 3 号の
厚生労働大臣が定める要件

（平成 17 年 3 月 31 日厚生労働省告示第 130 号）

（最終改正　平成 18 年 8 月 2 日厚生労働省告示第 467 号）

　石綿障害予防規則（以下「石綿則」という。）第 16 条第 2 項第 3 号の厚生労働大臣が定める要件は，次のとおりとする。

1　密閉式プッシュプル型換気装置（ブースを有するプッシュプル型換気装置であって，送風機により空気をブース内へ供給し，かつ，ブースについて，フードの開口部を除き，天井，壁及び床が密閉されているもの並びにブース内へ空気を供給する開口部を有し，かつ，ブースについて，当該開口部及び吸込み側フードの開口部を除き，天井，壁及び床が密閉されているものをいう。以下同じ。）は，次に定めるところに適合するものであること。

イ　排風機によりブース内の空気を吸引し，当該空気をダクトを通して排気口から排出するものであること。

ロ　ブース内に下向きの気流（以下「下降気流」という。）を発生させること，石綿等（石綿則第 2 条に規定する石綿等をいう。以下同じ。）の粉じんの発散源にできるだけ近い位置に吸込み側フードを設けること等により，石綿等の粉じんの発散源から吸込み側フードへ流れる空気を石綿等に係る作業に従事する労働者が吸入するおそれがない構造のものであること。

ハ　捕捉面（吸込み側フードから最も離れた位置の石綿等の粉じんの発散源を通り，かつ，気流の方向に垂直な平面（ブース内に発生させる気流が下降気流であって，ブース内に石綿等に係る作業に従事する労働者が立ち入る構造の密閉式プッシュプル型換気装置にあっては，ブースの床上 1.5 メートルの高さの水平な平面）をいう。以下ハにおいて同じ。）における気流が次に定めるところに適合するものであること。

$$\sum_{i=1}^{n} \frac{V_i}{n} \geqq 0.2$$

$$\frac{3}{2} \sum_{i=1}^{n} \frac{V_i}{n} \geqq V_1 \geqq \frac{1}{2} \sum_{i=1}^{n} \frac{V_i}{n}$$

$$\frac{3}{2} \sum_{i=1}^{n} \frac{V_i}{n} \geqq V_2 \geqq \frac{1}{2} \sum_{i=1}^{n} \frac{V_i}{n}$$

$$\cdot \ \cdot \ \cdot \ \cdot \ \cdot \ \cdot \ \cdot \ \cdot$$

$$\frac{3}{2} \sum_{i=1}^{n} \frac{V_i}{n} \geqq V_n \geqq \frac{1}{2} \sum_{i=1}^{n} \frac{V_i}{n}$$

　これらの式において，n 及び V_1，V_2，・・・，V_n は，それぞれ次の値を表すものとする。

n　捕捉面を 16 以上の等面積の四辺形（1 辺の長さが 2 メートル以下であるものに限る。）に分けた場合における当該四辺形（当該四辺形の面積が 0.25 平方メートル以下の場合は，捕捉面を 6 以上の等面積の四辺形に分けた場合における当該四辺形。以下ハにおいて「四辺形」という。）の総数

V_1，V_2，・・・，V_n　ブース内に作業の対象物が存在しない状態での，各々の四辺形の中心点における捕捉面に垂直な方向の風速（単位メートル毎秒）

2　開放式プッシュプル型換気装置（密閉式プッシュプル型換気装置以外のプッシュプル型換気装置をいう。以下同じ。）は，次のいずれかに適合するものであること。

イ　次に掲げる要件を満たすものであること。

　(1)　送風機により空気を供給し，かつ，排風機により当該空気を吸引し，当該空気をダクトを通して排気口から排出するものであること。

　(2)　石綿等の粉じんの発散源が換気区域（吹出し側フードの開口部の任意の点と吸込み側フードの開口部の任意の点を結ぶ線分が通ることのある区域をいう。以下イにおいて同じ。）の内部に位置するものであること。

　(3)　換気区域内に下降気流を発生させること，石綿等の粉じんの発散源にできるだけ近い位置に吸込み側フードを設けること等により，石綿等の粉じんの発散源から吸込み側フードへ流れる空気を石綿等に係る作業に従事する労働者が吸入するおそれがない構造のものであること。

　(4)　捕捉面（吸込み側フードから最も離れた位置の石綿等の粉じんの発散源を通り，かつ，気流の方向に垂直な平面（換気区域内に発生させる気流が下降

気流であって，換気区域内に石綿等に係る作業に従事する労働者が立ち入る構造の開放式プッシュプル型換気装置にあっては，換気区域の床上1.5メートルの高さの水平な平面）をいう。以下同じ。）における気流が，次に定めるところに適合するものであること。

$$\sum_{i=1}^{n} \frac{V_i}{n} \geqq 0.2$$

$$\frac{3}{2} \sum_{i=1}^{n} \frac{V_i}{n} \geqq V_1 \geqq \frac{1}{2} \sum_{i=1}^{n} \frac{V_i}{n}$$

$$\frac{3}{2} \sum_{i=1}^{n} \frac{V_i}{n} \geqq V_2 \geqq \frac{1}{2} \sum_{i=1}^{n} \frac{V_i}{n}$$

$$\cdot \cdot \cdot \cdot \cdot \cdot \cdot \cdot \cdot \cdot$$

$$\frac{3}{2} \sum_{i=1}^{n} \frac{V_i}{n} \geqq V_n \geqq \frac{1}{2} \sum_{i=1}^{n} \frac{V_i}{n}$$

これらの式において，n及びV_1, V_2, ・・・, V_nは，それぞれ次の値を表すものとする。

n　捕捉面を16以上の等面積の四辺形（1辺の長さが2メートル以下であるものに限る。）に分けた場合における当該四辺形（当該四辺形の面積が0.25平方メートル以下の場合は，捕捉面を6以上の等面積の四辺形に分けた場合における当該四辺形。以下（4）において「四辺形」という。）の総数

V_1, V_2, ・・・, V_n　換気区域内に作業の対象物が存在しない状態での，各々の四辺形の中心点における捕捉面に垂直な方向の風速（単位メートル毎秒）

（5）　換気区域と換気区域以外の区域との境界におけるすべての気流が，吸込み側フードの開口部に向かうものであること。

ロ　次に掲げる要件を満たすものであること。

（1）　イ（1）に掲げる要件

（2）　石綿等の粉じんの発散源が換気区域（吹出し側フードの開口部から吸込み側フードの開口部に向かう気流が発生する区域をいう。以下ロにおいて同じ。）の内部に位置するものであること。

（3）　イ（3）に掲げる要件

（4）　イ（4）に掲げる要件

石綿障害予防規則第 17 条第 1 項の厚生労働大臣が定める要件

（平成 17 年 3 月 31 日厚生労働省告示第 131 号）

（最終改正　平成 21 年 3 月 31 日厚生労働省告示第 199 号）

石綿障害予防規則（以下「石綿則」という。）第 17 条第 1 項の厚生労働大臣が定める要件は，次のとおりとする。

1　石綿則第 12 条第 1 項の規定により設ける局所排気装置にあっては，そのフードの外側における空気 1 立方センチメートル当たりに占める石綿の 5 マイクロメートル以上の繊維の数が 0.15 を常態として超えないように稼働させること。

2　石綿則第 12 条第 1 項の規定により設けるプッシュプル型換気装置にあっては，次に定めるところによること。

イ　石綿障害予防規則第 16 条第 2 項第 3 号の厚生労働大臣が定める要件（平成 17 年厚生労働省告示第 130 号。以下「要件告示」という。）第 1 号に規定する密閉式プッシュプル型換気装置にあっては，同号ハに規定する捕捉面における気流が同号ハに定めるところに適合するように稼働させること。

ロ　要件告示第 2 号に規定する開放式プッシュプル型換気装置にあっては，次に掲げる要件を満たすように稼働させること。

（1）　要件告示第 2 号イの要件を満たす開放式プッシュプル型換気装置にあっては，同号イ（4）の捕捉面における気流が同号イ（4）に定めるところに適合した状態を保つこと。

（2）　要件告示第 2 号ロの要件を満たす開放式プッシュプル型換気装置にあっては，同号イ（4）の捕捉面における気流が同号ロ（4）に定めるところに適合した状態を保つこと。

令和 5 年 10 月 1 日より，以下の告示が施行される。

石綿障害予防規則第 3 条第 4 項の規定に基づき厚生労働大臣が定める者（抄）

（令和 2 年 7 月 27 日厚生労働省告示第 276 号）

（最終改正　令和 4 年 4 月 25 日厚生労働省告示第 171 号）

1　石綿障害予防規則（平成 17 年厚生労働省令第 21 号）第 3 条第 4 項の規定に基づき厚生労働大臣が定める者は，次の各号に掲げる調査対象物の区分に応じ，それぞれ当該各号に定める者とする。

①　建築物（建築物石綿含有建材調査者講習登録規程（平成 30 年厚生労働省，国土交通省，環境省告示第 1 号。以下「登録規程」という。）第 2 条第 4 項に規定する一戸建ての住宅及び共同住宅の住戸の内部（次号において「一戸建て住宅等」という。）を除く。）　同条第 2 項に規定する一般建築物石綿含有建材調査者，同条第 3 項に規定する特定建築物石綿含有建材調査者又はこれらの者と同等以上の能力を有すると認められる者

②　一戸建て住宅等　前号に掲げる者又は登録規程第 2 条第 4 項に規定する一戸建て等石綿含有建材調査者

③　船舶（鋼製の船舶に限る。以下同じ。）　船舶における石綿含有資材の使用実態の調査（以下「船舶石綿含有資材調査」という。）を行う者で，船舶石綿含有資材調査者講習を受講し，次項第 3 号の修了考査に合格した者又はこれと同等以上の知識を有すると認められる者（同項において「船舶石綿含有資材調査者」という。）

2　（略）

　附　則

この告示は，令和 5 年 10 月 1 日から施行する。

石綿障害予防規則第 3 条第 6 項の規定に基づき厚生労働大臣が定める者等（抄）

（令和 2 年 7 月 27 日厚生労働省告示第 277 号）

（分析調査を実施するために必要な知識及び技能を有する者として厚生労働大臣が定める者）

第 1 条　石綿障害予防規則（平成 17 年厚生労働省令第 21 号。次条第 2 号において「石綿則」という。）第 3 条第 6 項の規定に基づき厚生労働大臣が定める者は，次の各号のいずれかに該当する者とする。

1　分析調査講習を受講し，次条第 4 号及び第 5 号の修了考査に合格した者

2　前号に掲げる者と同等以上の知識及び技能を有すると認められる者

第 2 条　略

第 3 条　前二条に定めるもののほか，分析調査講習の実施に関し必要な事項は，厚生労働省労働基準局長が定める。

　　　附　則

この告示は，令和 5 年 10 月 1 日から施行する。

石綿作業主任者技能講習規程

（平成 18 年 2 月 16 日厚生労働省告示第 26 号）

（講師）

第 1 条　石綿作業主任者技能講習（以下「技能講習」という。）の講師は，労働安全衛生法（昭和 47 年法律第 57 号）別表第 20 第 11 号の表の講習科目の欄に掲げる講習科目に応じ，それぞれ同表の条件の欄に掲げる条件のいずれかに適合する知識経験を有する者とする。

〈労働安全衛生法別表第 20 第 11 号〉

　特定化学物質及び四アルキル鉛等作業主任者技能講習，鉛作業主任者技能講習，有機溶剤作業主任者技能講習及び石綿作業主任者技能講習

	講習科目	条　　　　件
学科講習	健康障害及びその予防措置に関する知識	1　学校教育法による大学において医学に関する学科を修めて卒業した者で，その後 2 年以上労働衛生に関する研究又は実務に従事した経験を有するものであること。 2　前号に掲げる者と同等以上の知識経験を有する者であること。
	作業環境の改善方法に関する知識	1　大学等において工学に関する学科を修めて卒業した者で，その後 2 年以上労働衛生に係る工学に関する研究又は実務に従事した経験を有するものであること。 2　前号に掲げる者と同等以上の知識経験を有する者であること。
	保護具に関する知識	1　大学等において工学に関する学科を修めて卒業した者で，その後 2 年以上保護具に関する研究又は実務に従事した経験を有するものであること。 2　前号に掲げる者と同等以上の知識経験を有する者であること。
	関係法令	1　大学等を卒業した者で，その後 1 年以上労働衛生の実務に従事した経験を有するものであること。 2　前号に掲げる者と同等以上の知識経験を有する者であること。

（講習科目の範囲及び時間）

第 2 条　技能講習は，次の表の上欄（編注・左欄）に掲げる講習科目に応じ，それぞれ，同表の中欄に掲げる範囲について同表の下欄（編注・右欄）に掲げる講習時間

により，教本等必要な教材を用いて行うものとする。

講習科目	範　　囲	講習時間
健康障害及びその予防措置に関する知識	石綿による健康障害の病理，症状，予防方法及び健康管理	2時間
作業環境の改善方法に関する知識	石綿等の性質及び使用状況　石綿等の製造及び取扱いに係る器具その他の設備の管理　建築物等の解体等の作業における石綿等の粉じんの発散を抑制する方法　作業環境の評価及び改善の方法	4時間
保護具に関する知識	石綿等の製造又は取扱いに係る保護具の種類，性能，使用方法及び管理	2時間
関係法令	労働安全衛生法，労働安全衛生法施行令及び労働安全衛生規則中の関係条項　石綿障害予防規則	2時間

②　前項の技能講習は，おおむね100人以内の受講者を1単位として行うものとする。

（修了試験）

第3条　技能講習においては，修了試験を行うものとする。

②　前項の修了試験は，講習科目について，筆記試験又は口述試験によって行う。

③　前項に定めるもののほか，修了試験の実施について必要な事項は，厚生労働省労働基準局長の定めるところによる。

石綿使用建築物等解体等業務特別教育規程

（平成 17 年 3 月 31 日厚生労働省告示第 132 号）

（最終改正　平成 21 年 2 月 5 日厚生労働省告示第 23 号）

　石綿障害予防規則第 27 条第 1 項の規定による特別の教育は，学科教育により，次の表の上欄（編注・左欄）に掲げる科目に応じ，それぞれ，同表の中欄に掲げる範囲について同表の下欄（編注・右欄）に掲げる時間以上行うものとする。

科　　目	範　　囲	時　　間
石綿の有害性	石綿の性状　石綿による疾病の病理及び症状　喫煙の影響	0.5 時間
石綿等の使用状況	石綿を含有する製品の種類及び用途　事前調査の方法	1 時間
石綿等の粉じんの発散を抑制するための措置	建築物，工作物又は船舶（鋼製の船舶に限る。）の解体等の作業の方法　湿潤化の方法　作業場所の隔離の方法　その他石綿等の粉じんの発散を抑制するための措置について必要な事項	1 時間
保護具の使用方法	保護具の種類，性能，使用方法及び管理	1 時間
その他石綿等のばく露の防止に関し必要な事項	労働安全衛生法（昭和 47 年法律第 57 号），労働安全衛生法施行令（昭和 47 年政令第 318 号），労働安全衛生規則（昭和 47 年労働省令第 32 号）及び石綿障害予防規則中の関係条項　石綿等による健康障害を防止するため当該業務について必要な事項	1 時間

建築物等の解体等の作業及び労働者が石綿等にばく露するおそれがある建築物等における業務での労働者の石綿ばく露防止に関する技術上の指針

（平成26年3月31日技術上の指針公示第21号）

（最終改正　令和2年9月8日技術上の指針公示第22号）

1　趣旨

　この指針は，建築物等の解体等の作業又は労働者が石綿等にばく露するおそれがある建築物等における業務を行う労働者の石綿のばく露による健康障害を予防するため，石綿障害予防規則（平成17年厚生労働省令第21号。以下「石綿則」という。）に規定する事前調査及び分析調査，石綿を含有する材料の除去等の作業における措置及び労働者が石綿等にばく露するおそれがある建築物等における業務に係る措置等に関する留意事項について規定したものである。

2　建築物等の解体等の作業における留意事項及び推奨される事項

2-1　事前調査及び分析調査

(1)　使用されている可能性がある石綿含有材料の種類が多岐に亘るような大規模建築物又は改修を繰り返しており石綿含有材料の特定が難しい建築物については，建築物石綿含有建材調査者講習登録規程（平成30年厚生労働省，国土交通省，環境省告示第1号）第2条第3項に規定する特定建築物石綿含有建材調査者又は一定の事前調査の経験を有する同条第2項に規定する一般建築物石綿含有建材調査者が事前調査を行うことが望ましいこと。

(2)　事前調査において，石綿等の含有を判断するに当たっては，国土交通省及び経済産業省が公表する「アスベスト含有建材データベース」を活用することが望ましいこと。

(3)　事前調査のために，天井板を外す等，囲い込まれた部分を解放するに当たっては，当該部分の内部に吹き付けられた石綿等が存在し，天井板に石綿等の粉じんが堆積している等，囲い込みを解放する作業により石綿等の粉じんが飛散するおそれがあることから，あらかじめ作業場所を隔離するとともに，呼吸用保護具を使用することが望ましいこと。

(4)　吹付け材について分析調査を行う場合は，次に掲げる措置を講じることが望ましいこと。

　ア　石綿をその重量の 0.1 パーセントを超えて含有するか否かの判断のみならず，石綿の含有率についても分析し，ばく露防止措置を講ずる際の参考とすること。

　イ　建築物等に補修若しくは増改築がなされている場合又は吹付け材の色が一部異なる場合等吹付けが複数回行われていることが疑われるときには，吹付け材が吹き付けられた場所ごとに試料を採取して，それぞれ石綿をその重量の 0.1 パーセントを超えて含有するか否かを判断すること。

　ウ　試料の採取に当たっては，表面にとどまらず下地近くまで採取すること。

(5)　試料の採取のために材料の穿孔等を行う場合は，呼吸用保護具を使用するとともに，当該材料を湿潤な状態のものとすることが望ましいこと。

2-2　吹き付けられた石綿等の除去等に係る措置

2-2-1　隔離等の措置

　石綿則第 6 条第 2 項に規定する隔離，集じん・排気装置の設置，前室等の設置及び負圧（以下「隔離等」という。）の措置は，次の (1) から (5) までに定めるところによることが望ましいこと。

(1)　隔離の方法

　ア　床面は厚さ 0.15 ミリメートル以上のプラスチックシートで二重に貼り，壁面は厚さ 0.08 ミリメートル以上のプラスチックシートで貼り，折り返し面（留め代）として，30 から 45 センチメートル程度を確保することにより，出入口及び集じん・排気装置の排気口を除いて作業場所を密閉すること。

　イ　隔離空間については，内部を負圧に保つため，作業に支障のない限り小さく設定すること。

　ウ　吹き付けられた石綿等の除去等の作業を開始する前に，隔離が適切になされ漏れがないことを，隔離空間の内部の吹き付けられた石綿等の除去等を行う全ての対象部分並びに床面及び壁面に貼った全てのプラスチックシートについて目視及びスモークテスターで確認すること。

(2)　集じん・排気装置の設置方法

　ア　集じん・排気装置は，内部にフィルタ（1 次フィルタ，2 次フィルタ及び HEPA フィルタ（日本産業規格（JIS）Z8122 に定める 99.97 パーセント以上の

粒子捕集効率を有する集じん性能の高いフィルタをいう。以下同じ。）を組み込んだものとするとともに，隔離空間の内部の容積の空気を1時間に4回以上排気する能力を有するものとすること。

　　イ　集じん・排気装置は，隔離空間の構造を考慮し，効率よく内部の空気を排気できるよう可能な限り前室と対角線上の位置に設置すること。また，内部の空間を複数に隔てる壁等がある場合等には，吸引ダクトを活用して十分に排気がなされるようにすること。

(3)　隔離空間への入退室時の留意事項

　　ア　隔離空間への入退室に当たっては，隔離空間の出入口の覆いを開閉する時間を最小限にとどめること。また，中断した作業再開の際に集じん・排気装置の電源を入れるために入室するに当たっては，内部が負圧となっていないことから，特に注意すること。

　　イ　隔離空間からの退室に当たっては，身体に付着した石綿等の粉じんを外部に運び出さないよう，洗身室での洗身を十分に行うこと。また，石綿則第4条に基づき作業計画を定める際には，洗身を十分に行うことができる時間を確保できるよう，作業の方法及び順序を定めること。

(4)　湿潤な状態のものとする方法

　　吹き付けられた石綿等の除去等に当たっては，材料の内部に浸透する飛散抑制剤又は表面に皮膜を形成し残存する粉じんの飛散を防止することができる粉じん飛散防止処理剤を使用することにより石綿等を湿潤な状態のものとし，隔離空間内の石綿等の粉じんの飛散を抑制又は防止すること。

(5)　その他

　　ア　隔離空間が強風の影響を受け，石綿等の粉じんが飛散するおそれがある場合には，木板，鋼板等を設置する等の措置を講じること。

　　イ　隔離空間での作業を迅速かつ正確に行い，外部への石綿等の粉じんの漏えいの危険性を減ずるとともに吹き付けられた石綿等の除去等の漏れを防ぐため，隔離空間の内部では照度を確保すること。

2-2-2　集じん・排気装置の稼働状況の確認，保守点検等

　集じん・排気装置の稼働状況の確認，保守点検等石綿則第6条第2項に規定する集じん・排気装置の取扱いについては，次の(1)から(5)までに定めるところによることが望ましいこと。

(1)　吹き付けられた石綿等の除去等の作業を開始する前に，集じん・排気装置を稼働させ，正常に稼働すること及び粉じんを漏れなく捕集することを点検すること。

(2)　集じん・排気装置の稼働により，隔離空間の内部及び前室の負圧化が適切に行われていること及び集じん・排気装置を通って石綿等の粉じんの漏えいが生じないことについて，定期的に確認を行うこと。

(3)　集じん・排気装置の保守点検を定期的に行うこと。また，保守点検，フィルタ交換等を実施した場合には，実施事項及びその結果，日時並びに実施者を記録すること。

(4)　集じん・排気装置の稼働状況の確認及び保守点検は，集じん・排気装置の取扱い及び石綿による健康障害の防止に関して，知識及び経験を有する者が行うこと。

(5)　吹き付けられた石綿等の除去等の作業を一時中断し，集じん・排気装置を停止させるに当たっては，空中に浮遊する石綿等の粉じんが隔離空間から外部へ漏えいしないよう，故障等やむを得ない場合を除き，同装置を作業中断後1時間半以上稼働させ集じんを行うこと。

2-2-3　隔離の解除に係る措置

　石綿則第6条第3項に規定する隔離の解除に当たっては，次の (1) から (5) までに定める措置を講じることが望ましいこと。

(1)　あらかじめ，HEPA フィルタ付きの真空掃除機により隔離空間の内部の清掃を行うこと。

(2)　石綿等の粉じんが隔離空間の内部に浮遊したまま残存しないよう，(1) 及び石綿則第6条第3項に規定する湿潤化並びに除去完了の確認後，1時間半以上集じん・排気装置を稼働させ，集じんを行うこと。なお，含有する石綿の種類，浮遊状況により，確実な集じんが行われる程度に稼働時間は長くすること。

(3)　隔離空間の内部の空気中の総繊維数濃度を測定し，石綿等の粉じんの処理がなされていることを確認すること。

(4)　隔離の解除を行った後に，隔離がなされていた作業場所の前室付近について，HEPA フィルタ付きの真空掃除機により清掃を行うこと。

(5)　(1) から (4) までの作業では労働者に呼吸用保護具を使用させること。

2-2-4　吹き付けられた石綿等の近傍における附属設備の除去に係る措置

　　吹き付けられた石綿等の近傍の照明等附属設備を除去するに当たっては，石綿等に接触して石綿等の粉じんを飛散させるおそれがあるため，当該設備の除去の前に，隔離等をすること。

2-3　石綿含有成形品及び石綿含有仕上げ塗材の除去に係る措置

　　石綿則第 6 条の 2 第 2 項及び第 6 条の 3 の規定に基づく隔離の解除に当たっては，あらかじめ，HEPA フィルタ付きの真空掃除機により隔離空間の内部の清掃を行うことが望ましいこと。

2-4　石綿含有シール材の取り外しに係る措置

　　固着が進んだ配管等のシール材の除去を行うに当たっては，十分に湿潤化させ，グローブバッグ等による隔離を行うことが望ましいこと。

2-5　雑則

2-5-1　呼吸用保護具等の選定

(1)　　隔離空間の外部で石綿等の除去等の作業を行う際に使用する呼吸用保護具は，電動ファン付き呼吸用保護具，これと同等以上の性能を有する空気呼吸器，酸素呼吸器若しくは送気マスク又は取替え式防じんマスク（防じんマスクの規格（昭和 63 年労働省告示第 19 号）に規定する RS3 又は RL3 のものに限る。）とすることが望ましいこと。ただし，石綿等の切断等を伴わない囲い込みの作業又は石綿含有成形品等を切断等を伴わずに除去する作業では，同規格に規定する RS2 又は RL2 の取替え式防じんマスクとして差し支えないこと。

(2)　　石綿含有成形品等の除去作業を行う作業場所で，石綿等の除去等以外の作業を行う場合には，取替え式防じんマスク又は使い捨て式防じんマスクを使用させることが望ましいこと。

(3)　　隔離空間の内部での作業においては，フード付きの保護衣を使用することが望ましいこと。

2-5-2　漏えいの監視

　　負圧の点検及び集じん・排気装置からの石綿等の粉じんの漏洩の有無の点検に加え，吹き付けられた石綿等の除去等の作業における石綿等の粉じんの隔離空間の外部への漏えいを監視するため，スモークテスターに加え，粉じん相対濃度計（いわゆるデジタル粉じん計をいう。），繊維状粒子自動測定機（いわゆるリアルタイムモニターをいう。）又はこれらと同様に空気中の粉じん濃度を迅速に計測することが

できるものを使用し，常時粉じん濃度を測定することが望ましいこと。

2-5-3　建築物等から除去した石綿を含有する廃棄物の扱い

　建築物等から除去した石綿を含有する廃棄物は，廃棄物の処理及び清掃に関する法律（昭和 45 年法律第 137 号）等の関係法令に基づき，適切に廃棄すること。

3　労働者が石綿等にばく露するおそれがある建築物等における業務における留意事項

3-1　労働者を常時就業させる建築物等に係る措置

(1)　事業者は，その労働者を常時就業させる建築物若しくは船舶の壁，柱，天井等又は当該建築物若しくは船舶に設置された工作物に，吹付け材又は保温材，耐火被覆材等が封じ込め又は囲い込みがされていない状態である場合は，石綿等の使用の有無を調査することが望ましいこと。

(2)　事業者は，その労働者を常時就業させる建築物若しくは船舶の壁，柱，天井等又は当該建築物若しくは船舶に設置された工作物について，建築物貸与者は当該建築物の貸与を受けた二以上の事業者が共用する廊下の壁等について，吹き付けられた石綿等又は張り付けられた石綿含有保温材等が封じ込め又は囲い込みがされていない状態である場合は，損傷，劣化等の状況について，定期的に目視又は空気中の総繊維数濃度を測定することにより点検することが望ましいこと。

3-2　労働者を建築物等において臨時に就業させる場合の措置

　石綿則第 10 条第 2 項に規定する労働者を建築物等において臨時に就業させる場合は，次の (1) から (3) までの措置を講じることが望ましい。

(1)　事業者は，その労働者を臨時に就業させる建築物若しくは船舶の壁，柱，天井等又は当該建築物若しくは船舶に設置された工作物に吹き付けられた石綿等又は張り付けられた石綿含有保温材等の有無及びその損傷，劣化等の状況について，当該業務の発注者からの聞取り等により確認すること。

(2)　事業者は，石綿等の粉じんの飛散状況が不明な場合は，石綿等の粉じんが飛散しているものと見なし，労働者に呼吸用保護具及び作業衣又は保護衣を使用させること。

(3)　建築物又は船舶において臨時に労働者を就業させる業務の発注者（注文者のうち，その仕事を他の者から請け負わないで注文している者をいう。）は，当

該仕事の請負人に対し，当該建築物若しくは船舶の壁，柱，天井等又は当該建築物若しくは船舶に設置された工作物に吹き付けられた石綿等又は張り付けられた石綿含有保温材等の有無及びその損傷，劣化等の状況を通知すること。

第4章　じん肺法（抄）
じん肺法施行規則（抄）

（昭和 35 年 3 月 31 日法律第 30 号）

（最終改正　平成 30 年 7 月 6 日法律第 71 号）

（昭和 35 年 3 月 31 日労働省令第 6 号）

（最終改正　令和 2 年 12 月 25 日厚生労働省令第 208 号）

第1章　総則

（目的）

第1条　この法律は，じん肺に関し，適正な予防及び健康管理その他必要な措置を講ずることにより，労働者の健康の保持その他福祉の増進に寄与することを目的とする。

（定義）

第2条　この法律において，次の各号に掲げる用語の意義は，それぞれ当該各号に定めるところによる。

1　じん肺　粉じんを吸入することによつて肺に生じた線維増殖性変化を主体とする疾病をいう。

2　合併症　じん肺と合併した肺結核その他のじん肺の進展経過に応じてじん肺と密接な関係があると認められる疾病をいう。

3　粉じん作業　当該作業に従事する労働者がじん肺にかかるおそれがあると認められる作業をいう。

4　労働者　労働基準法（昭和 22 年法律第 49 号）第 9 条に規定する労働者（同居の親族のみを使用する事業又は事務所に使用される者及び家事使用人を除く。）をいう。

5　事業者　労働安全衛生法（昭和 47 年法律第 57 号）第 2 条第 3 号に規定する事業者で，粉じん作業を行う事業に係るものをいう。

②　合併症の範囲については，厚生労働省令で定める。

③　粉じん作業の範囲は，厚生労働省令で定める。

じん肺法施行規則

（合併症）

第1条　じん肺法（以下「法」という。）第2条第1項第2号の合併症は，じん肺管理区分が管理2又は管理3と決定された者に係るじん肺と合併した次に掲げる疾病とする。

　　1　肺結核

　　2　結核性胸膜炎

　　3　続発性気管支炎

　　4　続発性気管支拡張症

　　5　続発性気胸

　　6　原発性肺がん

（粉じん作業）

第2条　法第2条第1項第3号の粉じん作業は，別表に掲げる作業のいずれかに該当するものとする。ただし，粉じん障害防止規則（昭和54年労働省令第18号）第2条第1項第1号ただし書の認定を受けた作業を除く。

別表（第2条関係）

　　第1号～第23号　略

　　24　石綿を解きほぐし，合剤し，紡績し，紡織し，吹き付けし，積み込み，若しくは積み卸し，又は石綿製品を積層し，縫い合わせ，切断し，研磨し，仕上げし，若しくは包装する場所における作業

（じん肺健康診断）

第3条　この法律の規定によるじん肺健康診断は，次の方法によつて行うものとする。

　1　粉じん作業についての職歴の調査及びエツクス線写真（直接撮影による胸部全域のエツクス線写真をいう。以下同じ。）による検査

　2　厚生労働省令で定める方法による胸部に関する臨床検査及び肺機能検査

　3　厚生労働省令で定める方法による結核精密検査その他厚生労働省令で定める検査

②　前項第2号の検査は，同項第1号の調査及び検査の結果，じん肺の所見がないと診断された者以外の者について行う。ただし，肺機能検査については，エックス線

写真に一側の肺野の3分の1を超える大きさの大陰影（じん肺によるものに限る。次項及び次条において同じ。）があると認められる者その他厚生労働省令で定める者を除く。

③　第1項第3号の結核精密検査は同項第1号及び第2号の調査及び検査（肺機能検査を除く。）の結果，じん肺の所見があると診断された者のうち肺結核にかかつており，又はかかつている疑いがあると診断された者について，同項第3号の厚生労働省令で定める検査は同項第1号及び第2号の調査及び検査の結果，じん肺の所見があると診断された者のうち肺結核以外の合併症にかかつている疑いがあると診断された者（同項第3号の厚生労働省令で定める検査を受けることが必要であると認められた者に限る。）について行う。ただし，エツクス線写真に一側の肺野の3分の1を超える大きさの大陰影があると認められる者を除く。

じん肺法施行規則

（胸部に関する臨床検査）

第4条　法第3条第1項第2号の胸部に関する臨床検査は，次に掲げる調査及び検査によつて行うものとする。

1　既往歴の調査

2　胸部の自覚症状及び他覚所見の有無の検査

（肺機能検査）

第5条　法第3条第1項第2号の肺機能検査は，次に掲げる検査によつて行うものとする。

1　スパイロメトリー及びフローボリューム曲線による検査

2　動脈血ガスを分析する検査

②　前項第2号の検査は，次に掲げる者について行う。

1　前項第1号の検査又は前条の検査の結果，じん肺による著しい肺機能の障害がある疑いがあると診断された者（次号に掲げる者を除く。）

2　エツクス線写真の像が第3型又は第4型（じん肺による大陰影の大きさが一側の肺野の3分の1以下のものに限る。）と認められる者

（結核精密検査）

第6条　法第3条第1項第3号の結核精密検査は，次に掲げる検査によつて行うものとする。この場合において，医師が必要でないと認める一部の

検査は省略することができる。

1　結核菌検査

2　エックス線特殊撮影による検査

3　赤血球沈降速度検査

4　ツベルクリン反応検査

（肺結核以外の合併症に関する検査）

第7条　法第3条第1項第3号の厚生労働省令で定める検査は，次に掲げる検査のうち医師が必要であると認めるものとする。

1　結核菌検査

2　たんに関する検査

3　エックス線特殊撮影による検査

（肺機能検査の免除）

第8条　法第3条第2項ただし書の厚生労働省令で定める者は，次に掲げる者とする。

1　第6条の検査の結果，肺結核にかかつていると診断された者

2　法第3条第1項第1号の調査及び検査，第4条の検査又は前条の検査の結果，じん肺の所見があり，かつ，第1条第2号から第6号までに掲げる疾病にかかつていると診断された者

（エックス線写真の像及びじん肺管理区分）

第4条　じん肺のエックス線写真の像は，次の表の下欄（編注：右欄）に掲げるところにより，第1型から第4型までに区分するものとする。

型	エックス線写真の像
第1型	両肺野にじん肺による粒状影又は不整形陰影が少数あり，かつ，大陰影がないと認められるもの
第2型	両肺野にじん肺による粒状影又は不整形陰影が多数あり，かつ，大陰影がないと認められるもの
第3型	両肺野にじん肺による粒状影又は不整形陰影が極めて多数あり，かつ，大陰影がないと認められるもの
第4型	大陰影があると認められるもの

②　粉じん作業に従事する労働者及び粉じん作業に従事する労働者であつた者は，じ

ん肺健康診断の結果に基づき，次の表の下欄（編注：右欄）に掲げるところにより，管理1から管理4までに区分して，この法律の規定により，健康管理を行うものとする。

じん肺管理区分		じん肺健康診断の結果
管理1		じん肺の所見がないと認められるもの
管理2		エツクス線写真の像が第1型で，じん肺による著しい肺機能の障害がないと認められるもの
管理3	イ	エツクス線写真の像が第2型で，じん肺による著しい肺機能の障害がないと認められるもの
	ロ	エツクス線写真の像が第3型又は第4型（大陰影の大きさが一側の肺野の3分の1以下のものに限る。）で，じん肺による著しい肺機能の障害がないと認められるもの
管理4		（1）　エツクス線写真の像が第4型（大陰影の大きさが一側の肺野の3分の1を超えるものに限る。）と認められるもの （2）　エツクス線写真の像が第1型，第2型，第3型又は第4型（大陰影の大きさが一側の肺野の3分の1以下のものに限る。）で，じん肺による著しい肺機能の障害があると認められるもの

（予防）

第5条　事業者及び粉じん作業に従事する労働者は，じん肺の予防に関し，労働安全衛生法及び鉱山保安法（昭和24年法律第70号）の規定によるほか，粉じんの発散の防止及び抑制，保護具の使用その他について適切な措置を講ずるように努めなければならない。

（教育）

第6条　事業者は，労働安全衛生法及び鉱山保安法の規定によるほか，常時粉じん作業に従事する労働者に対してじん肺に関する予防及び健康管理のために必要な教育を行わなければならない。

第2章　健康管理

第1節　じん肺健康診断の実施

（就業時健康診断）

第7条　事業者は，新たに常時粉じん作業に従事することとなつた労働者（当該作業に従事することとなつた日前1年以内にじん肺健康診断を受けて，じん肺管理区分が管理2又は管理3イと決定された労働者その他厚生労働省令で定める労働者を除く。）に対して，その就業の際，じん肺健康診断を行わなければならない。この場合において，当該じん肺健康診断は，厚生労働省令で定めるところにより，その一部を省略することができる。

（定期健康診断）

第8条　事業者は，次の各号に掲げる労働者に対して，それぞれ当該各号に掲げる期間以内ごとに1回，定期的に，じん肺健康診断を行わなければならない。

1　常時粉じん作業に従事する労働者（次号に掲げる者を除く。）　3年

2　常時粉じん作業に従事する労働者でじん肺管理区分が管理2又は管理3であるもの　1年

3　常時粉じん作業に従事させたことのある労働者で，現に粉じん作業以外の作業に常時従事しているもののうち，じん肺管理区分が管理2である労働者（厚生労働省令で定める労働者を除く。）　3年

4　常時粉じん作業に従事させたことのある労働者で，現に粉じん作業以外の作業に常時従事しているもののうち，じん肺管理区分が管理3である労働者（厚生労働省令で定める労働者を除く。）　1年

②　前条後段の規定は，前項の規定によるじん肺健康診断を行う場合に準用する。

（定期外健康診断）

第9条　事業者は，次の各号の場合には，当該労働者に対して，遅滞なく，じん肺健康診断を行わなければならない。

1　常時粉じん作業に従事する労働者（じん肺管理区分が管理2，管理3又は管理4と決定された労働者を除く。）が，労働安全衛生法第66条第1項又は第2項の健康診断において，じん肺の所見があり，又はじん肺にかかつている疑いがあると診断されたとき。

2　合併症により1年を超えて療養のため休業した労働者が，医師により療養のた

め休業を要しなくなつたと診断されたとき。

3　前二号に掲げる場合のほか，厚生労働省令で定めるとき。

②　第7条後段の規定は，前項の規定によるじん肺健康診断を行う場合に準用する。

（離職時健康診断）

第9条の2　事業者は，次の各号に掲げる労働者で，離職の日まで引き続き厚生労働省令で定める期間を超えて使用していたものが，当該離職の際にじん肺健康診断を行うように求めたときは，当該労働者に対して，じん肺健康診断を行わなければならない。ただし，当該労働者が直前にじん肺健康診断を受けた日から当該離職の日までの期間が，次の各号に掲げる労働者ごとに，それぞれ当該各号に掲げる期間に満たないときは，この限りでない。

1　常時粉じん作業に従事する労働者（次号に掲げる者を除く。）　1年6月

2　常時粉じん作業に従事する労働者でじん肺管理区分が管理2又は管理3であるもの　6月

3　常時粉じん作業に従事させたことのある労働者で，現に粉じん作業以外の作業に常時従事しているもののうち，じん肺管理区分が管理2又は管理3である労働者（厚生労働省令で定める労働者を除く。）　6月

②　第7条後段の規定は，前項の規定によるじん肺健康診断を行う場合に準用する。

じん肺法施行規則

（就業時健康診断の免除）

第9条　法第7条の厚生労働省令で定める労働者は，次に掲げる労働者とする。

1　新たに常時粉じん作業に従事することとなつた日前に常時粉じん作業に従事すべき職業に従事したことがない労働者

2　新たに常時粉じん作業に従事することとなつた日前1年以内にじん肺健康診断を受けて，じん肺の所見がないと診断され，又はじん肺管理区分が管理1と決定された労働者

3　新たに常時粉じん作業に従事することとなつた日前6月以内にじん肺健康診断を受けて，じん肺管理区分が管理3ロと決定された労働者

（じん肺健康診断の一部省略）

第10条　事業者は，法第7条から第9条の2までの規定によりじん肺健康

診断を行う場合において，当該じん肺健康診断を行う日前3月以内に法第3条第1項各号の検査の全部若しくは一部を行つたとき，又は労働者が当該じん肺健康診断を行う日前3月以内に当該検査を受け，当該検査に係るエックス線写真若しくは検査の結果を証明する書面を事業者に提出したときは，当該検査に相当するじん肺健康診断の一部を省略することができる。

② 　事業者は，次条第2号に掲げるときに法第9条の規定によりじん肺健康診断を行う場合には，法第3条第1項第1号及び第2号並びに第6条及び第7条第1号の検査を省略することができる。

（定期外健康診断の実施）

第11条　法第9条第1項第3号の厚生労働省令で定めるときは，次に掲げるときとする。

1 　合併症により1年を超えて療養した労働者が，医師により療養を要しなくなつたと診断されたとき（法第9条第1項第2号に該当する場合を除く。）。

2 　常時粉じん作業に従事させたことのある労働者で，現に粉じん作業以外の作業に常時従事しているもののうち，じん肺管理区分が管理2である労働者が，労働安全衛生規則（昭和47年労働省令第32号）第44条又は第45条の健康診断（同令第44条第1項第4号に掲げる項目に係るものに限る。）において，肺がんにかかつている疑いがないと診断されたとき以外のとき。

（離職時健康診断の対象となる労働者の雇用期間）

第12条　法第9条の2第1項の厚生労働省令で定める期間は，1年とする。

（労働安全衛生法の健康診断との関係）

第10条　事業者は，じん肺健康診断を行つた場合においては，その限度において，労働安全衛生法第66条第1項又は第2項の健康診断を行わなくてもよい。

（受診義務）

第11条　関係労働者は，正当な理由がある場合を除き，第7条から第9条までの規定により事業者が行うじん肺健康診断を受けなければならない。ただし，事業者が指定した医師の行うじん肺健康診断を受けることを希望しない場合において，他の医師の行うじん肺健康診断を受け，当該エックス線写真及びじん肺健康診断の結果

を証明する書面その他厚生労働省令で定める書面を事業者に提出したときは，この限りでない。

第2節　じん肺管理区分の決定等

（事業者によるエックス線写真等の提出）

第12条　事業者は，第7条から第9条の2までの規定によりじん肺健康診断を行つたとき，又は前条ただし書の規定によりエックス線写真及びじん肺健康診断の結果を証明する書面その他の書面が提出されたときは，遅滞なく，厚生労働省令で定めるところにより，じん肺の所見があると診断された労働者について，当該エックス線写真及びじん肺健康診断の結果を証明する書面その他厚生労働省令で定める書面を都道府県労働局長に提出しなければならない。

じん肺法施行規則

（事業者によるエックス線写真等の提出の手続）

第13条　法第12条の規定による提出をしようとする事業者は，様式第2号による提出書にエックス線写真及び様式第3号によるじん肺健康診断の結果を証明する書面を添えて，当該作業場の属する事業場の所在地を管轄する都道府県労働局長（以下「所轄都道府県労働局長」という。）に提出しなければならない。

第14条　法第7条から第9条の2までの規定によるじん肺健康診断をその一部を省略して行つた事業者は，法第12条の規定によりエックス線写真及びじん肺健康診断の結果を証明する書面を提出する場合においては，その省略したじん肺健康診断の一部に相当する検査に係るエックス線写真又は当該検査の結果を証明する書面を添付しなければならない。

（じん肺管理区分の決定手続等）

第13条　第7条から第9条の2まで又は第11条ただし書の規定によるじん肺健康診断の結果，じん肺の所見がないと診断された者のじん肺管理区分は，管理1とする。

②　都道府県労働局長は，前条の規定により，エックス線写真及びじん肺健康診断の結果を証明する書面その他厚生労働省令で定める書面が提出されたときは，これら

を基礎として，地方じん肺診査医の診断又は審査により，当該労働者についてじん肺管理区分の決定をするものとする。

③～⑤　略

（通知）

第14条　都道府県労働局長は，前条第2項の決定をしたときは，厚生労働省令で定めるところにより，その旨を当該事業者に通知するとともに，遅滞なく，第12条又は前条第3項若しくは第4項の規定により提出されたエックス線写真その他の物件を返還しなければならない。

②　事業者は，前項の規定による通知を受けたときは，遅滞なく，厚生労働省令で定めるところにより，当該労働者（厚生労働省令で定める労働者であつた者を含む。）に対して，その者について決定されたじん肺管理区分及びその者が留意すべき事項を通知しなければならない。

③　事業者は，前項の規定による通知をしたときは，厚生労働省令で定めるところにより，その旨を記載した書面を作成し，これを3年間保存しなければならない。

じん肺法施行規則

（じん肺管理区分の決定の通知）

第16条　法第14条第1項（法第15条第3項，第16条第2項及び第16条の2第2項において準用する場合を含む。）の規定による通知は，所轄都道府県労働局長がじん肺管理区分決定通知書（様式第4号）により行うものとする。

第17条　法第14条第2項（法第16条第2項及び第16条の2第2項において準用する場合を含む。第19条において同じ。）の規定による通知は，じん肺管理区分等通知書（様式第5号）により行うものとする。

（通知の対象となる労働者であつた者）

第18条　法第14条第2項の厚生労働省令で定める労働者であつた者は，当該事業者に使用されている間にその者について決定されたじん肺管理区分及びその者が留意すべき事項の通知を受けることなく離職した者とする。

（通知の事実を記載した書面の作成）

第19条　事業者は，法第14条第2項の規定により通知をしたときは，当該通知を受けた労働者が当該通知を受けた旨を記入し，かつ，署名又は記

名押印をした書面を作成しなければならない。

（随時申請）

第15条　常時粉じん作業に従事する労働者又は常時粉じん作業に従事する労働者であつた者は，いつでも，じん肺健康診断を受けて，厚生労働省令で定めるところにより，都道府県労働局長にじん肺管理区分を決定すべきことを申請することができる。

②～③　略

第16条　事業者は，いつでも，常時粉じん作業に従事する労働者又は常時粉じん作業に従事する労働者であつた者について，じん肺健康診断を行い，厚生労働省令で定めるところにより，都道府県労働局長にじん肺管理区分を決定すべきことを申請することができる。

②　略

じん肺法施行規則

（随時申請の手続）

第20条　法第15条第1項又は第16条第1項の規定による申請は，じん肺管理区分決定申請書（様式第6号）を所轄都道府県労働局長（常時粉じん作業に従事する労働者であつた者（事業場において現に粉じん作業以外の作業に常時従事しており，かつ，当該事業場において常時粉じん作業に従事していたことがある者を除く。）にあつては，その者の住所を管轄する都道府県労働局長）に提出することによつて行うものとする。

②　法第15条第2項（法第16条第2項において準用する場合を含む。）に規定するじん肺健康診断の結果を証明する書面は，様式第3号によるものとする。

（記録の作成及び保存等）

第17条　事業者は，厚生労働省令で定めるところにより，その行つたじん肺健康診断及び第11条ただし書の規定によるじん肺健康診断に関する記録を作成しなければならない。

②　事業者は，厚生労働省令で定めるところにより，前項の記録及びじん肺健康診断

に係るエックス線写真を7年間保存しなければならない。

じん肺法施行規則

（記録の作成及び保存等）

第22条　事業者は，法第7条から第9条の2までの規定によりじん肺健康診断を行つたとき，又は法第11条ただし書の規定によりエックス線写真及びじん肺健康診断の結果を証明する書面が提出されたときは，遅滞なく，当該じん肺健康診断に関する記録を様式第3号により作成しなければならない。

②　事業者は，前項の場合には，同項の記録及び当該じん肺健康診断に係るエックス線写真を保存しなければならない。ただし，エックス線写真については，病院，診療所又は医師が保存している場合は，この限りでない。

（じん肺健康診断の結果の通知）

第22条の2　事業者は，法第7条から第9条の2までの規定により行うじん肺健康診断を受けた労働者に対し，遅滞なく，当該じん肺健康診断の結果を通知しなければならない。

第3節　健康管理のための措置

（事業者の責務）

第20条の2　事業者は，じん肺健康診断の結果，労働者の健康を保持するため必要があると認めるときは，当該労働者の実情を考慮して，就業上適切な措置を講ずるように努めるとともに，適切な保健指導を受けることができるための配慮をするように努めなければならない。

（粉じんにさらされる程度を低減させるための措置）

第20条の3　事業者は，じん肺管理区分が管理2又は管理3イである労働者について，粉じんにさらされる程度を低減させるため，就業場所の変更，粉じん作業に従事する作業時間の短縮その他の適切な措置を講ずるように努めなければならない。

（作業の転換）

第21条　都道府県労働局長は，じん肺管理区分が管理3イである労働者が現に常時粉じん作業に従事しているときは，事業者に対して，その者を粉じん作業以外の作業に常時従事させるべきことを勧奨することができる。

②　事業者は，前項の規定による勧奨を受けたとき，又はじん肺管理区分が管理3ロである労働者が現に常時粉じん作業に従事しているときは，当該労働者を粉じん作業以外の作業に常時従事させることとするように努めなければならない。

③　事業者は，前項の規定により，労働者を粉じん作業以外の作業に常時従事させることとなつたときは，厚生労働省令で定めるところにより，その旨を都道府県労働局長に通知しなければならない。

④　都道府県労働局長は，じん肺管理区分が管理3ロである労働者が現に常時粉じん作業に従事している場合において，地方じん肺診査医の意見により，当該労働者の健康を保持するため必要があると認めるときは，厚生労働省令で定めるところにより，事業者に対して，その者を粉じん作業以外の作業に常時従事させるべきことを指示することができる。

（転換手当）

第22条　事業者は，次の各号に掲げる労働者が常時粉じん作業に従事しなくなつたとき（労働契約の期間が満了したことにより離職したときその他厚生労働省令で定める場合を除く。）は，その日から7日以内に，その者に対して，次の各号に掲げる労働者ごとに，それぞれ労働基準法第12条に規定する平均賃金の当該各号に掲げる日数分に相当する額の転換手当を支払わなければならない。ただし，厚生労働大臣が必要があると認めるときは，転換手当の額について，厚生労働省令で別段の定めをすることができる。

1　前条第1項の規定による勧奨を受けた労働者又はじん肺管理区分が管理3ロである労働者（次号に掲げる労働者を除く。）　30日分

2　前条第4項の規定による指示を受けた労働者　60日分

じん肺法施行規則

（転換手当の免除）

第29条　法第22条の厚生労働省令で定める場合は，次に掲げるとおりとする。

1　法第7条の規定によるじん肺健康診断（法第7条に規定する場合における法第11条ただし書の規定によるじん肺健康診断を含む。）を受けて，じん肺管理区分が決定される前に常時粉じん作業に従事しなくなつたとき，又はじん肺管理区分が決定された後，遅滞なく，常時粉じん作業に

従事しなくなつたとき。

2 新たに常時粉じん作業に従事することとなつた日から3月以内に常時粉じん作業に従事しなくなつたとき（前号に該当する場合を除く。）。

3 疾病又は負傷による休業その他その事由がやんだ後に従前の作業に従事することが予定されている事由により常時粉じん作業に従事しなくなつたとき。

4 天災地変その他やむを得ない事由のために事業の継続が不可能となつたことにより離職したとき。

5 労働者の責めに帰すべき事由により解雇されたとき。

6 定年その他労働契約を自動的に終了させる事由（労働契約の期間の満了を除く。）により離職したとき。

7 その他厚生労働大臣が定めるとき。

（作業転換のための教育訓練）

第22条の2 事業者は，じん肺管理区分が管理3である労働者を粉じん作業以外の作業に常時従事させるために必要があるときは，その者に対して，作業の転換のための教育訓練を行うように努めなければならない。

（療養）

第23条 じん肺管理区分が管理4と決定された者及び合併症にかかつていると認められる者は，療養を要するものとする。

第5章 雑則

（法令の周知）

第35条の2 事業者は，この法律及びこれに基づく命令の要旨を粉じん作業を行う作業場の見やすい場所に常時掲示し，又は備え付ける等の方法により，労働者に周知させなければならない。

（心身の状態に関する情報の取扱い）

第35条の3 事業者は，この法律又はこれに基づく命令の規定による措置の実施に関し，労働者の心身の状態に関する情報を収集し，保管し，又は使用するに当たつ

ては，労働者の健康の確保に必要な範囲内で労働者の心身の状態に関する情報を収集し，並びに当該収集の目的の範囲内でこれを保管し，及び使用しなければならない。ただし，本人の同意がある場合その他正当な事由がある場合は，この限りでない。

②　事業者は，労働者の心身の状態に関する情報を適正に管理するために必要な措置を講じなければならない。

③　厚生労働大臣は，前二項の規定により事業者が講ずべき措置の適切かつ有効な実施を図るため必要な指針を公表するものとする。

④　厚生労働大臣は，前項の指針を公表した場合において必要があると認めるときは，事業者又はその団体に対し，当該指針に関し必要な指導等を行うことができる。

（じん肺健康診断に関する秘密の保持）

第35条の4　第7条から第9条の2まで及び第16条第1項のじん肺健康診断の実施の事務に従事した者は，その実施に関して知り得た労働者の心身の欠陥その他の秘密を漏らしてはならない。

（労働者の申告）

第43条の2　労働者は，事業場にこの法律又はこれに基づく命令の規定に違反する事実があるときは，その事実を都道府県労働局長，労働基準監督署長又は労働基準監督官に申告して是正のため適当な措置をとるように求めることができる。

②　事業者は，前項の申告をしたことを理由として，労働者に対して，解雇その他不利益な取扱いをしてはならない。

（報告）

第44条　厚生労働大臣，都道府県労働局長及び労働基準監督署長は，この法律の目的を達成するため必要な限度において，厚生労働省令で定めるところにより，事業者に，じん肺に関する予防及び健康管理に関する事項を報告させることができる。

> ┌─ **じん肺法施行規則** ─
>
> 　（報告）
>
> 　**第37条**　事業者は，毎年，12月31日現在におけるじん肺に関する健康管理の実施状況を，翌年2月末日までに，様式第8号により当該作業場の属する事業場の所在地を管轄する労働基準監督署長を経由して，所轄都道府県労働局長に報告しなければならない。

② 　事業者は，前項の規定による報告のほか，じん肺に関する予防及び健康
管理の実施について必要な事項に関し，厚生労働大臣，都道府県労働局長
又は労働基準監督署長から要求があつたときは，当該事項について報告し
なければならない。

第 6 章　罰則

第 45 条　次の各号のいずれかに該当する者は，30 万円以下の罰金に処する。

1　第 6 条，第 7 条，第 8 条第 1 項，第 9 条第 1 項，第 12 条，第 13 条第 4 項（第
16 条の 2 第 2 項において準用する場合を含む。），第 14 条第 2 項（第 16 条第 2 項
及び第 16 条の 2 第 2 項において準用する場合を含む。），第 14 条第 3 項（第 16
条第 2 項及び第 16 条の 2 第 2 項において準用する場合を含む。），第 17 条，第
22 条，第 35 条の 2，第 35 条の 4 又は第 43 条の 2 第 2 項の規定に違反した者

2　第 13 条第 3 項（第 16 条の 2 第 2 項において準用する場合を含む。），第 16 条
の 2 第 1 項又は第 21 条第 4 項の規定による命令又は指示に違反した者

3 〜 4　　略

5　第 44 条の規定による報告をせず，又は虚偽の報告をした者

第 46 条　法人の代表者又は法人若しくは人の代理人，使用人その他の従業者が，そ
の法人又は人の業務に関して，前条の違反行為をしたときは，行為者を罰するほか，
その法人又は人に対しても同条の刑を科する。

【参考資料】

作業環境測定基準（抄）

（昭和 51 年 4 月 22 日労働省告示第 46 号）

（最終改正　令和 2 年 12 月 25 日厚生労働省告示第 397 号）

（定義）

第 1 条　この告示において，次の各号に掲げる用語の意義は，それぞれ当該各号に定めるところによる。

1〜4　略

5　ろ過捕集方法　試料空気をろ過材（0.3 マイクロメートルの粒子を 95 パーセント以上捕集する性能を有するものに限る。）を通して吸引することにより当該ろ過材に測定しようとする物を捕集する方法をいう。

（粉じんの濃度等の測定）

第 2 条　労働安全衛生法施行令（昭和 47 年政令第 318 号。以下「令」という。）第 21 条第 1 号の屋内作業場における空気中の土石，岩石，鉱物，金属又は炭素の粉じんの濃度の測定は，次に定めるところによらなければならない。

1　測定点は，単位作業場所（当該作業場の区域のうち労働者の作業中の行動範囲，有害物の分布等の状況等に基づき定められる作業環境測定のために必要な区域をいう。以下同じ。）の床面上に 6 メートル以下の等間隔で引いた縦の線と横の線との交点の床上 50 センチメートル以上 150 センチメートル以下の位置（設備等があつて測定が著しく困難な位置を除く。）とすること。ただし，単位作業場所における空気中の土石，岩石，鉱物，金属又は炭素の粉じんの濃度がほぼ均一であることが明らかなときは，測定点に係る交点は，当該単位作業場所の床面上に 6 メートルを超える等間隔で引いた縦の線と横の線との交点とすることができる。

1 の 2　前号の規定にかかわらず，同号の規定により測定点が 5 に満たないこととなる場合にあつても，測定点は，単位作業場所について 5 以上とすること。ただし，単位作業場所が著しく狭い場合であつて，当該単位作業場所における空気中の土石，岩石，鉱物，金属又は炭素の粉じんの濃度がほぼ均一であることが明らかなときは，この限りでない。

2　前二号の測定は，作業が定常的に行われている時間に行うこと。

2 の 2　土石，岩石，鉱物，金属又は炭素の粉じんの発散源に近接する場所にお

いて作業が行われる単位作業場所にあつては，前三号に定める測定のほか，当該作業が行われる時間のうち，空気中の土石，岩石，鉱物，金属又は炭素の粉じんの濃度が最も高くなると思われる時間に，当該作業が行われる位置において測定を行うこと。

3　一の測定点における試料空気の採取時間は，10分間以上の継続した時間とすること。ただし，相対濃度指示方法による測定については，この限りでない。

4　略

②〜③　略

（石綿の濃度の測定）

第10条の2　令第21条第7号に掲げる作業場（石綿等を取り扱い，又は試験研究のため製造する屋内作業場及び石綿分析用試料等を製造する屋内作業場に限る。）における空気中の石綿の濃度の測定は，ろ過捕集方法及び計数方法によらなければならない。

②　第2条第1項第1号から第2号の2まで及び第3号本文の規定は，前項に規定する測定について準用する。この場合において，同条第1項第1号，第1号の2及び第2号の2中「土石，岩石，鉱物，金属又は炭素の粉じん」とあるのは，「石綿」と読み替えるものとする。

【参考資料】

作業環境評価基準（抄）

（昭和 63 年 9 月 1 日労働省告示第 79 号）

（最終改正　令和 2 年 4 月 22 日厚生労働省告示第 192 号）

（適用）

第 1 条　この告示は，労働安全衛生法第 65 条第 1 項の作業場のうち，労働安全衛生法施行令（昭和 47 年政令第 318 号）第 21 条第 1 号，第 7 号，第 8 号及び第 10 号に掲げるものについて適用する。

（測定結果の評価）

第 2 条　労働安全衛生法第 65 条の 2 第 1 項の作業環境測定の結果の評価は，単位作業場所（作業環境測定基準（昭和 51 年労働省告示第 46 号）第 2 条第 1 項第 1 号に規定する単位作業場所をいう。以下同じ。）ごとに，次の各号に掲げる場合に応じ，それぞれ当該各号の表の下欄（編注：右欄）に掲げるところにより，第 1 管理区分から第 3 管理区分までに区分することにより行うものとする。

1　A 測定（作業環境測定基準第 2 条第 1 項第 1 号から第 2 号までの規定により行う測定（作業環境測定基準第 10 条第 4 項，第 10 条の 2 第 2 項，第 11 条第 2 項及び第 13 条第 4 項において準用する場合を含む。）をいう。以下同じ。）のみを行つた場合

管理区分	評価値と測定対象物に係る別表に掲げる管理濃度との比較の結果
第 1 管理区分	第 1 評価値が管理濃度に満たない場合
第 2 管理区分	第 1 評価値が管理濃度以上であり，かつ，第 2 評価値が管理濃度以下である場合
第 3 管理区分	第 2 評価値が管理濃度を超える場合

2　A 測定及び B 測定（作業環境測定基準第 2 条第 1 項第 2 号の 2 の規定により行う測定（作業環境測定基準第 10 条第 4 項，第 10 条の 2 第 2 項，第 11 条第 2 項及び第 13 条第 4 項において準用する場合を含む。）をいう。以下同じ。）を行つた場合

管理区分	評価値又はB測定の測定値と測定対象物に係る別表に掲げる管理濃度との比較の結果
第1管理区分	第1評価値及びB測定の測定値（2以上の測定点においてB測定を実施した場合には，そのうちの最大値。以下同じ。）が管理濃度に満たない場合
第2管理区分	第2評価値が管理濃度以下であり，かつ，B測定の測定値が管理濃度の1.5倍以下である場合（第1管理区分に該当する場合を除く。）
第3管理区分	第2評価値が管理濃度を超える場合又はB測定の測定値が管理濃度の1.5倍を超える場合

② 測定対象物の濃度が当該測定で採用した試料採取方法及び分析方法によつて求められる定量下限の値に満たない測定点がある単位作業場所にあつては，当該定量下限の値を当該測定点における測定値とみなして，前項の区分を行うものとする。

③ 測定値が管理濃度の10分の1に満たない測定点がある単位作業場所にあつては，管理濃度の10分の1を当該測定点における測定値とみなして，第1項の区分を行うことができる。

④ 略

（評価値の計算）

第3条 前条第1項の第1評価値及び第2評価値は，次の式により計算するものとする。

$$\log EA_1 = \log M_1 + 1.645\sqrt{\log^2 \sigma_1 + 0.084}$$

$$\log EA_2 = \log M_1 + 1.151(\log^2 \sigma_1 + 0.084)$$

これらの式において，EA_1，M_1，σ_1及びEA_2は，それぞれ次の値を表すものとする。

EA_1　第1評価値

M_1　A測定の測定値の幾何平均値

σ_1　A測定の測定値の幾何標準偏差

EA_2　第2評価値

② 前項の規定にかかわらず，連続する2作業日（連続する2作業日について測定を行うことができない合理的な理由がある場合にあつては，必要最小限の間隔を空け

た２作業日）に測定を行つたときは，第１評価値及び第２評価値は，次の式により計算することができる。

$$\log EA_1 = \frac{1}{2} (\log M_1 + \log M_2)$$
$$+ 1.645 \sqrt{\frac{1}{2} (\log^2 \sigma_1 + \log^2 \sigma_2) + \frac{1}{2} (\log M_1 - \log M_2)^2}$$

$$\log EA_2 = \frac{1}{2} (\log M_1 + \log M_2)$$
$$+ 1.151 \left\{ \frac{1}{2} (\log^2 \sigma_1 + \log^2 \sigma_2) + \frac{1}{2} (\log M_1 - \log M_2)^2 \right\}$$

これらの式において，EA_1，M_1，M_2，σ_1，σ_2 及び EA_2 は，それぞれ次の値を表すものとする。

EA_1　第１評価値

M_1　１日目のＡ測定の測定値の幾何平均値

M_2　２日目のＡ測定の測定値の幾何平均値

σ_1　１日目のＡ測定の測定値の幾何標準偏差

σ_2　２日目のＡ測定の測定値の幾何標準偏差

EA_2　第２評価値

別表（第２条関係）

物　の　種　類	管　理　濃　度
（略）	
33の２　石綿	５マイクロメートル以上の繊維として0.15本毎立方センチメートル
（略）	
備考　この表の下欄（編注・右欄）の値は，温度25度，１気圧の空気中における濃度を示す。	

【参考資料】
防じんマスクの選択，使用等について

（平成 17 年 2 月 7 日基発第 0207006 号）

（最終改正　令和 3 年 1 月 26 日基発 0126 第 2 号）

　防じんマスクは，空気中に浮遊する粒子状物質（以下「粉じん等」という。）の吸入により生じるじん肺等の疾病を予防するために使用されるものであり，その規格については，防じんマスクの規格（昭和 63 年労働省告示第 19 号）において定められているが，その適正な使用等を図るため，平成 8 年 8 月 6 日付け基発第 505 号「防じんマスクの選択，使用等について」により，その適正な選択，使用等について指示してきたところである。

　防じんマスクの規格については，その後，平成 12 年 9 月 11 日に公示され，同年 11 月 15 日から適用された「防じんマスクの規格及び防毒マスクの規格の一部を改正する告示（平成 12 年労働省告示第 88 号）」において一部が改正されたが，改正前の防じんマスクの規格（以下「旧規格」という。）に基づく型式検定に合格した防じんマスクであって，当該型式の型式検定合格証の有効期間（5 年）が満了する日までに製造されたものについては，改正後の防じんマスクの規格（以下「新規格」という。）に基づく型式検定に合格したものとみなすこととしていたことから，改正後も引き続き，新規格に基づく防じんマスクと併せて，旧規格に基づく防じんマスクが使用されていたところである。

　しかしながら，最近，新規格に基づく防じんマスクが大部分を占めることとなってきた現状にかんがみ，今般，新規格に基づく防じんマスクの選択，使用等の留意事項について下記のとおり定めたので，了知の上，今後の防じんマスクの選択，使用等の適正化を図るための指導等に当たって遺憾なきを期されたい。

　なお，平成 8 年 8 月 6 日付け基発第 505 号「防じんマスクの選択，使用等について」は，本通達をもって廃止する。

　おって，日本呼吸用保護具工業会会長あてに別添（編注：略）のとおり通知済であるので申し添える。

記

第1　事業者が留意する事項

1　全体的な留意事項

　　事業者は，防じんマスクの選択，使用等に当たって，次に掲げる事項について特に留意すること。

（1）　事業者は，衛生管理者，作業主任者等の労働衛生に関する知識及び経験を有する者のうちから，各作業場ごとに防じんマスクを管理する保護具着用管理責任者を指名し，防じんマスクの適正な選択，着用及び取扱方法について必要な指導を行わせるとともに，防じんマスクの適正な保守管理に当たらせること。

（2）　事業者は，作業に適した防じんマスクを選択し，防じんマスクを着用する労働者に対し，当該防じんマスクの取扱説明書，ガイドブック，パンフレット等（以下「取扱説明書等」という。）に基づき，防じんマスクの適正な装着方法，使用方法及び顔面と面体の密着性の確認方法について十分な教育や訓練を行うこと。

2　防じんマスクの選択に当たっての留意事項

　　防じんマスクの選択に当たっては，次の事項に留意すること。

（1）　防じんマスクは，機械等検定規則（昭和47年労働省令第45号）第14条の規定に基づき面体，ろ過材及び吸気補助具が分離できる吸気補助具付き防じんマスクの吸気補助具ごと（使い捨て式防じんマスクにあっては面体ごと）に付されている型式検定合格標章により型式検定合格品であることを確認すること。なお，吸気補助具付き防じんマスクについては，機械等検定規則（昭和47年労働省令第45号）に定める型式検定合格標章に「補」が記載されていることに留意すること。また，型式検定合格標章において，型式検定合格番号の同一のものが適切な組合せであり，当該組合せで使用して初めて型式検定に合格した防じんマスクとして有効に機能するものであることに留意すること。

（2）　労働安全衛生規則（昭和47年労働省令第32号。以下「安衛則」という。）第592条の5，鉛中毒予防規則（昭和47年労働省令第37号。以下「鉛則」という。）第58条，特定化学物質等障害予防規則（昭和47年労働省令第39号。

以下「特化則」という。）第43条，電離放射線障害防止規則（昭和47年労働省令第41号。以下「電離則」という。）第38条及び粉じん障害防止規則（昭和54年労働省令第18号。以下「粉じん則」という。）第27条のほか労働安全衛生法令に定める呼吸用保護具のうち防じんマスクについては，粉じん等の種類及び作業内容に応じ，別紙の表に示す防じんマスクの規格第1条第3項に定める性能を有するものであること。

(3)　次の事項について留意の上，防じんマスクの性能が記載されている取扱説明書等を参考に，それぞれの作業に適した防じんマスクを選ぶこと。

ア　粉じん等の種類及び作業内容の区分並びにオイルミスト等の混在の有無の区分のうち，複数の性能の防じんマスクを使用させることが可能な区分であっても，作業環境中の粉じん等の種類，作業内容，粉じん等の発散状況，作業時のばく露の危険性の程度等を考慮した上で，適切な区分の防じんマスクを選ぶこと。高濃度ばく露のおそれがあると認められるときは，できるだけ粉じん捕集効率が高く，かつ，排気弁の動的漏れ率が低いものを選ぶこと。さらに，顔面とマスクの面体の高い密着性が要求される有害性の高い物質を取り扱う作業については，取替え式の防じんマスクを選ぶこと。

イ　粉じん等の種類及び作業内容の区分並びにオイルミスト等の混在の有無の区分のうち，複数の性能の防じんマスクを使用させることが可能な区分については，作業内容，作業強度等を考慮し，防じんマスクの重量，吸気抵抗，排気抵抗等が当該作業に適したものを選ぶこと。具体的には，吸気抵抗及び排気抵抗が低いほど呼吸が楽にできることから，作業強度が強い場合にあっては，吸気抵抗及び排気抵抗ができるだけ低いものを選ぶこと。

ウ　ろ過材を有効に使用することのできる時間は，作業環境中の粉じん等の種類，粒径，発散状況及び濃度に影響を受けるため，これらの要因を考慮して選択すること。

吸気抵抗上昇値が高いものほど目詰まりが早く，より短時間で息苦しくなることから，有効に使用することのできる時間は短くなること。

また，防じんマスクは一般に粉じん等を捕集するに従って吸気抵抗が高くなるが，RS1，RS2，RS3，DS1，DS2又はDS3の防じんマスクでは，オイルミスト等が堆積した場合に吸気抵抗が変化せずに急激に粒子捕集効

率が低下するもの，また，RL1，RL2，RL3，DL1，DL2 又は DL3 の防じ
んマスクでも多量のオイルミスト等の堆積により粒子捕集効率が低下する
ものがあるので，吸気抵抗の上昇のみを使用限度の判断基準にしないこと。

(4)　防じんマスクの顔面への密着性の確認

粒子捕集効率の高い防じんマスクであっても，着用者の顔面と防じんマス
クの面体との密着が十分でなく漏れがあると，粉じんの吸入を防ぐ効果が低
下するため，防じんマスクの面体は，着用者の顔面に合った形状及び寸法の
接顔部を有するものを選択すること。特に，ろ過材の粒子捕集効率が高くな
るほど，粉じんの吸入を防ぐ効果を上げるためには，密着性を確保する必要
があること。そのため，以下の方法又はこれと同等以上の方法により，各着
用者に顔面への密着性の良否を確認させること。

なお，大気中の粉じん，塩化ナトリウムエアロゾル，サッカリンエアロゾ
ル等を用いて密着性の良否を確認する機器もあるので，これらを可能な限り
利用し，良好な密着性を確保すること。

ア　取替え式防じんマスクの場合

作業時に着用する場合と同じように，防じんマスクを着用させる。なお，
保護帽，保護眼鏡等の着用が必要な作業にあっては，保護帽，保護眼鏡等
も同時に着用させる。その後，いずれかの方法により密着性を確認させる
こと。

(ア)　陰圧法

防じんマスクの面体を顔面に押しつけないように，フィットチェッ
カー等を用いて吸気口をふさぐ。息を吸って，防じんマスクの面体と
顔面との隙間から空気が面体内に漏れ込まず，面体が顔面に吸いつけ
られるかどうかを確認する。

(イ)　陽圧法

防じんマスクの面体を顔面に押しつけないように，フィットチェッ
カー等を用いて排気口をふさぐ。息を吐いて，空気が面体内から流出
せず，面体内に呼気が滞留することによって面体が膨張するかどうか
を確認する。

イ　使い捨て式防じんマスクの場合

使い捨て式防じんマスクの取扱説明書等に記載されている漏れ率のデー

タを参考とし，個々の着用者に合った大きさ，形状のものを選択すること。

3　防じんマスクの使用に当たっての留意事項

防じんマスクの使用に当たっては，次の事項に留意すること。

(1)　防じんマスクは，酸素濃度18％未満の場所では使用してはならないこと。このような場所では給気式呼吸用保護具を使用させること。

また，防じんマスク（防臭の機能を有しているものを含む。）は，有害なガスが存在する場所においては使用させてはならないこと。このような場所では防毒マスク又は給気式呼吸用保護具を使用させること。

(2)　防じんマスクを適正に使用するため，防じんマスクを着用する前には，その都度，着用者に次の事項について点検を行わせること。

ア　吸気弁，面体，排気弁，しめひも等に破損，亀裂又は著しい変形がないこと。

イ　吸気弁，排気弁及び弁座に粉じん等が付着していないこと。

なお，排気弁に粉じん等が付着している場合には，相当の漏れ込みが考えられるので，陰圧法により密着性，排気弁の気密性等を十分に確認すること。

ウ　吸気弁及び排気弁が弁座に適切に固定され，排気弁の気密性が保たれていること。

エ　ろ過材が適切に取り付けられていること。

オ　ろ過材が破損したり，穴が開いていないこと。

カ　ろ過材から異臭が出ていないこと。

キ　予備の防じんマスク及びろ過材を用意していること。

(3)　防じんマスクを適正に使用させるため，顔面と面体の接顔部の位置，しめひもの位置及び締め方等を適切にさせること。また，しめひもについては，耳にかけることなく，後頭部において固定させること。

(4)　着用後，防じんマスクの内部への空気の漏れ込みがないことをフィットチェッカー等を用いて確認させること。

なお，取替え式防じんマスクに係る密着性の確認方法は，上記2の(4)のアに記載したいずれかの方法によること。

(5)　次のような防じんマスクの着用は，粉じん等が面体の接顔部から面体内へ漏れ込むおそれがあるため，行わせないこと。

　ア　タオル等を当てた上から防じんマスクを使用すること。

　イ　面体の接顔部に「接顔メリヤス」等を使用すること。ただし，防じんマスクの着用により皮膚に湿しん等を起こすおそれがある場合で，かつ，面体と顔面との密着性が良好であるときは，この限りでないこと。

　ウ　着用者のひげ，もみあげ，前髪等が面体の接顔部と顔面の間に入り込んだり，排気弁の作動を妨害するような状態で防じんマスクを使用すること。

（6）　防じんマスクの使用中に息苦しさを感じた場合には，ろ過材を交換すること。

　なお，使い捨て式防じんマスクにあっては，当該マスクに表示されている使用限度時間に達した場合又は使用限度時間内であっても，息苦しさを感じたり，著しい型くずれを生じた場合には廃棄すること。

4　防じんマスクの保守管理上の留意事項

　防じんマスクの保守管理に当たっては，次の事項に留意すること。

（1）　予備の防じんマスク，ろ過材その他の部品を常時備え付け，適時交換して使用できるようにすること。

（2）　防じんマスクを常に有効かつ清潔に保持するため，使用後は粉じん等及び湿気の少ない場所で，吸気弁，面体，排気弁，しめひも等の破損，亀裂，変形等の状況及びろ過材の固定不良，破損等の状況を点検するとともに，防じんマスクの各部について次の方法により手入れを行うこと。ただし，取扱説明書等に特別な手入れ方法が記載されている場合は，その方法に従うこと。

　ア　吸気弁，面体，排気弁，しめひも等については，乾燥した布片又は軽く水で湿らせた布片で，付着した粉じん，汗等を取り除くこと。

　　また，汚れの著しいときは，ろ過材を取り外した上で面体を中性洗剤等により水洗すること。

　イ　ろ過材については，よく乾燥させ，ろ過材上に付着した粉じん等が飛散しない程度に軽くたたいて粉じん等を払い落すこと。

　　ただし，ひ素，クロム等の有害性が高い粉じん等に対して使用したろ過材については，1回使用するごとに廃棄すること。

　　なお，ろ過材上に付着した粉じん等を圧搾空気等で吹き飛ばしたり，ろ過材を強くたたくなどの方法によるろ過材の手入れは，ろ過材を破損させるほか，粉じん等を再飛散させることとなるので行わないこと。

　　　また，ろ過材には水洗して再使用できるものと，水洗すると性能が低下
　　したり破損したりするものがあるので，取扱説明書等の記載内容を確認し，
　　水洗が可能な旨の記載のあるもの以外は水洗してはならないこと。
　ウ　取扱説明書等に記載されている防じんマスクの性能は，ろ過材が新品の
　　場合のものであり，一度使用したろ過材を手入れして再使用（水洗して再
　　使用することを含む。）する場合は，新品時より粒子捕集効率が低下して
　　いないこと及び吸気抵抗が上昇していないことを確認して使用すること。
(3)　次のいずれかに該当する場合には，防じんマスクの部品を交換し，又は防
　じんマスクを廃棄すること。
　ア　ろ過材について，破損した場合，穴が開いた場合又は著しい変形を生じ
　　た場合
　イ　吸気弁，面体，排気弁等について，破損，亀裂若しくは著しい変形を生
　　じた場合又は粘着性が認められた場合
　ウ　しめひもについて，破損した場合又は弾性が失われ，伸縮不良の状態が
　　認められた場合
　エ　使い捨て式防じんマスクにあっては，使用限度時間に達した場合又は使
　　用限度時間内であっても，作業に支障をきたすような息苦しさを感じたり
　　著しい型くずれを生じた場合
(4)　点検後，直射日光の当たらない，湿気の少ない清潔な場所に専用の保管場
　所を設け，管理状況が容易に確認できるように保管すること。なお，保管に
　当たっては，積み重ね，折り曲げ等により面体，連結管，しめひも等につい
　て，亀裂，変形等の異常を生じないようにすること。
(5)　使用済みのろ過材及び使い捨て式防じんマスクは，付着した粉じん等が再
　飛散しないように容器又は袋に詰めた状態で廃棄すること。

第2　製造者等が留意する事項

　防じんマスクの製造者等は，次の事項を実施するよう努めること。
1　防じんマスクの販売に際し，事業者等に対し，防じんマスクの選択，使用等に
　関する情報の提供及びその具体的な指導をすること。
2　防じんマスクの選択，使用等について，不適切な状態を把握した場合には，こ
　れを是正するように，事業者等に対し，指導すること。

別　紙

粉じん等の種類及び作業内容	防じんマスクの性能の区分
○　安衛則第 592 条の 5 　廃棄物の焼却施設に係る作業で，ダイオキシン類の粉じんのばく露のおそれのある作業において使用する防じんマスク	
・オイルミスト等が混在しない場合	RS3，RL3
・オイルミスト等が混在する場合	RL3
○　電離則第 38 条 　放射性物質がこぼれたとき等による汚染のおそれがある区域内の作業又は緊急作業において使用する防じんマスク	
・オイルミスト等が混在しない場合	RS3，RL3
・オイルミスト等が混在する場合	RL3
○　鉛則第 58 条，特化則第 43 条及び粉じん則第 27 条 　金属のヒューム（溶接ヒュームを含む。）を発散する場所における作業において使用する防じんマスク	
・オイルミスト等が混在しない場合	RS2，RS3，DS2，DS3 RL2，RL3，DL2，DL3
・オイルミスト等が混在する場合	RL2，RL3，DL2，DL3
○　鉛則第 58 条及び特化則第 43 条 　管理濃度が 0.1 mg ／ m³ 以下の物質の粉じんを発散する場所における作業において使用する防じんマスク	
・オイルミスト等が混在しない場合	RS2，RS3，DS2，DS3 RL2，RL3，DL2，DL3
・オイルミスト等が混在する場合	RL2，RL3，DL2，DL3
○　上記以外の粉じん作業	
・オイルミスト等が混在しない場合	RS1，RS2，RS3 DS1，DS2，DS3 RL1，RL2，RL3 DL1，DL2，DL3
・オイルミスト等が混在する場合	RL1，RL2，RL3 DL1，DL2，DL3

【参考資料】
屋外作業場等における作業環境管理に関するガイドライン

（平成 17 年 3 月 31 日基発第 0331017 号）

（最終改正　令和 2 年 2 月 7 日基発 0207 第 2 号）

1　趣旨

　本ガイドラインは，有害な業務を行う屋外作業場等について，必要な作業環境の測定を行い，その結果の評価に基づいて，施設又は設備の設置又は整備その他の適切な措置を講ずることにより，労働者の健康を保持することを目的とする。

　なお，本ガイドラインは，有害な業務を行う屋外作業場等について，事業者が講ずべき原則的な措置を示したものであり，事業者は，本ガイドラインを基本としつつ，事業場の実態に即して，有害な業務を行う屋外作業場等における労働者の健康を保持するために適切な措置を積極的に講ずることが望ましい。

2　屋外作業場等における作業環境管理の基本的な考え方

　屋外作業場等においては，屋内作業場等と同様に有害物質等へのばく露による健康障害の発生が認められているため，屋外作業場等の作業環境を的確に把握し，その結果に基づいた作業環境の管理が求められているところである。

　しかしながら，屋外作業場等については，自然環境の影響を受けやすいため作業環境が時々刻々変化することが多く，また，作業に移動を伴うことや，作業が比較的短時間であることも多いことから，屋内作業場等で行われている定点測定を前提とした作業環境測定を用いることは適切でないとされ，屋外作業場等における作業環境の測定は，一部の試験的な試みのほかは実施されていなかったところである。

　厚生労働省では，屋外作業場等の作業環境の測定及びその結果の評価に基づく適正な管理のあり方について調査検討を進めてきたところであるが，今般，「屋外作業場等における測定手法に関する調査研究委員会報告書」がまとめられ，屋外作業場等については個人サンプラー（個人に装着することができる試料採取機器をいう。以下同じ。）を用いて作業環境の測定を行い，その結果を管理濃度の値を用いて評価する手法が提言されたところである。屋外作業場等における作業環境管理を行うには，この手法が現在では最も適当であることから，今後は，この手法による作業環境管理の推進を図ることとしたものである。

3 作業環境の測定の対象とする屋外作業場等

　屋外作業場等とは，労働安全衛生法等において作業環境測定の対象となっている屋内作業場等以外の作業場のことであり，具体的には，屋外作業場（建家の側面の半分以上にわたって壁等の遮へい物が設けられておらず，かつ，ガス・粉じん等が内部に滞留するおそれがない作業場を含む。）のほか，船舶の内部，車両の内部，タンクの内部，ピットの内部，坑の内部，ずい道の内部，暗きょ又はマンホールの内部等とする。

　測定は，以下の屋外作業場等であって，当該屋外作業場等における作業又は業務が一定期間以上継続して行われるものについて，行うものとする。なお，「一定期間以上継続して行われる」作業又は業務には，作業又は業務が行われる期間が予定されるもの，1回当たりの作業又は業務が短時間であっても繰り返し行われるもの，同様の作業又は業務が場所を変えて（事業場が異なる場合も含む。）繰り返し行われるものを含むものとする。

(1)　土石，岩石，鉱物，金属又は炭素の粉じんを著しく発散する屋外作業場等で，常時特定粉じん作業（粉じん障害予防規則（昭和54年労働省令第18号）第2条第1項第3号の特定粉じん作業をいう。以下同じ。）が行われるもの

(2)　労働安全衛生法施行令（昭和47年政令第318号。以下「令」という。）別表第3第1号若しくは第2号に掲げる特定化学物質を製造し，若しくは取り扱う屋外作業場等又は石綿等（令第6条第23号の石綿等をいう。）を取り扱い，若しくは試験研究のため製造する屋外作業場等（(4)及び(5)に掲げるものを除く。）

(3)　令別表第4第1号から第8号まで，第10号又は第16号に掲げる鉛業務（遠隔操作によって行う隔離室におけるものを除く。）を行う屋外作業場等

(4)　令別表第6の2第1号から第47号までに掲げる有機溶剤業務（有機溶剤中毒予防規則（昭和47年労働省令第36号。以下「有機則」という。）第1条第1項第6号の有機溶剤業務をいう。）及び特定化学物質障害予防規則（昭和47年労働省令第39号。以下「特化則」という。）第2条の2第1号に規定する特別有機溶剤業務（同令第36条の5に掲げる特定有機溶剤混合物に係るものに限る。）のうち，有機則第3条第1項の場合における同項の業務以外の業務を行う屋外作業場等（(5)に掲げるものを除く。）

(5)　労働安全衛生法第28条第3項の規定に基づき厚生労働大臣が定める化学物

質（平成3年労働省告示第57号）に定められた化学物質について，労働安全衛生法第28条第3項の規定に基づく健康障害を防止するための指針に基づき，作業環境の測定等を行うこととされている物を製造し，又は取り扱う屋外作業場等

(注)　(1)から(4)までは，令第21条第1号，第7号，第8号及び第10号中「屋内作業場」を「屋外作業場等」とし，省令に委任されている内容を明確化したものである。この場合において，特定粉じん作業の定義の中に「屋内」等の語が含まれるものがあるが，適宜「屋外」等と読み替えるものとする。

ただし，上記(1)の作業又は業務のうち，ずい道等建設工事の粉じんの測定については，平成12年12月26日付け基発第768号の2「ずい道等建設工事における粉じん対策に関するガイドライン」第3の4(1)に示されている「粉じん濃度等の測定」による。

4　作業環境の測定の実施

測定は，以下に定めるところにより，屋外作業場等において取り扱う有害物質の濃度が最も高くなる作業時間帯において，高濃度と考えられる作業環境下で作業に従事する労働者に個人サンプラーを装着して行う。測定の実施には，個人サンプラーの取扱い等について専門的な知識・技術を必要とすることから，作業環境測定士等の専門家の協力を得て実施することが望ましい。

(1)　測定頻度

測定は，作業の開始時及び1年以内ごとに1回，定期に行うこと。ただし，原料，作業工程，作業方法又は設備等を変更した場合は，その都度その直後に1回測定すること。

(2)　測定方法

ア　測定点

測定の対象となる物質を取り扱う労働者は，その周辺にいる労働者よりも高濃度の作業環境下で作業に従事していると考えられることから，測定点は，当該物質を取り扱う労働者全員の呼吸域（鼻又は口から30 cm以内の襟元，胸元又は帽子の縁をいう。以下同じ。）とし，当該呼吸域に個人サンプラーを装着すること。ただし，作業環境測定士等の専門家の協力を得て実施する場合には，その専門家の判断により測定点の数を減らすことができる。

イ　測定時間

　　測定点における試料空気の採取時間は，別表第1に掲げる管理濃度又は基準濃度（以下「管理濃度等」という。）の10分の1の濃度を精度良く測定でき，かつ，生産工程，作業方法，当該物質の発散状況等から判断して，気中濃度が最大になる時間帯を含む10分間以上の継続した時間とすること。

ウ　試料採取方法及び分析方法

　　試料採取方法及び分析方法は，測定の対象となる物質の種類に応じて作業環境測定基準（昭和51年労働省告示第46号）に定める試料採取方法及び分析方法とすること。ただし，上記3の(5)に係る化学物質の試料採取方法及び分析方法は，別表第2に掲げる物の種類に応じて，同表中欄に掲げる試料採取方法又はこれと同等以上の性能を有する試料採取方法及び同表右欄に掲げる分析方法又はこれと同等以上の性能を有する分析方法とすること。

　　なお，拡散式捕集方法（パッシブサンプラー）等の他の方法であっても，管理濃度等の10分の1の濃度を精度良く測定できる場合は，当該方法によることができる。

5　作業環境の測定の結果及びその評価並びに必要な措置

(1)　作業環境の測定の結果及びその評価に基づく必要な措置については，衛生委員会等において調査審議するとともに，関係者に周知すること。

(2)　作業環境の測定の結果の評価は，各測定点ごとに，測定値と管理濃度等とを比較して，測定値が管理濃度等を超えるか否かにより行うこと。

　　評価の結果，測定値が管理濃度等を1以上の測定点で超えた場合には，次の措置を講ずること。

ア　直ちに，施設，設備，作業工程又は作業方法の点検を行い，その結果に基づき，施設又は設備の設置又は整備，作業工程又は作業方法の改善その他作業環境を改善するため必要な措置を講じ，当該場所の測定値が管理濃度等を超えないようにすること。

イ　測定値が管理濃度等を超えた測定点については，必要な措置が講じられるまでは労働者に有効な呼吸用保護具を使用させるほか，その他労働者の健康の保持を図るため必要な措置を講じること。

ウ　上記アによる措置を講じたときは，その効果を確認するため，上記4によ

りあらためて測定し，その結果の評価を行うこと。

　また，管理濃度等の設定されていない物質については，作業場の気中濃度を可能な限り低いレベルにとどめる等ばく露を極力減少させることを基本として管理すること。

6　作業環境の測定の結果及びその評価の記録の保存

（1）　測定結果

　ア　記録事項

　　測定を行ったときは，その都度次の事項を記録すること。

　㋐　測定日時

　㋑　測定方法

　㋒　測定箇所

　㋓　測定条件

　㋔　測定結果

　㋕　測定を実施した者の氏名

　㋖　測定結果に基づいて労働者の健康障害の予防措置を講じたときは，その措置の概要

　イ　記録の保存

　　記録の保存については，次のとおりとする。

　㋐　上記3の（1）に係る測定については7年間。

　㋑　上記3の（2）に係る測定については3年間。

　　ただし，令別表第3第1号1，2若しくは4から7までに掲げる物又は同表第2号3の2から6まで，8，8の2，11の2，12，13の2から15の2まで，18の2から18の4まで，19から19の5まで，22の2から22の5まで，23の2，24，26，27の2，29，30，31の2，32若しくは33の2に掲げる物に係る測定並びにクロム酸等（特化則第36条第3項に規定するクロム酸等をいう。以下同じ。）を製造する作業場及びクロム酸等を鉱石から製造する事業場においてクロム酸等を取り扱う作業場について行った令別表第3第2号11又は21に掲げる物に係る測定については30年間，石綿に係る測定については40年間。

　㋒　上記3の（3）に係る測定については3年間。

　(エ)　上記3の(4)に係る測定については3年間。

　(オ)　上記3の(5)に係る測定については30年間。

(2)　測定結果の評価

　ア　記録事項

　　　評価を行ったときは，その都度次の事項を記録すること。

　(ア)　評価日時

　(イ)　評価箇所

　(ウ)　評価結果

　(エ)　評価を実施した者の氏名

　イ　記録の保存

　　　記録の保存については，次のとおりとする。

　(ア)　上記3の(1)に係る評価については7年間。

　(イ)　上記3の(2)に係る評価については3年間。

　　　ただし，令別表第3第1号6若しくは7に掲げる物又は同表第2号3の3から6まで，8の2，11の2，13の2から15の2まで，18の2から18の4まで，19から19の5まで，22の2から22の5まで，23の2，24，27の2，29，30，31の2若しくは33の2に掲げる物に係る評価並びにクロム酸等を製造する作業場及びクロム酸等を鉱石から製造する事業場においてクロム酸等を取り扱う作業場について行った令別表第3第2号11又は21に掲げる物に係る評価については30年間，石綿に係る評価については40年間。

　(ウ)　上記3の(3)に係る評価については3年間。

　(エ)　上記3の(4)に係る評価については3年間。

　(オ)　上記3の(5)に係る評価については30年間。

別表第 1　測定対象物質と管理濃度等

物 　 の 　 種 　 類	管 　 理 　 濃 　 度
(略)	
6　石綿	5μm 以上の繊維として 0.15 本/cm^3
(略)	
備考　この表の右欄の値は，温度 25 度，1 気圧の空気中における濃度を示す。	

(注)　表に掲げる管理濃度等とは，作業環境評価基準（昭和 63 年労働省告示第 79 号）
　　　の別表に掲げる管理濃度及び労働安全衛生法第 28 条第 3 項の規定に基づき厚
　　　生労働大臣が定める化学物質による健康障害を防止するための指針に基づき作
　　　業環境の測定の結果を評価するために使用する評価指標をいう。

別表第 2　略

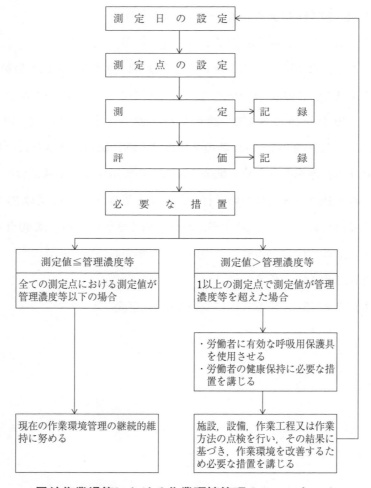

屋外作業場等における作業環境管理のフローシート

【参考資料】

大気汚染防止法（抄）

（昭和 43 年 6 月 10 日法律第 97 号）

（最終改正　令和 2 年 6 月 5 日法律第 39 号）

大気汚染防止法施行令（抄）

（昭和 43 年 11 月 30 日政令第 329 号）

（最終改正　令和 3 年 9 月 29 日政令第 275 号）

大気汚染防止法施行規則（抄）

（昭和 46 年 6 月 22 日厚生省・通商産業省令第 1 号）

（最終改正　令和 4 年 3 月 3 日環境省令第 4 号）

第 1 章　総則

（目的）

第 1 条　この法律は，工場及び事業場における事業活動並びに建築物等の解体等に伴うばい煙，揮発性有機化合物及び粉じんの排出等を規制し，水銀に関する水俣条約（以下「条約」という。）の的確かつ円滑な実施を確保するため工場及び事業場における事業活動に伴う水銀等の排出を規制し，有害大気汚染物質対策の実施を推進し，並びに自動車排出ガスに係る許容限度を定めること等により，大気の汚染に関し，国民の健康を保護するとともに生活環境を保全し，並びに大気の汚染に関して人の健康に係る被害が生じた場合における事業者の損害賠償の責任について定めることにより，被害者の保護を図ることを目的とする。

（定義等）

第 2 条　（①〜⑥　略）

⑦　この法律において「粉じん」とは，物の破砕，選別その他の機械的処理又は堆積に伴い発生し，又は飛散する物質をいう。

⑧　この法律において「特定粉じん」とは，粉じんのうち，石綿その他の人の健康に係る被害を生ずるおそれがある物質で政令で定めるものをいい，「一般粉じん」とは，特定粉じん以外の粉じんをいう。

⑨　この法律において「一般粉じん発生施設」とは，工場又は事業場に設置される施設で一般粉じんを発生し，及び排出し，又は飛散させるもののうち，その施設から

排出され，又は飛散する一般粉じんが大気の汚染の原因となるもので政令で定めるものをいう。

⑩　この法律において「特定粉じん発生施設」とは，工場又は事業場に設置される施設で特定粉じんを発生し，及び排出し，又は飛散させるもののうち，その施設から排出され，又は飛散する特定粉じんが大気の汚染の原因となるもので政令で定めるものをいう。

⑪　この法律において「特定粉じん排出等作業」とは，吹付け石綿その他の特定粉じんを発生し，又は飛散させる原因となる建築材料で政令で定めるもの（以下「特定建築材料」という。）が使用されている建築物その他の工作物（以下「建築物等」という。）を解体し，改造し，又は補修する作業のうち，その作業の場所から排出され，又は飛散する特定粉じんが大気の汚染の原因となるもので政令で定めるものをいう。

⑫　この法律において「特定工事」とは，特定粉じん排出等作業を伴う建設工事をいう。

（以下　略）

大気汚染防止法施行令

（特定粉じん）

第2条の4　法第2条第8項の政令で定める物質は，石綿とする。

（特定粉じん発生施設）

第3条の2　法第2条第10項の政令で定める施設は，別表第2の2の中欄に掲げる施設であつて，その規模がそれぞれ同表の下欄（編注：右欄）に該当するものとする。

別表第2の2（第3条の2関係）

1	解綿用機械	原動機の定格出力が3.7キロワット以上であること。
2	混合機	原動機の定格出力が3.7キロワット以上であること。
3	紡織用機械	原動機の定格出力が3.7キロワット以上であること。

4	切断機	原動機の定格出力が2.2キロワット以上であること
5	研磨機	原動機の定格出力が2.2キロワット以上であること。
6	切削用機械	原動機の定格出力が2.2キロワット以上であること。
7	破砕機及び摩砕機	原動機の定格出力が2.2キロワット以上であること。
8	プレス（剪断加工用のものに限る。）	原動機の定格出力が2.2キロワット以上であること。
9	穿孔機	原動機の定格出力が2.2キロワット以上であること。

備考　この表の中欄に掲げる施設は，石綿を含有する製品の製造の用に供する施設に限り，湿式のもの及び密閉式のものを除く。

（特定建築材料）

第3条の3　法第2条第11項の政令で定める建築材料は，吹付け石綿その他の石綿を含有する建築材料とする。

（特定粉じん排出等作業）

第3条の4　法第2条第11項の政令で定める作業は，次に掲げる作業とする。

1　特定建築材料が使用されている建築物その他の工作物（以下「建築物等」という。）を解体する作業

2　特定建築材料が使用されている建築物等を改造し，又は補修する作業

第2章の3　粉じんに関する規制

（敷地境界基準）

第18条の5　特定粉じん発生施設に係る隣地との敷地境界における規制基準（以下「敷地境界基準」という。）は，特定粉じん発生施設を設置する工場又は事業場における事業活動に伴い発生し，又は飛散する特定粉じんで工場又は事業場から大気中に排出され，又は飛散するものについて，特定粉じんの種類ごとに，工場又は事業場の敷地の境界線における大気中の濃度の許容限度として，環境省令で定める。

┌─ **大気汚染防止法施行規則** ─────────────────────────

第 16 条の 2　石綿に係る法第 18 条の 5 の敷地境界基準は，環境大臣が定め
る測定法により測定された大気中の石綿の濃度が 1 リットルにつき 10 本
であることとする。

└───

（特定粉じん発生施設の設置等の届出）

第 18 条の 6　特定粉じんを大気中に排出し，又は飛散させる者は，特定粉じん発生
施設を設置しようとするときは，環境省令で定めるところにより，次の事項を都道
府県知事に届け出なければならない。

1　氏名又は名称及び住所並びに法人にあつては，その代表者の氏名

2　工場又は事業場の名称及び所在地

3　特定粉じん発生施設の種類

4　特定粉じん発生施設の構造

5　特定粉じん発生施設の使用の方法

6　特定粉じんの処理又は飛散の防止の方法

②　前項の規定による届出には，特定粉じん発生施設の配置図，特定粉じんの排出の
方法その他の環境省令で定める事項を記載した書類を添付しなければならない。

③　第 1 項又は次条第 1 項の規定による届出をした者は，その届出に係る第 1 項第 4
号から第 6 号までに掲げる事項の変更をしようとするときは，環境省令で定めると
ころにより，その旨を都道府県知事に届け出なければならない。

④　第 2 項の規定は，前項の規定による届出について準用する。

（経過措置）

第 18 条の 7　一の施設が特定粉じん発生施設となつた際現にその施設を設置してい
る者（設置の工事をしている者を含む。）であつて特定粉じんを大気中に排出し，又
は飛散させるものは，当該施設が特定粉じん発生施設となつた日から 30 日以内に，
環境省令で定めるところにより，前条第 1 項各号に掲げる事項を都道府県知事に届
け出なければならない。

②　前条第 2 項の規定は，前項の規定による届出について準用する。

大気汚染防止法施行規則

（特定粉じん発生施設の設置等の届出）

第10条の2 法第18条の6第1項及び第3項並びに第18条の7第1項の規定による届出は，様式第3の2による届出書によつてしなければならない。

② 法第18条の6第2項（同条第4項及び第18条の7第2項において準用する場合を含む。）の環境省令で定める事項は，次のとおりとする。

1 特定粉じん発生施設の配置図

2 特定粉じんの排出の方法

3 特定粉じんを処理し，又は特定粉じんの飛散を防止するための施設の設置場所

4 特定粉じんの発生及び特定粉じんの処理に係る操業の系統の概要

5 特定粉じん発生施設を設置する工場又は事業場の付近の状況

6 法第18条の12の規定による特定粉じんの濃度の測定場所及び当該測定場所を選定した理由

（計画変更命令等）

第18条の8 都道府県知事は，第18条の6第1項又は第3項の規定による届出があつた場合において，その届出に係る特定粉じん発生施設が設置される工場又は事業場の敷地の境界線における大気中の特定粉じんの濃度が敷地境界基準に適合しないと認めるときは，その届出を受理した日から60日以内に限り，その届出をした者に対し，その届出に係る特定粉じん発生施設の構造若しくは使用の方法若しくは特定粉じんの処理の方法若しくは飛散の防止の方法に関する計画の変更（同項の規定による届出に係る計画の廃止を含む。）又は同条第1項の規定による届出に係る特定粉じん発生施設の設置に関する計画の廃止を命ずることができる。

（実施の制限）

第18条の9 第18条の6第1項の規定による届出をした者又は同条第3項の規定による届出をした者は，その届出が受理された日から60日を経過した後でなければ，それぞれ，その届出に係る特定粉じん発生施設を設置し，又はその届出に係る特定粉じん発生施設の構造若しくは使用の方法若しくは特定粉じんの処理の方法若しくは飛散の防止の方法の変更をしてはならない。

（敷地境界基準の遵守義務）

第18条の10　特定粉じん発生施設を設置する工場又は事業場における事業活動に伴い発生し，又は飛散する特定粉じんを工場又は事業場から大気中に排出し，又は飛散させる者（以下「特定粉じん排出者」という。）は，敷地境界基準を遵守しなければならない。

（改善命令等）

第18条の11　都道府県知事は，特定粉じん排出者が排出し，又は飛散させる特定粉じんの当該工場又は事業場の敷地の境界線における大気中の濃度が敷地境界基準に適合しないと認めるときは，当該特定粉じん排出者に対し，期限を定めて当該特定粉じん発生施設の構造若しくは使用の方法の改善若しくは特定粉じんの処理の方法若しくは飛散の防止の方法の改善を命じ，又は当該特定粉じん発生施設の使用の一時停止を命ずることができる。

（特定粉じんの濃度の測定）

第18条の12　特定粉じん排出者は，環境省令で定めるところにより，その工場又は事業場の敷地の境界線における大気中の特定粉じんの濃度を測定し，その結果を記録しておかなければならない。

（準用）

第18条の13　第10条第2項の規定は，第18条の9の規定による実施の制限について準用する。

②　第11条及び第12条の規定は，第18条第1項，第18条の2第1項，第18条の6第1項又は第18条の7第1項の規定による届出をした者について準用する。

③　第13条第2項の規定は，第18条の4及び第18条の11の規定による命令について準用する。

（特定粉じん排出等作業の作業基準）

第18条の14　特定粉じん排出等作業に係る規制基準（以下「作業基準」という。）は，特定粉じんの種類の特定建築材料の種類及び特定粉じん排出等作業の種類ごとに，特定粉じん排出等作業の方法に関する基準として，環境省令で定める。

> **大気汚染防止法施行規則**
>
> 　（特定粉じんの濃度の測定）
>
> 　**第16条の3**　法第18条の12の規定による特定粉じんの濃度の測定及びその結果の記録は，次の各号に定めるところによる。

1　石綿に係る特定粉じんの濃度の測定は，環境大臣が定める測定法により，6月を超えない作業期間ごとに1回以上行うこと。ただし，環境大臣は，特定粉じん排出者の工場又は事業場の規模等に応じて，測定の回数につき，別の定めをすることができる。

2　前号の測定の結果は，測定の年月日及び時刻，測定時の天候，測定者，測定箇所，測定法並びに特定粉じん発生施設の使用状況を明らかにして記録し，その記録を3年間保存すること。

（作業基準）

第16条の4　石綿に係る法第18条の14の作業基準は，次のとおりとする。

1　特定工事の元請業者又は自主施工者は，当該特定工事における特定粉じん排出等作業の開始前に，次に掲げる事項を記載した当該特定粉じん排出等作業の計画を作成し，当該計画に基づき当該特定粉じん排出等作業を行うこと。

　イ　特定工事の発注者の氏名又は名称及び住所並びに法人にあつては，その代表者の氏名

　ロ　特定工事の場所

　ハ　特定粉じん排出等作業の種類

　ニ　特定粉じん排出等作業の実施の期間

　ホ　特定粉じん排出等作業の対象となる建築物等の部分における特定建築材料の種類並びにその使用箇所及び使用面積

　ヘ　特定粉じん排出等作業の方法

　ト　第10条の4第2項各号に掲げる事項

2　特定工事の元請業者又は自主施工者は，当該特定工事における特定粉じん排出等作業を行う場合は，公衆の見やすい場所に次に掲げる要件を備えた掲示板を設けること。

　イ　長さ42.0センチメートル，幅29.7センチメートル以上又は長さ29.7センチメートル，幅42.0センチメートル以上であること。

　ロ　次に掲げる事項を表示したものであること。

　　(1)　特定工事の発注者及び元請業者又は自主施工者の氏名又は名称及び住所並びに法人にあつては，その代表者の氏名

　　(2)　当該特定工事が届出対象特定工事に該当するときは，法第18

311

条の17第1項又は第2項の届出年月日及び届出先

(3)　第10条の4第2項第3号並びに前号ニ及びへに掲げる事項

3　特定工事の元請業者，自主施工者又は下請負人は，特定工事における施工の分担関係に応じて，当該特定工事における特定粉じん排出等作業の実施状況（別表第7の1の項中欄に掲げる作業並びに6の項下欄（編注：右欄）イ及びハの作業を行うときは，同表の1の項下欄（編注：右欄）ハ，ニ，へ及びトに規定する確認をした年月日，確認の方法，確認の結果（確認の結果に基づいて補修等の措置を講じた場合にあつては，その内容を含む。）及び確認した者の氏名を含む。）を記録し，これを特定工事が終了するまでの間保存すること。

4　特定工事の元請業者は，前号の規定により各下請負人が作成した記録により当該特定工事における特定粉じん排出等作業が第1号に規定する計画に基づき適切に行われていることを確認すること。

5　特定工事の元請業者又は自主施工者は，当該特定工事における特定建築材料の除去，囲い込み又は封じ込め（以下この号において「除去等」という。）の完了後に（除去等を行う場所を他の場所から隔離したときは，当該隔離を解く前に），除去等が完了したことの確認を適切に行うために必要な知識を有する者に当該確認を目視により行わせること。ただし，解体等工事の自主施工者である個人（解体等工事を業として行う者を除く。）は，建築物等を改造し，又は補修する作業であつて，排出され，又は飛散する粉じんの量が著しく少ないもののみを伴う軽微な建設工事を施工する場合には，自ら当該確認を行うことができる。

6　前各号に定めるもののほか，別表第7の中欄に掲げる作業の種類ごとに同表の下欄（編注：右欄）に掲げるとおりとする。

別表第7（第16条の4関係）

| 1 | 令第3条の4第1号に掲げる作業のうち，吹付け石綿及び石綿含有断熱材等を除去する作業（次項又は5の項に掲げるものを除く。） | 次に掲げる事項を遵守して作業の対象となる建築物等に使用されている特定建築材料を除去するか，又はこれと同等以上の効果を有する措置を講ずること。
イ　特定建築材料の除去を行う場所（以下「作業場」という。）を他の場所から隔離すること。隔離に当たつては，作業場の出入口に前室を設置すること。 |

<table>
<tr>
<td></td>
<td></td>
<td></td>
<td>

ロ　作業場及び前室を負圧に保ち，作業場及び前室の排気に日本産業規格 Z8122 に定める HEPA フィルタを付けた集じん・排気装置を使用すること。

ハ　イの規定により隔離を行つた作業場において初めて特定建築材料の除去を行う日の当該除去の開始前に，使用する集じん・排気装置が正常に稼働することを使用する場所において確認し，異常が認められた場合は，集じん・排気装置の補修その他の必要な措置を講ずること。

ニ　特定建築材料の除去を行う日の当該除去の開始前及び中断時に，作業場及び前室が負圧に保たれていることを確認し，異常が認められた場合は，集じん・排気装置の補修その他の必要な措置を講ずること。

ホ　除去する特定建築材料を薬液等により湿潤化すること。

ヘ　イの規定により隔離を行つた作業場において初めて特定建築材料の除去を行う日の当該除去の開始後速やかに，及び特定建築材料の除去を行う日の当該除去の開始後に集じん・排気装置を使用する場所を変更した場合，集じん・排気装置に付けたフィルタを交換した場合その他必要がある場合に随時，使用する集じん・排気装置の排気口において，粉じんを迅速に測定できる機器を用いることにより集じん・排気装置が正常に稼働することを確認し，異常が認められた場合は，直ちに当該除去を中止し，集じん・排気装置の補修その他の必要な措置を講ずること。

ト　特定建築材料の除去後，作業場の隔離を解くに当たつては，特定建築材料を除去した部分に特定粉じんの飛散を抑制するための薬液等を散布するとともに作業場内の清掃その他の特定粉じんの処理を行った上で，特定粉じんが大気中へ排出され，又は飛散するおそれがないことを確認すること。

</td>
<td></td>
</tr>
<tr>
<td></td>
<td>2</td>
<td>令第 3 条の 4 第 1 号に掲げる作業のうち，石綿含有断</td>
<td>次に掲げる事項を遵守して作業の対象となる建築物等に使用されている特定建築材料を除去するか，</td>
<td></td>
</tr>
</table>

		熱材等を除去する作業であつて，特定建築材料をかき落とし，切断又は破砕以外の方法で除去するもの（5の項に掲げるものを除く。）	又はこれと同等以上の効果を有する措置を講ずること。 イ　特定建築材料の除去を行う部分の周辺を事前に養生すること。 ロ　除去する特定建築材料を薬液等により湿潤化すること。 ハ　特定建築材料の除去後，養生を解くに当たつては，特定建築材料を除去した部分に特定粉じんの飛散を抑制するための薬液等を散布するとともに作業場内の清掃その他の特定粉じんの処理を行うこと。
3		令第3条の4第1号又は第2号に掲げる作業のうち，石綿を含有する仕上塗材を除去する作業（5の項に掲げるものを除く。）	次に掲げる事項を遵守して作業の対象となる建築物等に使用されている特定建築材料を除去するか，又はこれと同等以上の効果を有する措置を講ずること。 イ　除去する特定建築材料を薬液等により湿潤化すること。（ロの規定により特定建築材料を除去する場合を除く。） ロ　電気グラインダーその他の電動工具を用いて特定建築材料を除去するときは，次に掲げる措置を講ずること。 　(1)　特定建築材料の除去を行う部分を事前に養生すること。 　(2)　除去する特定建築材料を薬液等により湿潤化すること。 ハ　特定建築材料の除去後，作業場内の特定粉じんを清掃すること。この場合において，養生を行ったときは，当該養生を解くに当たつて，作業場内の清掃その他の特定粉じんの処理を行うこと。
4		令第3条の4第1号又は第2号に掲げる作業のうち，石綿を含有する成形板その他の建築材料（吹付け石綿，石綿含有断熱材等及び石綿を含有する仕上塗材を除く。この項の下欄（編注：右欄）において「石綿含有成形板等」という。）を除去する作	次に掲げる事項を遵守して作業の対象となる建築物等に使用されている特定建築材料を除去するか，又はこれと同等以上の効果を有する措置を講ずること。 イ　特定建築材料を切断，破砕等することなくそのまま建築物等から取り外すこと。 ロ　イの方法により特定建築材料（ハに規定するものを除く。）を除去することが技術上著しく困難なとき又は令第3条の4第2号に掲げる作業に

		業（1の項から3の項まで及び次項に掲げるものを除く。）	該当するものとして行う作業の性質上適しないときは，除去する特定建築材料を薬液等により湿潤化すること。 ハ　石綿含有成形板等のうち，特定粉じんを比較的多量に発生し，又は飛散させる原因となるものとして環境大臣が定めるものにあつては，イの方法により除去することが技術上著しく困難なとき又は令第3条の4第2号に掲げる作業に該当するものとして行う作業の性質上適しないときは，次に掲げる措置を講ずること。 （1）　特定建築材料の除去を行う部分の周辺を事前に養生すること。 （2）　除去する特定建築材料を薬液等により湿潤化すること。 ニ　特定建築材料の除去後，作業場内の特定粉じんを清掃すること。この場合において，養生を行つたときは，当該養生を解くに当たつて，作業場内の清掃その他の特定粉じんの処理を行うこと。
5		令第3条の4第1号に掲げる作業のうち，人が立ち入ることが危険な状態の建築物等を解体する作業その他の建築物等の解体に当たりあらかじめ特定建築材料を除去することが著しく困難な作業	作業の対象となる建築物等に散水するか，又はこれと同等以上の効果を有する措置を講ずること。
6		令第3条の4第2号に掲げる作業のうち，吹付け石綿及び石綿含有断熱材等に係る作業	次に掲げる事項を遵守して作業の対象となる建築物等の部分に使用されている特定建築材料を除去若しくは囲い込み等を行うか，又はこれらと同等以上の効果を有する措置を講ずること。 イ　特定建築材料をかき落とし，切断又は破砕により除去する場合は1の項下欄（編注：右欄）イからトまでに掲げる事項を遵守することとし，これら以外の方法で除去する場合は2の項下欄（編注：右欄）イからハまでに掲げる事項を遵守すること。 ロ　特定建築材料の囲い込み等を行うに当たつては，当該特定建築材料の劣化状態及び下地との

315

| | | | 接着状態を確認し，劣化が著しい場合又は下地との接着が不良な場合は，当該特定建築材料を除去すること。
ハ　吹付け石綿の囲い込み若しくは石綿含有断熱材等の囲い込み等（これらの建築材料の切断，破砕等を伴うものに限る。）を行う場合又は吹付け石綿の封じ込めを行う場合は，1 の項下欄（編注：右欄）イからトまでの規定を準用する。この場合において，「除去する」とあるのは「囲い込み等を行う」と，「除去」とあるのは「囲い込み等」と読み替えることとする。 |

（解体等工事に係る調査及び説明等）

第 18 条の 15　建築物等を解体し，改造し，又は補修する作業を伴う建設工事（以下「解体等工事」という。）の元請業者（発注者（解体等工事の注文者で，他の者から請け負つた解体等工事の注文者以外のものをいう。以下同じ。）から直接解体等工事を請け負つた者をいう。以下同じ。）は，当該解体等工事が特定工事に該当するか否かについて，設計図書その他の書面による調査，特定建築材料の有無の目視による調査その他の環境省令で定める方法による調査を行うとともに，環境省令で定めるところにより，当該解体等工事の発注者に対し，次に掲げる事項について，これらの事項を記載した書面を交付して説明しなければならない。

1　当該調査の結果

2　当該解体等工事が特定工事に該当するとき（次号に該当するときを除く。）は，当該特定工事に係る次に掲げる事項

イ　特定粉じん排出等作業の対象となる建築物等の部分における特定建築材料の種類並びにその使用箇所及び使用面積

ロ　特定粉じん排出等作業の種類

ハ　特定粉じん排出等作業の実施の期間

ニ　特定粉じん排出等作業の方法

3　当該解体等工事が第 18 条の 17 第 1 項に規定する届出対象特定工事に該当するときは，当該届出対象特定工事に係る次に掲げる事項

イ　前号に掲げる事項

ロ　前号ニに掲げる特定粉じん排出等作業の方法が第 18 条の 19 各号に掲げる措置を当該各号に定める方法により行うものでないときは，その理由

316

4　前三号に掲げるもののほか，環境省令で定める事項

②　解体等工事の発注者は，当該解体等工事の元請業者が行う前項の規定による調査に要する費用を適正に負担することその他当該調査に関し必要な措置を講ずることにより，当該調査に協力しなければならない。

③　解体等工事の元請業者は，環境省令で定めるところにより，第1項の規定による調査に関する記録を作成し，当該記録及び同項に規定する書面の写しを保存しなければならない。

④　解体等工事の自主施工者（解体等工事を請負契約によらないで自ら施工する者をいう。以下同じ。）は，当該解体等工事が特定工事に該当するか否かについて，第1項の環境省令で定める方法による調査を行うとともに，前項の環境省令で定めるところにより，当該調査に関する記録を作成し，これを保存しなければならない。

⑤　解体等工事の元請業者又は自主施工者は，第1項又は前項の規定による調査に係る解体等工事を施工するときは，環境省令で定めるところにより，前二項に規定する記録の写しを当該解体等工事の現場に備え置き，かつ，当該調査の結果その他環境省令で定める事項を，当該解体等工事の現場において公衆に見やすいように掲示しなければならない。

⑥　解体等工事の元請業者又は自主施工者は，第1項又は第4項の規定による調査を行つたときは，遅滞なく，環境省令で定めるところにより，当該調査の結果を都道府県知事に報告しなければならない。

大気汚染防止法施行規則

（解体等工事に係る調査の方法）

第16条の5　法第18条の15第1項の環境省令で定める方法は，次のとおりとする。

1　設計図書その他の書面による調査及び特定建築材料の有無の目視による調査を行うこと。ただし，解体等工事が次に掲げる建築物等を解体し，改造し，又は補修する作業を伴う建設工事に該当することが設計図書その他の書面により明らかであつて，当該建築物等以外の建築物等を解体し，改造し，又は補修する作業を伴わないものである場合は，この限りではない。

イ　平成18年9月1日以後に設置の工事に着手した建築物等（ロからホまでに掲げるものを除く。）

ロ　平成18年9月1日以後に設置の工事に着手した非鉄金属製造業の用に供する施設の設備（配管を含む。以下この号において同じ。）であつて，平成19年10月1日以後にその接合部分にガスケットを設置したもの

ハ　平成18年9月1日以後に設置の工事に着手した鉄鋼業の用に供する施設の設備であつて，平成21年4月1日以後にその接合部分にガスケット又はグランドパッキンを設置したもの

ニ　平成18年9月1日以後に設置の工事に着手した化学工業の用に供する施設の設備であつて，平成23年3月1日以後にその接合部分にグランドパッキンを設置したもの

ホ　平成18年9月1日以後に設置の工事に着手した化学工業の用に供する施設の設備であつて，平成24年3月1日以後にその接合部分にガスケットを設置したもの

2　前号に規定する調査により解体等工事が特定工事に該当するか否かが明らかにならなかつたときは，分析による調査を行うこと。ただし，当該解体等工事が特定工事に該当するものとみなして，法及びこれに基づく命令中の特定工事に関する措置を講ずる場合は，この限りでない。

令和5年10月1日より，第16条の5第2号，第3号は以下のように改正される。
（解体等工事に係る調査の方法）
第16条の5　法第18条の15第1項の環境省令で定める方法は，次のとおりとする。
1　略
2　建築物を解体し，改造し，又は補修する作業を伴う建設工事に係る前号に規定する調査（前号ただし書に規定する場合を除く。）については，当該調査を適切に行うために必要な知識を有する者として環境大臣が定める者に行わせること。ただし，解体等工事の自主施工者である個人（解体等工事を業として行う者を除く。）は，建築物を改造又は補修する作業であつて，排出され，又は飛散する粉じんの量が著しく少ないもののみを伴う軽微な建設工事を施工する場合には，自ら当該調査を行うことができる。
3　第1号に規定する調査により解体等工事が特定工事に該当するか否かが明らかにならなかつたときは，分析による調査を行うこと。ただし，当該解体等工事が特定工事に該当するものとみなして，法及びこれに基づく命令中の特定工事に関する措置を講ずる場合は，この限りでない。

（解体等工事に係る説明の時期）

第16条の6　法第18条の15第1項の規定による説明は，解体等工事の開始の日までに（当該解体等工事が届出対象特定工事に該当し，かつ，特定粉じん排出等作業を当該届出対象特定工事の開始の日から14日以内に開

始する場合にあつては，当該特定粉じん排出等作業の開始の日の14日前までに）行うものとする。ただし，災害その他非常の事態の発生により解体等工事を緊急に行う必要がある場合にあつては，速やかに行うものとする。

（解体等工事に係る説明の事項）

第16条の7　法第18条の15第1項第4号の環境省令で定める事項は，次のとおりとする。

1　法第18条の15第1項又は第4項の規定による調査（以下「事前調査」という。）を終了した年月日

2　事前調査の方法

3　解体等工事が届出対象特定工事以外の特定工事に該当するときは，第10条の4第2項第2号及び第3号に掲げる事項

4　解体等工事が届出対象特定工事に該当するときは，第10条の4第2項各号に掲げる事項

（解体等工事に係る調査に関する記録等）

第16条の8　法第18条の15第3項及び第4項に規定する記録は，次に掲げる事項（解体等工事に係る建築物等が第16条の5第1号イからホまでに掲げるもののいずれかに該当する場合にあつては，第1号から第5号までに掲げる事項に限る。）について作成し，これを解体等工事が終了した日から3年間保存するものとする。

1　解体等工事の発注者の氏名又は名称及び住所並びに法人にあつては，その代表者の氏名

2　解体等工事の場所

3　解体等工事の名称及び概要

4　前条第1号及び第2号に掲げる事項

5　解体等工事に係る建築物等の設置の工事に着手した年月日（解体等工事に係る建築物等が第16条の5第1号ロからホまでに掲げるもののいずれかに該当する場合にあつては，これに加えて，これらの規定に規定する建築材料を設置した年月日）

6　解体等工事に係る建築物等の概要

7　解体等工事が建築物等を改造し，又は補修する作業を伴う建設工事に該当するときは，当該作業の対象となる建築物等の部分

8　分析による調査を行つたときは，当該調査を行つた箇所並びに当該調査を行つた者の氏名及び所属する機関又は法人の名称

9　解体等工事に係る建築物等の部分における各建築材料が特定建築材料に該当するか否か（第16条の5第2号ただし書の規定により解体等工事が特定工事に該当するものとみなした場合にあつては，その旨）及びその根拠

②　法第18条の15第3項に規定する書面の写しは，解体等工事が終了した日から3年間保存するものとする。

令和5年10月1日より，第16条の7，第16条の8は以下のように改正される。
（解体等工事に係る説明の事項）
第16条の7　略
　1～2　略
　3　第16条の5第2号に規定する調査を行つたときは，当該調査を行つた者の氏名及び当該者が同号に規定する環境大臣が定める者に該当することを明らかにする事項
　4　解体等工事が届出対象特定工事以外の特定工事に該当するときは，第10条の4第2項第2号及び第3号に掲げる事項
　5　解体等工事が届出対象特定工事に該当するときは，第10条の4第2項各号に掲げる事項
（解体等工事に係る調査に関する記録等）
第16条の8　略
　1～7　略
　8　第16条の5第2号に規定する調査を行つたときは，当該調査を行つた者の氏名
　9　分析による調査を行つたときは，当該調査を行つた箇所並びに当該調査を行つた者の氏名及び所属する機関又は法人の名称
　10　解体等工事に係る建築物等の部分における各建築材料が特定建築材料に該当するか否か（第16条の5第3号ただし書の規定により解体等工事が特定工事に該当するものとみなした場合にあつては，その旨）及びその根拠
②　第16条の5第2号に規定する調査を行つたときは，前項の記録を，前項第8号に規定する者が第16条の5第2号に規定する環境大臣が定める者に該当することを証明する書類の写しとともに保存するものとする。
③　法第18条の15第3項に規定する書面の写しは，解体等工事が終了した日から3年間保存するものとする。

（解体等工事に係る掲示の方法）

第16条の9　法第18条の15第5項の規定による掲示は，長さ42.0センチメートル，幅29.7センチメートル以上又は長さ29.7センチメートル，幅42.0センチメートル以上の掲示板を設けることにより行うものとする。

（解体等工事に係る掲示の事項）

第16条の10　法第18条の15第5項の環境省令で定める事項は，次のとおりとする。

1　解体等工事の元請業者又は自主施工者の氏名又は名称及び住所並びに

　　法人にあつては，その代表者の氏名

　2　第16条の7第1号及び第2号に掲げる事項

　3　解体等工事が特定工事に該当する場合は，特定粉じん排出等作業の対
　　象となる建築物等の部分における特定建築材料の種類

（解体等工事に係る調査の結果の報告）

第16条の11　法第18条の15第6項の規定による報告は，次のいずれかに
掲げる解体等工事に係る事前調査について行うものとする。

　1　建築物を解体する作業を伴う建設工事であつて，当該作業の対象とな
　　る床面積の合計が80平方メートル以上であるもの

　2　建築物を改造し，又は補修する作業を伴う建設工事であつて，当該作
　　業の請負代金（解体等工事の自主施工者が施工するものについては，こ
　　れを請負人に施工させることとした場合における適正な請負代金相当額。
　　次号及び次項第5号において同じ。）の合計額が100万円以上であるもの

　3　工作物（特定建築材料が使用されているおそれが大きいものとして環
　　境大臣が定めるものに限る。）を解体し，改造し，又は補修する作業を伴
　　う建設工事であつて，当該作業の請負代金の合計額が100万円以上であ
　　るもの

②　法第18条の15第6項の規定による報告は，次に掲げる事項（解体等工
　事に係る建築物等が第16条の5第1号イからホまでに掲げるもののいず
　れかに該当する場合にあつては，第1号から第5号までに掲げる事項（第
　16条の8第1項第6号及び第8号に掲げる事項を除く。）に限る。）につい
　て行うものとする。

　1　解体等工事の発注者及び元請業者又は自主施工者の氏名又は名称及び
　　住所並びに法人にあつては，その代表者の氏名

　2　第16条の7第1号並びに第16条の8第1項第2号，第3号，第5号，
　　第6号及び第8号に掲げる事項

　3　解体等工事の実施の期間

　4　解体等工事が前項第1号に掲げる建設工事に該当するときは，同号に
　　規定する作業の対象となる床面積の合計

　5　解体等工事が前項第2号又は第3号に掲げる建設工事に該当するとき
　　は，これらの規定に規定する作業の請負代金の合計額

　　6　解体等工事に係る建築物等の部分における建築材料の種類

　　7　前号に規定する建築材料が特定建築材料に該当するか否か（第16条の5第2号ただし書の規定により解体等工事が特定工事に該当するものとみなした場合にあつては，その旨）及び該当しないときは，その根拠の概要

　　8　解体等工事が特定工事に該当するときは，当該特定工事における特定粉じん排出等作業の開始時期

③　建築物等の解体等工事を同一の者が二以上の契約に分割して請け負う場合においては，これを一の契約で請け負つたものとみなして，第1項の規定を適用する。

④　法第18条の15第6項の規定による報告は，情報通信技術を活用した行政の推進等に関する法律（平成14年法律第151号）第6条第1項の規定に基づき，電子情報処理組織（同項に規定する電子情報処理組織をいう。以下この項において同じ。）を使用する方法により行うものとする。ただし，電子情報処理組織の使用が困難な場合は，様式第3の4による報告書によつて行うことをもつてこれに代えることができる。

令和5年10月1日より，第16条の11第2項は以下のように改正される。
②　法第18条の15第6項の規定による報告は，次に掲げる事項（解体等工事に係る建築物等が第16条の5第1号イからホまでに掲げるもののいずれかに該当する場合にあつては，第1号から第5号までに掲げる事項（第16条の7第3号並びに第16条の8第1項第6号及び第9号に掲げる事項を除く。）に限る。）について行うものとする。
　1　略
　2　第16条の7第1号及び第3号並びに第16条の8第1項第2号，第3号，第5号，第6号及び第9号に掲げる事項
　3～6　略
　7　前号に規定する建築材料が特定建築材料に該当するか否か（第16条の5第3号ただし書の規定により解体等工事が特定工事に該当するものとみなした場合にあつては，その旨）及び該当しないときは，その根拠の概要
　8　略

（特定工事の発注者等の配慮等）

第18条の16　特定工事の発注者は，当該特定工事の元請業者に対し，施工方法，工期，工事費その他当該特定工事の請負契約に関する事項について，作業基準の遵守を妨げるおそれのある条件を付さないように配慮しなければならない。

②　前項の規定は，特定工事の元請業者が当該特定工事の全部又は一部（特定粉じん

排出等作業を伴うものに限る。以下この条において同じ。）を他の者に請け負わせるとき及び当該特定工事の全部又は一部を請け負つた他の者（その請け負つた特定工事が数次の請負契約によつて行われるときは，当該他の者の請負契約の後次の全ての請負契約の当事者である請負人を含む。以下「下請負人」という。）が当該特定工事の全部又は一部を更に他の者に請け負わせるときについて準用する。

③　特定工事の元請業者又は下請負人は，その請け負つた特定工事の全部又は一部について他の者に請け負わせるときは，当該他の者に対し，その請負に係る特定工事における特定粉じん排出等作業の方法その他環境省令で定める事項を説明しなければならない。

大気汚染防止法施行規則

　（下請負人に対する説明の事項）

第 16 条の 12　法第 18 条の 16 第 3 項に規定する環境省令で定める事項は，第 10 条の 4 第 2 項第 2 号及び第 16 条の 4 第 1 号ハからホまでに掲げる事項とする。

（特定粉じん排出等作業の実施の届出）

第 18 条の 17　特定工事のうち，特定粉じんを多量に発生し，又は飛散させる原因となる特定建築材料として政令で定めるものに係る特定粉じん排出等作業を伴うもの（以下この条及び第 18 条の 19 において「届出対象特定工事」という。）の発注者又は自主施工者（次項に規定するものを除く。）は，当該特定粉じん排出等作業の開始の日の 14 日前までに，環境省令で定めるところにより，次に掲げる事項を都道府県知事に届け出なければならない。

1　当該届出対象特定工事の発注者及び元請業者又は自主施工者の氏名又は名称及び住所並びに法人にあつては，その代表者の氏名

2　当該届出対象特定工事の場所

3　当該特定粉じん排出等作業の対象となる建築物等の部分における当該政令で定める特定建築材料の種類並びにその使用箇所及び使用面積

4　当該届出対象特定工事に係る第 18 条の 15 第 1 項第 2 号ロからニまで及び第 3 号ロに掲げる事項

②　災害その他非常の事態の発生により前項に規定する特定粉じん排出等作業を緊急に行う必要がある場合における当該特定粉じん排出等作業を伴う届出対象特定工事

の発注者又は自主施工者は，速やかに，同項各号に掲げる事項を都道府県知事に届け出なければならない。

③　前二項の規定による届出には，当該特定粉じん排出等作業の対象となる建築物等の配置図その他の環境省令で定める事項を記載した書類を添付しなければならない。

大気汚染防止法施行令

（特定粉じんを多量に発生する等の原因となる特定建築材料）

第10条の2　法第18条の17第1項の政令で定める特定建築材料は，吹付け石綿並びに石綿を含有する断熱材，保温材及び耐火被覆材とする。

大気汚染防止法施行規則

（特定粉じん排出等作業の実施の届出）

第10条の4　法第18条の17第1項及び第2項の規定による届出は，様式第3の5による届出書によつてしなければならない。

②　法第18条の17第3項の環境省令で定める事項は，次のとおりとする。

　　1　特定粉じん排出等作業の対象となる建築物等の概要，配置図及び付近の状況

　　2　特定粉じん排出等作業の工程を明示した特定工事の工程の概要

　　3　特定工事の元請業者又は自主施工者の現場責任者の氏名及び連絡場所

　　4　下請負人が特定粉じん排出等作業を実施する場合の当該下請負人の現場責任者の氏名及び連絡場所

（計画変更命令）

第18条の18　都道府県知事は，前条第1項の規定による届出（第18条の15第1項第3号ロに掲げる事項を含むものに限る。）があつた場合において，その届出に係る特定粉じん排出等作業について，次条ただし書に規定する場合に該当しないと認めるときは，その届出を受理した日から14日以内に，その届出をした者に対し，その届出に係る特定粉じん排出等作業について，同条各号に掲げる措置を当該各号に定める方法により行うことを命ずるものとする。

②　都道府県知事は，前項に規定する場合のほか，前条第1項の規定による届出があつた場合において，その届出に係る特定粉じん排出等作業の方法が作業基準に適合

しないと認めるときは，その届出を受理した日から 14 日以内に限り，その届出を
した者に対し，その届出に係る特定粉じん排出等作業の方法に関する計画の変更を
命ずることができる。

（特定建築材料の除去等の方法）

第 18 条の 19　届出対象特定工事の元請業者若しくは下請負人又は自主施工者は，当
該届出対象特定工事における第 18 条の 17 第 1 項の政令で定める特定建築材料に係
る特定粉じん排出等作業について，次の各号のいずれかに掲げる措置（第 2 号に掲
げる措置にあつては，建築物等を改造し，又は補修する場合に限る。以下この条に
おいて同じ。）を当該各号に定める方法により行わなければならない。ただし，建
築物等が倒壊するおそれがあるときその他次の各号のいずれかに掲げる措置を当該
各号に定める方法により行うことが技術上著しく困難な場合は，この限りでない。

1　当該特定建築材料の建築物等からの除去　次に掲げる方法

　イ　当該特定建築材料をかき落とし，切断し，又は破砕することなくそのまま建
　　築物等から取り外す方法

　ロ　当該特定建築材料の除去を行う場所を他の場所から隔離し，除去を行う間，
　　当該隔離した場所において環境省令で定める集じん・排気装置を使用する方法

　ハ　ロに準ずるものとして環境省令で定める方法

2　当該特定建築材料からの特定粉じんの飛散を防止するための処理　当該特定建
　築材料を被覆し，又は当該特定建築材料に添加された特定粉じんに該当する物質
　を当該特定建築材料に固着する方法であつて環境省令で定めるもの

大気汚染防止法施行規則

（集じん・排気装置）

第 16 条の 13　法第 18 条の 19 第 1 号ロの環境省令で定める集じん・排気装
　置は，日本産業規格 Z8122 に定める HEPA フィルタを付けたものとする。

（隔離等の方法に準ずる方法）

第 16 条の 14　法第 18 条の 19 第 1 号ハの環境省令で定める方法は，同号ロ
　に規定する方法と同等以上の効果を有する方法とする。

（被覆又は固着の方法）

第 16 条の 15　法第 18 条の 19 第 2 号の環境省令で定める方法は，特定建築
　材料の囲い込み又は封じ込め（以下「囲い込み等」という。）を行う方法と

する。ただし，吹付け石綿の囲い込み若しくは石綿を含有する断熱材，保温材及び耐火被覆材（吹付け石綿を除く。以下「石綿含有断熱材等」という。）の囲い込み等（これらの建築材料の切断，破砕等を伴うものに限る。）を行う場合又は吹付け石綿の封じ込めを行う場合は，当該特定建築材料の囲い込み等を行う場所を他の場所から隔離し，囲い込み等を行う間，当該隔離した場所において，第16条の13に規定する集じん・排気装置を使用する方法とする。

（作業基準の遵守義務）

第18条の20　特定工事の元請業者若しくは下請負人又は自主施工者は，当該特定工事における特定粉じん排出等作業について，作業基準を遵守しなければならない。

（作業基準適合命令等）

第18条の21　都道府県知事は，特定工事の元請業者若しくは下請負人又は自主施工者が当該特定工事における特定粉じん排出等作業について作業基準を遵守していないと認めるときは，その者に対し，期限を定めて当該特定粉じん排出等作業について作業基準に従うべきことを命じ，又は当該特定粉じん排出等作業の一時停止を命ずることができる。

（下請負人に対する元請業者の指導）

第18条の22　特定工事の元請業者は，各下請負人が当該特定工事における特定粉じん排出等作業を適切に行うよう，当該特定工事における各下請負人の施工の分担関係に応じて，各下請負人の指導に努めなければならない。

（特定粉じん排出等作業の結果の報告等）

第18条の23　特定工事の元請業者は，当該特定工事における特定粉じん排出等作業が完了したときは，環境省令で定めるところにより，その結果を遅滞なく当該特定工事の発注者に書面で報告するとともに，当該特定粉じん排出等作業に関する記録を作成し，当該記録及び当該書面の写しを保存しなければならない。

②　特定工事の自主施工者は，当該特定工事における特定粉じん排出等作業が完了したときは，環境省令で定めるところにより，当該特定工事における特定粉じん排出等作業に関する記録を作成し，これを保存しなければならない。

─ 大気汚染防止法施行規則 ─

（特定粉じん排出等作業の結果の報告等）

第 16 条の 16　法第 18 条の 23 第 1 項の規定による報告は，次に掲げる事項について行うものとする。

1　特定粉じん排出等作業が完了した年月日

2　特定粉じん排出等作業の実施状況の概要

3　第 16 条の 4 第 5 号に規定する確認を行つた者の氏名及び当該者が当該確認を適切に行うために必要な知識を有する者に該当することを明らかにする事項

② 法第 18 条の 23 第 1 項に規定する記録は，次の各号に掲げる事項について作成し，特定工事が終了した日から 3 年間，これを同項に規定する書面の写し及び第 16 条の 4 第 5 号に規定する確認を行つた者が当該確認を適切に行うために必要な知識を有する者に該当することを証明する書類の写しとともに保存するものとする。

1　第 10 条の 4 第 2 項第 3 号及び第 4 号並びに第 16 条の 4 第 1 号イからハまでに掲げる事項

2　特定粉じん排出等作業を実施した期間

3　特定粉じん排出等作業の実施状況（次に掲げる事項を含む。）

イ　第 16 条の 4 第 5 号に規定する確認をした年月日，確認の結果（確認の結果に基づいて特定建築材料の除去等の措置を講じた場合にあつては，その内容を含む。）及び確認を行つた者の氏名

ロ　別表第 7 の 1 の項中欄に掲げる作業並びに同表の 6 の項下欄イ及びハの作業を行つたときは，同表の 1 の項下欄ハ，ニ，ヘ及びトに規定する確認をした年月日，確認の方法，確認の結果（確認の結果に基づいて補修等の措置を講じた場合にあつては，その内容を含む。）及び確認を行つた者の氏名

（特定粉じん排出等作業に関する記録）

第 16 条の 17　法第 18 条の 23 第 2 項に規定する記録は，前条第 2 項各号に掲げる事項について作成し，特定工事が終了した日から 3 年間，これを第 16 条の 4 第 5 号に規定する確認を行つた者が当該確認を適切に行うために必要な知識を有する者に該当することを証明する書類の写し（同号ただ

> し書の規定により，解体等工事の自主施工者である個人が自ら当該確認を
> 行つた場合を除く。）とともに保存するものとする。

（国の施策）

第18条の24　国は，建築物等に特定建築材料が使用されているか否かを把握するために必要な情報の収集，整理及び提供その他の特定工事等に伴う特定粉じんの排出又は飛散の抑制に関する施策の実施に努めなければならない。

（地方公共団体の施策）

第18条の25　地方公共団体は，建築物等の所有者，管理者又は占有者に対し，特定建築材料及び建築物等に特定建築材料が使用されているか否かの把握に関する知識の普及を図るよう努めるとともに，国の施策と相まつて，当該地域の実情に応じ，特定工事等に伴う特定粉じんの排出又は飛散を抑制するよう必要な措置を講ずることに努めなければならない。

第5章　雑則

（報告及び検査）

第26条　環境大臣又は都道府県知事は，この法律の施行に必要な限度において，政令で定めるところにより，ばい煙発生施設を設置している者，特定施設を工場若しくは事業場に設置している者，揮発性有機化合物排出施設を設置している者，一般粉じん発生施設を設置している者，特定粉じん排出者，解体等工事の発注者，元請業者，自主施工者，若しくは下請負人若しくは水銀排出施設を設置している者に対し，ばい煙発生施設の状況，特定施設の事故の状況，揮発性有機化合物排出施設の状況，一般粉じん発生施設の状況，特定粉じん発生施設の状況，解体等工事に係る建築物等の状況，特定粉じん排出等作業の状況，水銀排出施設の状況その他必要な事項の報告を求め，又はその職員に，ばい煙発生施設を設置している者，特定施設を工場若しくは事業場に設置している者，揮発性有機化合物排出施設を設置している者，一般粉じん発生施設を設置している者若しくは特定粉じん排出者の工場若しくは事業場，解体等工事に係る建築物等，解体等工事の現場，解体等工事の元請業者，自主施工者若しくは下請負人の営業所，事務所その他の事業場若しくは水銀排

出施設を設置している者の工場若しくは事業場に立ち入り，ばい煙発生施設，ばい煙処理施設，特定施設，揮発性有機化合物排出施設，一般粉じん発生施設，特定粉じん発生施設，解体等工事に係る建築物等，水銀排出施設その他の物件を検査させることができる。

② 前項の規定による環境大臣による報告の徴収又はその職員による立入検査は，大気の汚染により人の健康又は生活環境に係る被害が生ずることを防止するため緊急の必要があると認められる場合に行うものとする。（以下　略）

大気汚染防止法施行令

（報告及び検査）

第12条 （①～⑤　略）

⑥ 環境大臣又は都道府県知事は，法第26条第1項の規定により，特定粉じん排出者に対し，特定粉じん発生施設の使用の方法，特定粉じんの処理の方法若しくは飛散の防止の方法及び法第18条の6第2項の環境省令で定める事項について報告を求め，又はその職員に，特定粉じん排出者の工場若しくは事業場に立ち入り，特定粉じん発生施設及びその関連施設，特定粉じん発生施設に使用する原料並びに関係帳簿書類を検査させることができる。この場合において，法第27条第1項に規定する特定粉じん発生施設を設置する者に対しては，法第18条の11又は第27条第3項の規定による権限の行使に関し必要と認められる場合に行うものとする。

⑦ 環境大臣又は都道府県知事は，法第26条第1項の規定により，解体等工事の発注者に対し，法第18条の15第1項の規定による調査，特定粉じん排出等作業の方法等（同項第2号から第4号までに掲げる事項をいう。次項において同じ。及び特定粉じん排出等作業の結果について報告を求めることができる。

⑧ 環境大臣又は都道府県知事は，法第26条第1項の規定により，解体等工事の元請業者に対し法第18条の15第1項の規定による調査，特定粉じん排出等作業の方法等及び特定粉じん排出等作業の結果について，自主施工者に対し同条第4項の規定による調査，特定粉じん排出等作業の方法等及び特定粉じん排出等作業の結果について，下請負人に対し特定粉じん排出等作業の方法等及び特定粉じん排出等作業の結果（当該解体等工事にお

ける施工の分担関係に応じた範囲に限る。）について，それぞれ報告を求
め，又はその職員に，解体等工事に係る建築物等，解体等工事の現場若し
くは解体等工事の元請業者，自主施工者若しくは下請負人の営業所，事務
所その他の事業場に立ち入り，解体等工事に係る建築物等，解体等工事に
より生じた廃棄物その他の物，関係帳簿書類並びに特定粉じん排出等作業
に使用される機械器具及び資材（特定粉じんの排出又は飛散を抑制するた
めのものを含む。）を検査させることができる。

第 6 章　罰則

第 33 条　第 9 条，第 9 条の 2，第 14 条第 1 項若しくは第 3 項，第 17 条の 8，第 17
条の 11，第 18 条の 8，第 18 条の 11，第 18 条の 31 又は第 18 条の 34 第 2 項の規
定による命令に違反した場合には，当該違反行為をした者は，1 年以下の懲役又は
100 万円以下の罰金に処する。

第 33 条の 2　次の各号のいずれかに該当する場合には，当該違反行為をした者は，6
月以下の懲役又は 50 万円以下の罰金に処する。

（1　略）

2　第 17 条第 3 項，第 18 条の 4，第 18 条の 18，第 18 条の 21 又は第 23 条第 2 項
の規定による命令に違反したとき。

（以下　略）

第 34 条　次の各号のいずれかに該当する場合には，当該違反行為をした者は，3 月
以下の懲役又は 30 万円以下の罰金に処する。

1　第 6 条第 1 項，第 8 条第 1 項，第 17 条の 5 第 1 項，第 17 条の 7 第 1 項，第
18 条の 6 第 1 項若しくは第 3 項，第 18 条の 17 第 1 項，第 18 条の 28 第 1 項又
は第 18 条の 30 第 1 項の規定による届出をせず，又は虚偽の届出をしたとき。

（2　略）

3　第 18 条の 19 の規定に違反したとき。

第 35 条　次の各号のいずれかに該当する場合には，当該違反行為をした者は，30 万
円以下の罰金に処する。

1　第 7 条第 1 項，第 17 条の 6 第 1 項，第 18 条第 1 項若しくは第 3 項，第 18 条

の2第1項，第18条の7第1項又は第18条の29第1項の規定による届出をせず，又は虚偽の届出をしたとき。

2　第10条第1項，第17条の9，第18条の9又は第18条の32の規定に違反したとき。

（3　略）

4　第18条の15第6項の規定による報告をせず，又は虚偽の報告をしたとき。

5　第26条第1項の規定による報告をせず，若しくは虚偽の報告をし，又は同項の規定による検査を拒み，妨げ，若しくは忌避したとき。

第36条　法人の代表者又は法人若しくは人の代理人，使用人その他の従業者が，その法人又は人の業務に関し，第33条から前条までの違反行為をしたときは，行為者を罰するほか，その法人又は人に対して各本条の罰金刑を科する。

第37条　第11条若しくは第12条第3項（これらの規定を第17条の13第2項，第18条の13第2項及び第18条の36第2項において準用する場合を含む。）又は第18条の17第2項の規定による届出をせず，又は虚偽の届出をした者は，10万円以下の過料に処する。

【参考資料】
廃棄物の処理及び清掃に関する法律（抄）

(昭和45年12月25日法律第137号)

(最終改正　令和元年6月14日法律第37号)

廃棄物の処理及び清掃に関する法律施行令（抄）

(昭和46年9月23日政令第300号)

(最終改正　令和4年1月19日政令第25号)

廃棄物の処理及び清掃に関する法律施行規則（抄）

(昭和46年9月23日厚生省令第35号)

(最終改正　令和3年8月4日環境省令第12号)

第1章　総則

（目的）

第1条　この法律は，廃棄物の排出を抑制し，及び廃棄物の適正な分別，保管，収集，運搬，再生，処分等の処理をし，並びに生活環境を清潔にすることにより，生活環境の保全及び公衆衛生の向上を図ることを目的とする。

（定義）

第2条　この法律において「廃棄物」とは，ごみ，粗大ごみ，燃え殻，汚泥，ふん尿，廃油，廃酸，廃アルカリ，動物の死体その他の汚物又は不要物であつて，固形状又は液状のもの（放射性物質及びこれによつて汚染された物を除く。）をいう。

（②～③　略）

④　この法律において「産業廃棄物」とは，次に掲げる廃棄物をいう。

　1　事業活動に伴つて生じた廃棄物のうち，燃え殻，汚泥，廃油，廃酸，廃アルカリ，廃プラスチック類その他政令で定める廃棄物

　（2　略）

⑤　この法律において「特別管理産業廃棄物」とは，産業廃棄物のうち，爆発性，毒性，感染性その他の人の健康又は生活環境に係る被害を生ずるおそれがある性状を有するものとして政令で定めるものをいう。

（以下　略）

廃棄物の処理及び清掃に関する法律施行令

（産業廃棄物）

第2条 法第2条第4項第1号の政令で定める廃棄物は，次のとおりとする。

（1～6　略）

7　ガラスくず，コンクリートくず（工作物の新築，改築又は除去に伴つて生じたものを除く。）及び陶磁器くず

（8　略）

9　工作物の新築，改築又は除去に伴つて生じたコンクリートの破片その他これに類する不要物

（10～12　略）

13　燃え殻，汚泥，廃油，廃酸，廃アルカリ，廃プラスチック類，前各号に掲げる廃棄物（第1号から第3号まで，第5号から第9号まで及び前号に掲げる廃棄物にあつては，事業活動に伴つて生じたものに限る。）又は法第2条第4項第2号に掲げる廃棄物を処分するために処理したものであつて，これらの廃棄物に該当しないもの

（特別管理産業廃棄物）

第2条の4　法第2条第5項（ダイオキシン類対策特別措置法第24条第2項の規定により読み替えて適用する場合を含む。）の政令で定める産業廃棄物は，次のとおりとする。

（1～4　略）

5　特定有害産業廃棄物（次に掲げる廃棄物をいう。）

（イ～ヘ　略）

ト　廃石綿等（廃石綿及び石綿が含まれ，又は付着している産業廃棄物のうち，石綿建材除去事業（建築物その他の工作物に用いられる材料であつて石綿を吹き付けられ，又は含むものの除去を行う事業をいう。）に係るもの（輸入されたものを除く。），別表第3の1の項に掲げる施設において生じたもの（輸入されたものを除く。）及び輸入されたもの（事業活動に伴つて生じたものに限る。）であつて，飛散するおそれのあるものとして環境省令で定めるものをいう。以下同じ。）

（以下　略）

別表第3（第2条の4関係）

1	大気汚染防止法第2条第10項に規定する特定粉じん発生施設が設置されている事業場
（以下　略）	

廃棄物の処理及び清掃に関する法律施行規則

（令第2条の4の環境省令で定める基準等）

第1条の2　（①～⑧　略）

⑨　令第2条の4第5号トの規定による環境省令で定める産業廃棄物は，次のとおりとする。

1　建築物その他の工作物（次号において「建築物等」という。）に用いられる材料であつて石綿を吹きつけられたものから石綿建材除去事業により除去された当該石綿

2　建築物等に用いられる材料であつて石綿を含むもののうち石綿建材除去事業により除去された次に掲げるもの

イ　石綿保温材

ロ　けいそう土保温材

ハ　パーライト保温材

ニ　人の接触，気流及び振動等によりイからハに掲げるものと同等以上に石綿が飛散するおそれのある保温材，断熱材及び耐火被覆材

3　石綿建材除去事業において用いられ，廃棄されたプラスチックシート，防じんマスク，作業衣その他の用具又は器具であつて，石綿が付着しているおそれのあるもの

4　令別表第3の1の項に掲げる施設において生じた石綿であつて，集じん施設によつて集められたもの（輸入されたものを除く。）

5　前号に掲げる特定粉じん発生施設又は集じん施設を設置する工場又は事業場において用いられ，廃棄された防じんマスク，集じんフィルターその他の用具又は器具であつて，石綿が付着しているおそれのあるもの（輸入されたものを除く。）

6　石綿であつて，集じん施設によつて集められたもの（事業活動に伴つて生じたものであつて，輸入されたものに限る。）

7　廃棄された防じんマスク，集じんフィルターその他の用具又は器具であつて，石綿が付着しているおそれのあるもの（事業活動に伴つて生じたものであつて，輸入されたものに限る。）

（以下　略）

第3章　産業廃棄物

第1節　産業廃棄物の処理

（事業者の処理）

第12条　事業者は，自らその産業廃棄物（特別管理産業廃棄物を除く。第5項から第7項までを除き，以下この条において同じ。）の運搬又は処分を行う場合には，政令で定める産業廃棄物の収集，運搬及び処分に関する基準（当該基準において海洋を投入処分の場所とすることができる産業廃棄物を定めた場合における当該産業廃棄物にあつては，その投入の場所及び方法が海洋汚染等及び海上災害の防止に関する法律に基づき定められた場合におけるその投入の場所及び方法に関する基準を除く。以下「産業廃棄物処理基準」という。）に従わなければならない。

②　事業者は，その産業廃棄物が運搬されるまでの間，環境省令で定める技術上の基準（以下「産業廃棄物保管基準」という。）に従い，生活環境の保全上支障のないようにこれを保管しなければならない。

（③〜④　略）

⑤　事業者（中間処理業者（発生から最終処分（埋立処分，海洋投入処分（海洋汚染等及び海上災害の防止に関する法律に基づき定められた海洋への投入の場所及び方法に関する基準に従つて行う処分をいう。）又は再生をいう。以下同じ。）が終了するまでの一連の処理の行程の中途において産業廃棄物を処分する者をいう。以下同じ。）を含む。次項及び第7項並びに次条第5項から第7項までにおいて同じ。）は，その産業廃棄物（特別管理産業廃棄物を除くものとし，中間処理産業廃棄物（発生から最終処分が終了するまでの一連の処理の行程の中途において産業廃棄物を処分した後の産業廃棄物をいう。以下同じ。）を含む。次項及び第7項において同じ。）の運搬又は処分を他人に委託する場合には，その運搬については第14条第12項に規定する産業廃棄物収集運搬業者その他環境省令で定める者に，その処分について

は同項に規定する産業廃棄物処分業者その他環境省令で定める者にそれぞれ委託しなければならない。

⑥　事業者は，前項の規定によりその産業廃棄物の運搬又は処分を委託する場合には，政令で定める基準に従わなければならない。

⑦　事業者は，前二項の規定によりその産業廃棄物の運搬又は処分を委託する場合には，当該産業廃棄物の処理の状況に関する確認を行い，当該産業廃棄物について発生から最終処分が終了するまでの一連の処理の行程における処理が適正に行われるために必要な措置を講ずるように努めなければならない。

⑧　その事業活動に伴つて生ずる産業廃棄物を処理するために第15条第1項に規定する産業廃棄物処理施設が設置されている事業場を設置している事業者は，当該事業場ごとに，当該事業場に係る産業廃棄物の処理に関する業務を適切に行わせるため，産業廃棄物処理責任者を置かなければならない。ただし，自ら産業廃棄物処理責任者となる事業場については，この限りでない。

（⑨〜⑫　略）

⑬　第7条第15項及び第16項の規定は，その事業活動に伴い産業廃棄物を生ずる事業者で政令で定めるものについて準用する。この場合において，同条第15項中「一般廃棄物の」とあるのは，「その産業廃棄物の」と読み替えるものとする。

※第12条第13項において読み替えて準用する第7条第15〜16項は以下のとおり。
　（産業廃棄物処理業）
第7条　（①〜⑭　略）
⑮　産業廃棄物収集運搬業者及び産業廃棄物処分業者は，帳簿を備え，産業廃棄物の処理について環境省令で定める事項を記載しなければならない。
⑯　前項の帳簿は，環境省令で定めるところにより，保存しなければならない。

（事業者の特別管理産業廃棄物に係る処理）

第12条の2　事業者は，自らその特別管理産業廃棄物の運搬又は処分を行う場合には，政令で定める特別管理産業廃棄物の収集，運搬及び処分に関する基準（当該基準において海洋を投入処分の場所とすることができる特別管理産業廃棄物を定めた場合における当該特別管理産業廃棄物にあつては，その投入の場所及び方法が海洋汚染等及び海上災害の防止に関する法律に基づき定められた場合におけるその投入の場所及び方法に関する基準を除く。以下「特別管理産業廃棄物処理基準」という。）に従わなければならない。

②　事業者は，その特別管理産業廃棄物が運搬されるまでの間，環境省令で定める技

術上の基準（以下「特別管理産業廃棄物保管基準」という。）に従い，生活環境の保全上支障のないようにこれを保管しなければならない。

（③～④　略）

⑤　事業者は，その特別管理産業廃棄物（中間処理産業廃棄物を含む。次項及び第7項において同じ。）の運搬又は処分を他人に委託する場合には，その運搬については第14条の4第12項に規定する特別管理産業廃棄物収集運搬業者その他環境省令で定める者に，その処分については同項に規定する特別管理産業廃棄物処分業者その他環境省令で定める者にそれぞれ委託しなければならない。

⑥　事業者は，前項の規定によりその特別管理産業廃棄物の運搬又は処分を委託する場合には，政令で定める基準に従わなければならない。

⑦　事業者は，前二項の規定によりその特別管理産業廃棄物の運搬又は処分を委託する場合には，当該特別管理産業廃棄物の処理の状況に関する確認を行い，当該特別管理産業廃棄物について発生から最終処分が終了するまでの一連の処理の行程における処理が適正に行われるために必要な措置を講ずるように努めなければならない。

⑧　その事業活動に伴い特別管理産業廃棄物を生ずる事業場を設置している事業者は，当該事業場ごとに，当該事業場に係る当該特別管理産業廃棄物の処理に関する業務を適切に行わせるため，特別管理産業廃棄物管理責任者を置かなければならない。ただし，自ら特別管理産業廃棄物管理責任者となる事業場については，この限りでない。

⑨　前項の特別管理産業廃棄物管理責任者は，環境省令で定める資格を有する者でなければならない。

（⑩～⑬　略）

⑭　第7条第15項及び第16項の規定は，その事業活動に伴い特別管理産業廃棄物を生ずる事業者について準用する。この場合において，同条第15項中「一般廃棄物の」とあるのは，「その特別管理産業廃棄物の」と読み替えるものとする。

> ※第12条の2第14項において読み替えて準用する第7条第15～16項は以下のとおり。
> （特別管理産業廃棄物処理業）
> **第7条**　（①～⑭　略）
> ⑮　特別管理産業廃棄物収集運搬業者及び特別管理産業廃棄物処分業者は，帳簿を備え，特別管理産業廃棄物の処理について環境省令で定める事項を記載しなければならない。
> ⑯　前項の帳簿は，環境省令で定めるところにより，保存しなければならない。

廃棄物の処理及び清掃に関する法律施行令

（産業廃棄物の収集，運搬，処分等の基準）

第6条　法第12条第1項の規定による産業廃棄物（特別管理産業廃棄物以外のものに限るものとし，法第2条第4項第2号に掲げる廃棄物であるもの及び当該廃棄物を処分するために処理したものを除く。以下この項（第3号イ及び第4号イを除く。）において同じ。）の収集，運搬及び処分（再生を含む。）の基準は，次のとおりとする。

1　産業廃棄物の収集又は運搬に当たつては，第3条第1号イからニまでの規定の例によるほか，次によること。

（イ　略）

ロ　石綿が含まれている産業廃棄物であつて環境省令で定めるもの（以下「石綿含有産業廃棄物」という。）又は水銀若しくはその化合物が使用されている製品が産業廃棄物となつたものであつて環境省令で定めるもの（以下この項において「水銀使用製品産業廃棄物」という。）の収集又は運搬を行う場合には，第3条第1号ホの規定の例によること。

（ハ　略）

ニ　石綿含有産業廃棄物又は水銀使用製品産業廃棄物の積替えを行う場合には，第3条第1号トの規定の例によること。

（ホ　略）

ヘ　石綿含有産業廃棄物又は水銀使用製品産業廃棄物の保管を行う場合には，第3条第1号トの規定の例によること。

2　産業廃棄物の処分（埋立処分及び海洋投入処分を除く。以下この号において同じ。）又は再生に当たつては，次によること。

（イ～ハ　略）

ニ　石綿含有産業廃棄物の処分又は再生を行う場合には，次によること。

（1）　石綿含有産業廃棄物の保管を行う場合には，第3条第1号トの規定の例によること。

（2）　石綿含有産業廃棄物による人の健康又は生活環境に係る被害が生ずるおそれをなくする方法として環境大臣が定める方法により行うこと。ただし，収集又は運搬のため必要な破砕又は切断であつて環境大臣が定める方法により行うものについては，この限り

でない。

（ホ　略）

3　産業廃棄物の埋立処分に当たつては，第3条第1号イ（ルに規定する場合にあつては，(1)を除く。）及びロ並びに第3号ニ及びホの規定の例によるほか，次によること。

（イ～カ　略）

ヨ　石綿含有産業廃棄物の埋立処分を行う場合には，次によること。

　(1)　最終処分場（第7条第14号に規定する産業廃棄物の最終処分場に限る。）のうちの一定の場所において，かつ，当該石綿含有産業廃棄物が分散しないように行うこと。

　(2)　埋め立てる石綿含有産業廃棄物が埋立地の外に飛散し，及び流出しないように，その表面を土砂で覆う等必要な措置を講ずること。

（以下　略）

※上記の第3条第1号イ～トの規定，第3号ニ～ホの規定は以下のとおり。
（一般廃棄物の収集，運搬，処分等の基準）
第3条　略
1　一般廃棄物の収集又は運搬に当たつては，次によること。
　イ　収集又は運搬は，次のように行うこと。
　　(1)　一般廃棄物が飛散し，及び流出しないようにすること。
　　(2)　収集又は運搬に伴う悪臭，騒音又は振動によつて生活環境の保全上支障が生じないように必要な措置を講ずること。
　ロ　一般廃棄物の収集又は運搬のための施設を設置する場合には，生活環境の保全上支障を生ずるおそれのないように必要な措置を講ずること。
　ハ　運搬車，運搬容器及び運搬用パイプラインは，一般廃棄物が飛散し，及び流出し，並びに悪臭が漏れるおそれのないものであること。
　ニ　船舶を用いて一般廃棄物の収集又は運搬を行う場合には，環境省令で定めるところにより，一般廃棄物の収集又は運搬の用に供する船舶である旨その他の事項をその船体の外側に見やすいように表示し，かつ，当該船舶に環境省令で定める書面を備え付けておくこと。
　ホ　石綿が含まれている一般廃棄物であつて環境省令で定めるもの（以下「石綿含有一般廃棄物」という。）の収集又は運搬を行う場合には，石綿含有一般廃棄物が，破砕することのないような方法により，かつ，その他の物と混合するおそれのないように他の物と区分して，収集し，又は運搬すること。
　ヘ　一般廃棄物の積替えを行う場合には，次によること。
　　(1)　積替えは，周囲に囲いが設けられ，かつ，一般廃棄物の積替えの場所であることの表示がされている場所で行うこと。
　　(2)　積替えの場所から一般廃棄物が飛散し，流出し，及び地下に浸透し，並びに悪臭が発散しないように必要な措置を講ずること。
　　(3)　積替えの場所には，ねずみが生息し，及び蚊，はえその他の害虫が発生しないようにすること。
　ト　石綿含有一般廃棄物の積替えを行う場合には，積替えの場所には，石綿含有一般廃棄物がその他の物と混合するおそれのないように，仕切りを設ける等必要な措置を講ずること。

　　（チ　略）
　リ　一般廃棄物の保管を行う場合には，次によること。
　　（1）　保管は，次に掲げる要件を満たす場所で行うこと。
　　　（イ）　周囲に囲い（保管する一般廃棄物の荷重が直接当該囲いにかかる構造である場合にあつては，当該荷重に対して構造耐力上安全であるものに限る。）が設けられていること。
　　　（ロ）　環境省令で定めるところにより，見やすい箇所に一般廃棄物の積替えのための保管の場所である旨その他一般廃棄物の保管に関し必要な事項を表示した掲示板が設けられていること。
　　（(2)(3)　略）
　（ヌ，ル　略）
　2　略
　3　一般廃棄物の埋立処分に当たつては，第1号イ（ワに規定する場合にあつては，(1)を除く。）及びロの規定の例によるほか，次によること。
　（イ〜ロ　略）
　ハ　埋め立てる一般廃棄物（熱しやく減量15パーセント以下に焼却したものを除く。）の一層の厚さは，おおむね3メートル以下とし，かつ，一層ごとに，その表面を土砂でおおむね50センチメートル覆うこと。ただし，埋立地の面積が1万平方メートル以下又は埋立容量が5万立方メートル以下の埋立処分（以下「小規模埋立処分」という。）を行う場合は，この限りでない。
　ニ　埋立地には，ねずみが生息し，及び蚊，はえその他の害虫が発生しないようにすること。
　ホ　埋立処分を終了する場合には，ハによるほか，生活環境の保全上支障が生じないように当該埋立地の表面を土砂で覆うこと。
　（以下　略）

（事業者の産業廃棄物の運搬，処分等の委託の基準）

第6条の2　法第12条第6項の政令で定める基準は，次のとおりとする。

　1　産業廃棄物（特別管理産業廃棄物を除く。以下この条から第6条の4までにおいて同じ。）の運搬にあつては，他人の産業廃棄物の運搬を業として行うことができる者であつて委託しようとする産業廃棄物の運搬がその事業の範囲に含まれるものに委託すること。

　2　産業廃棄物の処分又は再生にあつては，他人の産業廃棄物の処分又は再生を業として行うことができる者であつて委託しようとする産業廃棄物の処分又は再生がその事業の範囲に含まれるものに委託すること。

　（3　略）

　4　委託契約は，書面により行い，当該委託契約書には，次に掲げる事項についての条項が含まれ，かつ，環境省令で定める書面が添付されていること。

　イ　委託する産業廃棄物の種類及び数量

　ロ　産業廃棄物の運搬を委託するときは，運搬の最終目的地の所在地

ハ　産業廃棄物の処分又は再生を委託するときは，その処分又は再生の場所の所在地，その処分又は再生の方法及びその処分又は再生に係る施設の処理能力

ニ　産業廃棄物の処分又は再生を委託する場合において，当該産業廃棄物が法第15条の4の5第1項の許可を受けて輸入された廃棄物であるときは，その旨

ホ　産業廃棄物の処分（最終処分（法第12条第5項に規定する最終処分をいう。以下同じ。）を除く。）を委託するときは，当該産業廃棄物に係る最終処分の場所の所在地，最終処分の方法及び最終処分に係る施設の処理能力

ヘ　その他環境省令で定める事項

5　前号に規定する委託契約書及び書面をその契約の終了の日から環境省令で定める期間保存すること。

6　第6条の12第1号，使用済小型電子機器等の再資源化の促進に関する法律施行令（平成25年政令第45号）第4条第1号又はプラスチックに係る資源循環の促進等に関する法律施行令（令和4年政令第25号）第14条第1号若しくは第20条第1号の規定による承諾をしたときは，これらの号に規定する書面の写しをその承諾をした日から環境省令で定める期間保存すること。

（特別管理産業廃棄物の収集，運搬，処分等の基準）

第6条の5　法第12条の2第1項の規定による特別管理産業廃棄物（法第2条第4項第2号に掲げる廃棄物であるもの（ポリ塩化ビフェニル汚染物を除く。）及び第2条の4第6号から第8号までに掲げる廃棄物を除く。以下この項において同じ。）の収集，運搬及び処分（再生を含む。）の基準は，次のとおりとする。

（第1号イ　略）

ロ　特別管理産業廃棄物の積替えを行う場合には，第3条第1号ヘ(2)及び(3)並びに第4条の2第1号ト(1)から(3)の規定の例によること。

ハ　特別管理産業廃棄物の保管は，特別管理産業廃棄物の積替え（環境省令で定める基準に適合するものに限る。）を行う場合を除き，行つてはならないこと。ただし，廃ポリ塩化ビフェニル等，ポリ塩化ビフェニ

ル汚染物及びポリ塩化ビフェニル処理物については，この限りでない。

ニ　特別管理産業廃棄物の保管を行う場合には，第3条第1号リ並びに第4条の2第1号ト (2) 及び (3) の規定の例によるほか，当該保管する特別管理産業廃棄物の数量が，環境省令で定める場合を除き，当該保管の場所における1日当たりの平均的な搬出量に7を乗じて得られる数量を超えないようにすること。

（第2号イ〜第2号ヘ　略）

ト　廃石綿等の処分又は再生は，当該廃石綿等による人の健康又は生活環境に係る被害が生ずるおそれをなくする方法として環境大臣が定める方法により行うこと。

（第2号チ　略）

リ　特別管理産業廃棄物の保管を行う場合には，次によること。

(1)　第3条第1号リ並びに第4条の2第1号ト (2) 及び (3) の規定の例によること。

(2)　環境省令で定める期間を超えて保管を行つてはならないこと。

(3)　保管する特別管理産業廃棄物（当該特別管理産業廃棄物に係る処理施設が同時に当該特別管理産業廃棄物と同様の性状を有する特別管理一般廃棄物として環境省令で定めるものの処理施設である場合にあつては，当該特別管理一般廃棄物を含む。）の数量が，当該特別管理産業廃棄物に係る処理施設の1日当たりの処理能力に相当する数量に14を乗じて得られる数量（環境省令で定める場合にあつては，環境省令で定める数量）を超えないようにすること。

（第3号イ〜第3号ヲ　略）

ワ　廃石綿等の埋立処分を行う場合には，次によること。

(1)　大気中に飛散しないように，あらかじめ，固型化，薬剤による安定化その他これらに準ずる措置を講じた後，耐水性の材料で二重にこん包すること。

(2)　埋立処分は，最終処分場（第7条第14号に規定する産業廃棄物の最終処分場に限る。）のうちの一定の場所において，かつ，当該廃石綿等が分散しないように行うこと。

(3)　埋め立てる廃石綿等が埋立地の外に飛散し，及び流出しないように，その表面を土砂で覆う等必要な措置を講ずること。

（第3号カ～第3号ラ　略）

4　特別管理産業廃棄物は，海洋投入処分を行つてはならないこと。

（以下　略）

※上記の第4条の2第1号トの規定（抜粋）は以下のとおり。
　（特別管理一般廃棄物の収集，運搬，処分等の基準）
第4条の2　略
　1　特別管理一般廃棄物の収集又は運搬に当たつては，第3条第1号イ，ロ及びニの規定の例によるほか，次によること。
　　ト　特別管理一般廃棄物の積替えを行う場合には，第3条第1号ヘ（2）及び（3）の規定の例によるほか，次によること。
　　（1）　積替えは，周囲に囲いが設けられ，かつ，見やすい箇所に特別管理一般廃棄物の積替えの場所であることその他の環境省令で定める事項の表示がされている場所で行うこと。
　　（2）　積替えの場所には，特別管理一般廃棄物がその他の物と混合するおそれのないように，仕切りを設ける等必要な措置を講ずること。ただし，人の健康の保持又は生活環境の保全上支障を生じないものとして環境省令で定める場合は，この限りでない。
　　（3）　（1）及び（2）に定めるもののほか，当該特別管理一般廃棄物の種類に応じ，環境省令で定める措置を講ずること。

（事業者の特別管理産業廃棄物の運搬又は処分等の委託の基準）

第6条の6　法第12条の2第6項の政令で定める基準は，次のとおりとする。

1　特別管理産業廃棄物の運搬又は処分若しくは再生を委託しようとする者に対し，あらかじめ，当該委託しようとする特別管理産業廃棄物の種類，数量，性状その他の環境省令で定める事項を文書で通知すること。

2　前号に定めるもののほか，第6条の2各号の規定の例によること。

廃棄物の処理及び清掃に関する法律施行規則

（一般廃棄物の最終処分場に係る埋立処分の終了の届出）

第5条の5　法第9条第4項の規定による最終処分場に係る埋立処分の終了の届出は，次に掲げる事項を記載した届出書を都道府県知事に提出して行うものとする。

（1～9　略）

②　前項の届出書には次に掲げる書類及び図面を添付するものとする。

1　埋立終了時の当該施設の構造を明らかにする平面図，立面図，断面図

　　　及び構造図

　2　当該施設の周辺の地図

　3　埋立処分の終了から廃止までの間の維持管理の方法を明らかにする書類

　4　石綿含有一般廃棄物を埋め立てた場合は，石綿含有一般廃棄物が埋め立てられている位置を示す図面

（5　略）

（石綿含有産業廃棄物）

第7条の2の3　令第6条第1項第1号ロの規定による環境省令で定める石綿が含まれている産業廃棄物は，工作物の新築，改築又は除去に伴つて生じた産業廃棄物であつて，石綿をその重量の0.1パーセントを超えて含有するもの（廃石綿等を除く。）とする。

（産業廃棄物保管基準）

第8条　法第12条第2項の規定による産業廃棄物保管基準は，次のとおりとする。

　1　保管は，次に掲げる要件を満たす場所で行うこと。

　　イ　周囲に囲い（保管する産業廃棄物の荷重が直接当該囲いにかかる構造である場合にあつては，当該荷重に対して構造耐力上安全であるものに限る。）が設けられていること。

　　ロ　見やすい箇所に次に掲げる要件を備えた掲示板が設けられていること。

　　　(1)　縦及び横それぞれ60センチメートル以上であること。

　　　(2)　次に掲げる事項を表示したものであること。

　　　　(イ)　産業廃棄物の保管の場所である旨

　　　　(ロ)　保管する産業廃棄物の種類（当該産業廃棄物に石綿含有産業廃棄物，水銀使用製品産業廃棄物又は水銀含有ばいじん等が含まれる場合は，その旨を含む。）

　　　　(ハ)　保管の場所の管理者の氏名又は名称及び連絡先

　　　　(ニ)　屋外において産業廃棄物を容器を用いずに保管する場合にあつては，次号ロに規定する高さのうち最高のもの

　（2〜3　略）

　4　石綿含有産業廃棄物にあつては，次に掲げる措置を講ずること。

　　イ　保管の場所には，石綿含有産業廃棄物がその他の物と混合するおそれのないように，仕切りを設ける等必要な措置を講ずること。

　　ロ　覆いを設けること，梱包すること等石綿含有産業廃棄物の飛散の防止のために必要な措置を講ずること。

（5　略）

（産業廃棄物の保管の届出の対象となる産業廃棄物）

第8条の2　法第12条第3項前段の環境省令で定める産業廃棄物は，建設工事（法第21条の3第1項に規定する建設工事^{編注}をいう。以下同じ。）に伴い生ずる産業廃棄物とする。

編注　土木建築に関する工事（建築物その他の工作物の全部又は一部を解体する工事を含む。）

（産業廃棄物の運搬を委託できる者）

第8条の2の8　法第12条第5項の環境省令で定める産業廃棄物の運搬を委託できる者は，次のとおりとする。

　1　市町村又は都道府県（法第11条第2項又は第3項の規定により産業廃棄物の収集又は運搬をその事務として行う場合に限る。）

　2　専ら再生利用の目的となる産業廃棄物のみの収集又は運搬を業として行う者

　3　第9条各号に掲げる者^{編注1}

　4　法第15条の4の2第1項の認定を受けた者^{編注2}（当該認定に係る産業廃棄物の当該認定に係る運搬を行う場合に限る。）

　5　法第15条の4の3第1項の認定を受けた者^{編注3}（当該認定に係る産業廃棄物の当該認定に係る運搬を行う場合に限るものとし，その委託を受けて当該認定に係る運搬を業として行う者（同条第2項第2号に規定する者である者に限る。）を含む。）

　6　法第15条の4の4第1項の認定を受けた者^{編注4}（当該認定に係る産業廃棄物の当該認定に係る運搬を行う場合に限る。）

編注1　産業廃棄物収集運搬業の許可を要しない者
編注2　環境省令で定める産業廃棄物の再生利用を行い，又は行おうとする者
編注3　環境省令で定める産業廃棄物の広域的な処理を行い，又は行おうとする者
編注4　石綿が含まれている産業廃棄物その他の人の健康又は生活環境に係る被害を生ずるおそれがある性状を有する産業廃棄物として環境省令で定めるものの高度な技術を用いた無害化処理を行い，又は行おうとする者

（産業廃棄物の処分を委託できる者）

第 8 条の 3　法第 12 条第 5 項の環境省令で定める産業廃棄物の処分を委託できる者は，次のとおりとする。

1　市町村又は都道府県（法第 11 条第 2 項又は第 3 項の規定により産業廃棄物の処分をその事務として行う場合に限る。）

2　専ら再生利用の目的となる産業廃棄物のみの処分を業として行う者

3　第 10 条の 3 各号に掲げる者[編注]

4　法第 15 条の 4 の 2 第 1 項の認定を受けた者（当該認定に係る産業廃棄物の当該認定に係る処分を行う場合に限る。）

5　法第 15 条の 4 の 3 第 1 項の認定を受けた者（当該認定に係る産業廃棄物の当該認定に係る処分を行う場合に限るものとし，その委託を受けて当該認定に係る処分を業として行う者（同条第 2 項第 2 号に規定する者である者に限る。）を含む。）

6　法第 15 条の 4 の 4 第 1 項の認定を受けた者（当該認定に係る産業廃棄物の当該認定に係る処分を行う場合に限る。）

編注　産業廃棄物処分業の許可を要しない者

（委託契約書に添付すべき書面）

第 8 条の 4　令第 6 条の 2 第 4 号（令第 6 条の 12 第 4 号の規定によりその例によることとされる場合を含む。）の環境省令で定める書面は，次の各号に掲げる委託契約書の区分に応じ，それぞれ当該各号に定めるものとする。

1　産業廃棄物の運搬に係る委託契約書　第 10 条の 2 に規定する許可証[編注1]の写し，令第 7 条の 6 において準用する令第 5 条の 7 に規定する認定証[編注2]の写し，令第 7 条の 8 において準用する令第 5 条の 9 に規定する認定証[編注3]の写し，令第 7 条の 10 において準用する令第 5 条の 11 に規定する認定証[編注4]の写しその他の受託者が他人の産業廃棄物の運搬を業として行うことができる者であつて委託しようとする産業廃棄物の運搬がその事業の範囲に含まれるものであることを証する書面

2　産業廃棄物の処分又は再生に係る委託契約書　第 10 条の 6 に規定する許可証[編注5]の写し，令第 7 条の 6 において準用する令第 5 条の 7 に規定する認定証の写し，令第 7 条の 8 において準用する令第 5 条の 9 に規定する認定証の写し，令第 7 条の 10 において準用する令第 5 条の 11 に

規定する認定証の写しその他の受託者が他人の産業廃棄物の処分又は再生を業として行うことができる者であつて委託しようとする産業廃棄物の処分又は再生がその事業の範囲に含まれるものであることを証する書面

編注 1　産業廃棄物収集運搬業の許可証
編注 2　再生利用にかかる認定証
編注 3　広域的処理にかかる認定証
編注 4　無害化処理にかかる認定証
編注 5　産業廃棄物処理業の許可証

（委託契約に含まれるべき事項）

第8条の4の2　令第6条の2第4号ヘ（令第6条の12第4号の規定によりその例によることとされる場合を含む。）の環境省令で定める事項は，次のとおりとする。

1　委託契約の有効期間

2　委託者が受託者に支払う料金

3　受託者が産業廃棄物収集運搬業又は産業廃棄物処分業の許可を受けた者である場合には，その事業の範囲

4　産業廃棄物の運搬に係る委託契約にあつては，受託者が当該委託契約に係る産業廃棄物の積替え又は保管を行う場合には，当該積替え又は保管を行う場所の所在地並びに当該場所において保管できる産業廃棄物の種類及び当該場所に係る積替えのための保管上限

（5　略）

6　委託者の有する委託した産業廃棄物の適正な処理のために必要な次に掲げる事項に関する情報

　イ　当該産業廃棄物の性状及び荷姿に関する事項

　ロ　通常の保管状況の下での腐敗，揮発等当該産業廃棄物の性状の変化に関する事項

　ハ　他の廃棄物との混合等により生ずる支障に関する事項

　（ニ　略）

　ホ　委託する産業廃棄物に石綿含有産業廃棄物，水銀使用製品産業廃棄物又は水銀含有ばいじん等が含まれる場合は，その旨

　ヘ　その他当該産業廃棄物を取り扱う際に注意すべき事項

7　委託契約の有効期間中に当該産業廃棄物に係る前号の情報に変更があ
つた場合の当該情報の伝達方法に関する事項

8　受託業務終了時の受託者の委託者への報告に関する事項

9　委託契約を解除した場合の処理されない産業廃棄物の取扱いに関する
事項

（委託契約書の保存期間）

第８条の４の３　令第６条の２第５号（令第６条の12第４号の規定により
その例によることとされる場合を含む。）の環境省令で定める期間は，５年
とする。

（事業者の帳簿記載事項等）

第８条の５　法第12条第13項において準用する法第７条第15項の規定に
よる環境省令で定める事業者の帳簿の記載事項は，次のとおりとする。

1　令第６条の４第１号に掲げる事業者が設置している事業場に設置され
ている産業廃棄物処理施設又は産業廃棄物処理施設以外の焼却施設にお
いて産業廃棄物の処分（再生を含む。以下この項において同じ。）を行う
場合にあつては，当該施設において処分される産業廃棄物の種類ごと
に，次に掲げる事項（当該産業廃棄物に石綿含有産業廃棄物，水銀使用
製品産業廃棄物，水銀含有ばいじん等又は法第12条の７第１項の認定
に係る産業廃棄物が含まれる場合は，石綿含有産業廃棄物，水銀使用製
品産業廃棄物，水銀含有ばいじん等又は法第12条の７第１項の認定に
係る産業廃棄物に係るこれらの事項を含む。）とする。

イ　処分年月日

ロ　処分方法ごとの処分量

ハ　処分（埋立処分及び海洋投入処分を除く。）後の廃棄物の持出先ごと
の持出量

2　その事業活動に伴い産業廃棄物を生ずる事業場の外において自ら当該
産業廃棄物の処分を行う場合にあつては，当該産業廃棄物の種類ごと
に，それぞれ次の表の上欄（編注・左欄）の区分に応じそれぞれ同表の
下欄（編注・右欄）に掲げるとおりとする。

運搬	1　当該産業廃棄物を生じた事業場の名称及び所在地 2　運搬年月日 3　運搬方法及び運搬先ごとの運搬量 4　積替え又は保管を行つた場合には，積替え又は保管の場所ごとの搬出量
処分	1　当該産業廃棄物の処分を行つた事業場の名称及び所在地 2　処分年月日 3　処分方法ごとの処分量 4　処分（埋立処分及び海洋投入処分を除く。）後の廃棄物の持出先ごとの持出量
備考	運搬又は処分に係る産業廃棄物に石綿含有産業廃棄物，水銀使用製品産業廃棄物，水銀含有ばいじん等又は法第12条の7第1項の認定に係る産業廃棄物が含まれる場合は，上欄の区分に応じそれぞれ下欄に掲げる事項について，石綿含有産業廃棄物，水銀使用製品産業廃棄物，水銀含有ばいじん等又は法第12条の7第1項の認定に係る産業廃棄物に係るものを明らかにすること。

3　法第12条の7第1項の認定を受けた者にあつては，前二号に掲げる事項のほか，次のとおりとする。

イ　当該認定に係る産業廃棄物の処分を自ら行う場合にあつては，当該処分される産業廃棄物の種類ごとに，それぞれ次の表の上欄（編注・左欄）の区分に応じそれぞれ同表の下欄（編注・右欄）に掲げるとおりとする。

運搬	当該産業廃棄物を生じた事業場の名称及び所在地
	運搬を行つた事業者の名称
	運搬年月日
	運搬方法及び運搬先ごとの運搬量
	積替え又は保管を行つた場合には，積替え又は保管の場所ごとの搬出量
処分	処分年月日
	処分方法ごとの処分量
	処分（埋立処分及び海洋投入処分を除く。）後の廃棄物の持出先ごとの持出量

> 備考　運搬又は処分に係る産業廃棄物に石綿含有産業廃棄物，水銀使
> 用製品産業廃棄物又は水銀含有ばいじん等が含まれる場合は，上
> 欄（編注：左欄）の区分に応じそれぞれ下欄（編注：右欄）に掲げ
> る事項について，石綿含有産業廃棄物，水銀使用製品産業廃棄物
> 又は水銀含有ばいじん等に係るものを明らかにすること。

ロ　当該認定に係る産業廃棄物の処分を当該認定を受けた者のうち他の事業
者が行う場合にあつては，当該産業廃棄物の種類ごとに，それぞれ次の表
の上欄（編注：左欄）の区分に応じそれぞれ同表の下欄（編注：右欄）に掲
げるとおりとする。

収集又は運搬	当該産業廃棄物を生じた事業場の名称及び所在地
	収集又は運搬を行つた事業者の名称
	収集又は運搬年月日
	運搬方法及び運搬先ごとの運搬量
	積替え又は保管を行つた場合には、積替え又は保管の場所ごとの搬出量
処分	当該産業廃棄物の処分を行つた事業場の名称及び所在地
	処分を行つた事業者の名称

> 備考　収集、運搬又は処分に係る産業廃棄物に石綿含有産業廃棄物、
> 水銀使用製品産業廃棄物又は水銀含有ばいじん等が含まれる場合
> は、上欄（編注：左欄）の区分に応じそれぞれ下欄（編注：右欄）
> に掲げる事項について、石綿含有産業廃棄物、水銀使用製品産業
> 廃棄物又は水銀含有ばいじん等に係るものを明らかにすること。

ハ　当該認定に係る産業廃棄物の収集又は運搬のみを行う場合にあつて
は，当該産業廃棄物の種類ごとに，次に掲げる事項（当該産業廃棄物に
石綿含有産業廃棄物，水銀使用製品産業廃棄物又は水銀含有ばいじん等
が含まれる場合は，石綿含有産業廃棄物，水銀使用製品産業廃棄物又は
水銀含有ばいじん等に係るこれらの事項を含む。）とする。

(1)　当該産業廃棄物を生じた事業場の名称及び所在地

(2)　当該産業廃棄物の収集又は運搬を当該認定を受けた者のうち他の
事業者が行う場合にあつては，当該収集又は運搬を行つた事業者の
名称

(3)　収集又は運搬年月日

  （4） 運搬方法及び運搬先ごとの運搬量

  （5） 積替え又は保管を行つた場合には，積替え又は保管の場所ごとの

   搬出量

② 第2条の5第2項の規定は，前項の帳簿について準用する。

③ 第2条の5第3項の規定は，法第12条第13項において準用する法第

7条第16項の規定による事業者の帳簿の保存について準用する。

※上記の第2条の5第2項，第3項の規定は以下のとおり。
 （一般廃棄物収集運搬業者及び一般廃棄物処分業者の帳簿記載事項等）
第2条の5 略
② 前項の帳簿は，事業場ごとに備え，毎月末までに，前月中における前項に規定する事項について，記載を終了していなければならない。
③ 法第7条第16項の規定による一般廃棄物収集運搬業者及び一般廃棄物処分業者の帳簿の保存は，次によるものとする。
 1 帳簿は，1年ごとに閉鎖すること。
 2 帳簿は，閉鎖後5年間事業場ごとに保存すること。

（特別管理産業廃棄物の積替えのための保管の場所に係る掲示板）

第8条の10の2 令第6条の5第1項第1号ニの規定によりその例による

こととされる令第3条第1号リ（1）（ロ）の規定による掲示板は，第1条

の5の規定の例によるほか，令第6条の5第1項第1号ニの規定により当

該保管の場所において保管することができる特別管理産業廃棄物の数量

（以下「特別管理産業廃棄物に係る積替えのための保管上限」という。）を

表示したものでなければならない。

※上記の第1条の5の規定は以下のとおり。
 （一般廃棄物の積替えのための保管の場所に係る掲示板）
第1条の5 令第3条第1号リ（1）（ロ）の規定による掲示板は，縦及び横それぞれ60センチメートル以上であり，かつ，次に掲げる事項を表示したものでなければならない。
 1 保管する一般廃棄物の種類（当該一般廃棄物に石綿含有一般廃棄物又は水銀処理物が含まれる場合は，その旨を含む。）
 2 保管の場所の管理者の氏名又は名称及び連絡先
 3 屋外において一般廃棄物を容器を用いずに保管する場合にあつては，次条に規定する高さのうち最高のもの

（特別管理産業廃棄物の積替えのための保管上限に関する適用除外）

第8条の10の3 令第6条の5第1項第1号ニの環境省令で定める場合は，

船舶を用いて特別管理産業廃棄物を運搬する場合であつて，当該特別管理

産業廃棄物に係る当該船舶の積載量が，当該特別管理産業廃棄物に係る積

替えのための保管上限を上回るときとする。

（特別管理産業廃棄物の処分等のための保管の場所に係る掲示板）

第8条の10の4　令第6条の5第1項第2号リ（1）の規定によりその例によることとされる令第3条第1号リ（1）（ロ）の規定による掲示板は，第1条の5の規定の例によるほか，令第6条の5第1項第2号リ（3）の規定により当該保管の場所において保管することができる特別管理産業廃棄物の数量（以下「特別管理産業廃棄物に係る処分等のための保管上限」という。）を表示したものでなければならない。

（特別管理産業廃棄物保管基準）

第8条の13　法第12条の2第2項の規定による特別管理産業廃棄物保管基準は，次のとおりとする。

1　保管は，次に掲げる要件を満たす場所で行うこと。

　イ　周囲に囲い（保管する特別管理産業廃棄物の荷重が直接当該囲いにかかる構造である場合にあつては，当該荷重に対して構造耐力上安全であるものに限る。）が設けられていること。

　ロ　見やすい箇所に次に掲げる要件を備えた掲示板が設けられていること。

　　（1）　縦及び横それぞれ60センチメートル以上であること。

　　（2）　次に掲げる事項を表示したものであること。

　　　（イ）　特別管理産業廃棄物の保管の場所である旨

　　　（ロ）　保管する特別管理産業廃棄物の種類

　　　（ハ）　保管の場所の管理者の氏名又は名称及び連絡先

　　　（ニ）　屋外において特別管理産業廃棄物を容器を用いずに保管する場合にあつては，次号ロに規定する高さのうち最高のもの

（2～3　略）

4　特別管理産業廃棄物に他の物が混入するおそれのないように仕切りを設けること等必要な措置を講ずること。ただし，第8条の6各号に掲げる場合は，この限りでない。

5　特別管理産業廃棄物の種類に応じ，次に掲げる措置を講ずること。

　（イ～ホ　略）

　ヘ　特別管理産業廃棄物である廃石綿等にあつては，梱包すること等当

該廃石綿等の飛散の防止のために必要な措置

（以下　略）

（特別管理産業廃棄物の保管の届出の対象となる特別管理産業廃棄物）

第8条の13の2　法第12条の2第3項前段の環境省令で定める特別管理産業廃棄物は，建設工事に伴い生ずる特別管理産業廃棄物とする。

（特別管理産業廃棄物の運搬を委託できる者）

第8条の14　法第12条の2第5項の環境省令で定める特別管理産業廃棄物の運搬を委託できる者は，次のとおりとする。

1　市町村又は都道府県（法第11条第2項又は第3項の規定により特別管理産業廃棄物の収集又は運搬をその事務として行う場合に限る。）

2　第10条の11各号に掲げる者

3　法第15条の4の3第1項の認定を受けた者（当該認定に係る特別管理産業廃棄物の当該認定に係る運搬を行う場合に限るものとし，その委託を受けて当該認定に係る運搬を業として行う者（同条第2項第2号に規定する者である者に限る。）を含む。）

4　法第15条の4の4第1項の認定を受けた者（当該認定に係る特別管理産業廃棄物の当該認定に係る運搬を行う場合に限る。）

（特別管理産業廃棄物の処分を委託できる者）

第8条の15　法第12条の2第5項の環境省令で定める特別管理産業廃棄物の処分を委託できる者は，次のとおりとする。

1　市町村又は都道府県（法第11条第2項又は第3項の規定により特別管理産業廃棄物の処分をその事務として行う場合に限る。）

2　第10条の15各号に掲げる者[編注]

3　法第15条の4の3第1項の認定を受けた者（当該認定に係る特別管理産業廃棄物の当該認定に係る処分を行う場合に限るものとし，その委託を受けて当該認定に係る処分を業として行う者（同条第2項第2号に規定する者である者に限る。）を含む。）

4　法第15条の4の4第1項の認定を受けた者（当該認定に係る特別管理産業廃棄物の当該認定に係る処分を行う場合に限る。）

[編注]　特別管理産業廃棄物処分業の許可を要しない者

（特別管理産業廃棄物の処理の委託に係る通知事項）

第8条の16　令第6条の6第1号の環境省令で定める事項は，次のとおりとする。

1　委託しようとする特別管理産業廃棄物の種類，数量，性状及び荷姿

2　当該特別管理産業廃棄物を取り扱う際に注意すべき事項

（特別管理産業廃棄物の運搬又は処分等の委託契約書に添付すべき書面）

第8条の16の2　第8条の4の規定は，令第6条の6第2号及び令第6条の15第2号の規定によりその例によることとされる令第6条の2第4号の環境省令で定める書面について準用する。この場合において，第8条の4中「産業廃棄物」とあるのは「特別管理産業廃棄物」と，「第10条の2」とあるのは「第10条の14」と，「第10条の6」とあるのは「第10条の18」と読み替えるものとする。

（特別管理産業廃棄物の運搬又は処分等の委託契約に含まれるべき事項）

第8条の16の3　第8条の4の2（第5号及び第6号ホに係る部分を除く。）の規定は，令第6条の6第2号及び令第6条の15第2号の規定によりその例によることとされる令第6条の2第4号への環境省令で定める事項について準用する。この場合において，第8条の4の2第3号中「産業廃棄物収集運搬業又は産業廃棄物処分業」とあるのは「特別管理産業廃棄物収集運搬業又は特別管理産業廃棄物処分業」と，同条第4号，第6号，第7号及び第9号中「産業廃棄物」とあるのは「特別管理産業廃棄物」と読み替えるものとする。

（特別管理産業廃棄物の運搬又は処分等の委託契約書の保存期間）

第8条の16の4　第8条の4の3の規定は，令第6条の6第2号及び令第6条の15第2号の規定によりその例によることとされる令第6条の2第5号の環境省令で定める期間について準用する。

（特別管理産業廃棄物管理責任者の資格）

第8条の17　法第12条の2第9項の環境省令で定める資格は，次の各号に定める区分に従い，それぞれ当該各号に定めるものとする。

（1　略）

2　感染性産業廃棄物以外の特別管理産業廃棄物を生ずる事業場

イ　2年以上法第20条に規定する環境衛生指導員の職にあつた者

ロ　学校教育法に基づく大学（短期大学を除く。ハにおいて同じ。）又は

旧大学令に基づく大学の理学，薬学，工学若しくは農学の課程におい
て衛生工学（旧大学令に基づく大学にあつては，土木工学。ハにおい
て同じ。）若しくは化学工学に関する科目を修めて卒業した後，2年以
上廃棄物の処理に関する技術上の実務に従事した経験を有する者

ハ　学校教育法に基づく大学又は旧大学令に基づく大学の理学，薬学，
工学，農学若しくはこれらに相当する課程において衛生工学若しくは
化学工学に関する科目以外の科目を修めて卒業した後，3年以上廃棄
物の処理に関する技術上の実務に従事した経験を有する者

ニ　学校教育法に基づく短期大学（同法に基づく専門職大学の前期課程
を含む。）若しくは高等専門学校又は旧専門学校令に基づく専門学校
の理学，薬学，工学，農学若しくはこれらに相当する課程において衛
生工学（旧専門学校令に基づく専門学校にあつては，土木工学。ホに
おいて同じ。）若しくは化学工学に関する科目を修めて卒業した（同法
に基づく専門職大学の前期課程を修了した場合を含む。）後，4年以上
廃棄物の処理に関する技術上の実務に従事した経験を有する者

ホ　学校教育法に基づく短期大学（同法に基づく専門職大学の前期課程
を含む。）若しくは高等専門学校又は旧専門学校令に基づく専門学校
の理学，薬学，工学，農学若しくはこれらに相当する課程において衛
生工学若しくは化学工学に関する科目以外の科目を修めて卒業した
（同法に基づく専門職大学の前期課程を修了した場合を含む。）後，5
年以上廃棄物の処理に関する技術上の実務に従事した経験を有する者

ヘ　学校教育法に基づく高等学校若しくは中等教育学校又は旧中等学校
令（昭和18年勅令第36号）に基づく中等学校において土木科，化学
科若しくはこれらに相当する学科を修めて卒業した後，6年以上廃棄
物の処理に関する技術上の実務に従事した経験を有する者

ト　学校教育法に基づく高等学校若しくは中等教育学校又は旧中等学校
令に基づく中等学校において理学，工学，農学に関する科目若しくは
これらに相当する科目を修めて卒業した後，7年以上廃棄物の処理に
関する技術上の実務に従事した経験を有する者

チ　10年以上廃棄物の処理に関する技術上の実務に従事した経験を有
する者

　　リ　イからチまでに掲げる者と同等以上の知識を有すると認められる者

（特別管理産業廃棄物を生ずる事業者の帳簿記載事項等）

第8条の18　法第12条の2第14項において準用する法第7条第15項の環境省令で定める事業者の帳簿の記載事項は，次のとおりとする。

1　特別管理産業廃棄物の種類ごとに，次の表の上欄（編注・左欄）の区分に応じそれぞれ同表の下欄（編注・右欄）に掲げるとおりとする。

運搬	1　当該特別管理産業廃棄物を生じた事業場の名称及び所在地 2　運搬年月日 3　運搬方法及び運搬先ごとの運搬量 4　積替え又は保管を行つた場合には，積替え又は保管の場所ごとの搬出量
処分	1　当該特別管理産業廃棄物の処分を行つた事業場の名称及び所在地 2　処分年月日 3　処分方法ごとの処分量 4　処分（埋立処分を除く。）後の廃棄物の持出先ごとの持出量
備考	運搬又は処分に係る特別管理産業廃棄物に法第12条の7第1項の認定に係る産業廃棄物が含まれる場合は、上欄（編注・左欄）の区分に応じそれぞれ下欄（編注・右欄）に掲げる事項について、当該特別管理産業廃棄物に係るものを明らかにすること。

2　法第12条の7第1項の認定[編注]を受けた者にあつては，前号に掲げるもののほか，次の表の上欄（編注・左欄）の区分に応じそれぞれ同表の下欄（編注・右欄）に掲げるとおりとする。

収集 又は 運搬	当該特別管理産業廃棄物を生じた事業場の名称及び所在地
	収集又は運搬を行つた事業者の名称
	収集又は運搬年月日
	運搬方法及び運搬先ごとの運搬量
	積替え又は保管を行つた場合には、積替え又は保管の場所ごとの搬出量
処分	当該特別管理産業廃棄物の処分を行つた事業場の名称及び所在地
	処分を行つた事業者の名称
	処分年月日

処分方法ごとの処分量
処分（埋立処分を除く。）後の廃棄物の持出先ごとの持出量

② 第2条の5第2項の規定は，前項の帳簿について準用する。

③ 第2条の5第3項の規定は，法第12条の2第14項において準用する法第7条第16項の規定による事業者の帳簿の保存について準用する。

編注 二以上の事業者による産業廃棄物の処理に係る認定

（産業廃棄物管理票）

第12条の3 その事業活動に伴い産業廃棄物を生ずる事業者（中間処理業者を含む。）は，その産業廃棄物（中間処理産業廃棄物を含む。第12条の5第1項及び第2項において同じ。）の運搬又は処分を他人に委託する場合（環境省令で定める場合を除く。）には，環境省令で定めるところにより，当該委託に係る産業廃棄物の引渡しと同時に当該産業廃棄物の運搬を受託した者（当該委託が産業廃棄物の処分のみに係るものである場合にあつては，その処分を受託した者）に対し，当該委託に係る産業廃棄物の種類及び数量，運搬又は処分を受託した者の氏名又は名称その他環境省令で定める事項を記載した産業廃棄物管理票（以下単に「管理票」という。）を交付しなければならない。

② 前項の規定により管理票を交付した者（以下「管理票交付者」という。）は，当該管理票の写しを当該交付をした日から環境省令で定める期間保存しなければならない。

③ 産業廃棄物の運搬を受託した者（以下「運搬受託者」という。）は，当該運搬を終了したときは，第1項の規定により交付された管理票に環境省令で定める事項を記載し，環境省令で定める期間内に，管理票交付者に当該管理票の写しを送付しなければならない。この場合において，当該産業廃棄物について処分を委託された者があるときは，当該処分を委託された者に管理票を回付しなければならない。

④ 産業廃棄物の処分を受託した者（以下「処分受託者」という。）は，当該処分を終了したときは，第1項の規定により交付された管理票又は前項後段の規定により回付された管理票に環境省令で定める事項（当該処分が最終処分である場合にあつては，当該環境省令で定める事項及び最終処分が終了した旨）を記載し，環境省令で定める期間内に，当該処分を委託した管理票交付者に当該管理票の写しを送付しなければならない。この場合において，当該管理票が同項後段の規定により回付され

たものであるときは，当該回付をした者にも当該管理票の写しを送付しなければならない。

⑤　処分受託者は，前項前段，この項又は第12条の5第6項の規定により当該処分に係る中間処理産業廃棄物について最終処分が終了した旨が記載された管理票の写しの送付を受けたときは，環境省令で定めるところにより，第1項の規定により交付された管理票又は第3項後段の規定により回付された管理票に最終処分が終了した旨を記載し，環境省令で定める期間内に，当該処分を委託した管理票交付者に当該管理票の写しを送付しなければならない。

⑥　管理票交付者は，前三項又は第12条の5第6項の規定による管理票の写しの送付を受けたときは，当該運搬又は処分が終了したことを当該管理票の写しにより確認し，かつ，当該管理票の写しを当該送付を受けた日から環境省令で定める期間保存しなければならない。

⑦　管理票交付者は，環境省令で定めるところにより，当該管理票に関する報告書を作成し，これを都道府県知事に提出しなければならない。

⑧　管理票交付者は，環境省令で定める期間内に，第3項から第5項まで若しくは第12条の5第6項の規定による管理票の写しの送付を受けないとき，これらの規定に規定する事項が記載されていない管理票の写し若しくは虚偽の記載のある管理票の写しの送付を受けたとき，又は第14条第13項，第14条の2第4項，第14条の3の2第3項（第14条の6において準用する場合を含む。），第14条の4第13項若しくは第14条の5第4項の規定による通知^{編注}を受けたときは，速やかに当該委託に係る産業廃棄物の運搬又は処分の状況を把握するとともに，環境省令で定めるところにより，適切な措置を講じなければならない。

（⑨，⑩　略）

⑪　前各項に定めるもののほか，管理票に関し必要な事項は，環境省令で定める。

編注　それぞれの通知のあらましは以下のとおり
・委託を受けている産業廃棄物の収集，運搬又は処分を適正に行うことが困難となり，又は困難となるおそれがある事由が生じたときの通知（第14条第13項関係）
・産業廃棄物の収集若しくは運搬又は処分の事業の全部又は一部を廃止したときの通知（第14条の2第4項関係）
・産業廃棄物収集運搬業又は産業廃棄物処分業の許可を取り消されたときの通知（第14条の3の2第3項関係）
・委託を受けている特別管理産業廃棄物の収集，運搬又は処分を適正に行うことが困難となり，又は困難となるおそれがある事由が生じたときの通知（第14条の4第13項関係）
・特別管理産業廃棄物の収集若しくは運搬又は処分の事業の全部又は一部を廃止したときの通知（第14条の5第4項関係）

廃棄物の処理及び清掃に関する法律施行規則

（産業廃棄物管理票の交付）

第8条の20　管理票の交付は，次により行うものとする。

1　当該産業廃棄物の種類ごとに交付すること。

2　引渡しに係る当該産業廃棄物の運搬先が二以上である場合にあつては，運搬先ごとに交付すること。

3　当該産業廃棄物の種類（当該産業廃棄物に石綿含有産業廃棄物，水銀使用製品産業廃棄物又は水銀含有ばいじん等が含まれる場合は，その旨を含む。），数量及び受託者の氏名又は名称が管理票に記載された事項と相違がないことを確認の上，交付すること。

（4，5　略）

（管理票の記載事項）

第8条の21　法第12条の3第1項の環境省令で定める事項は，次のとおりとする。

1　管理票の交付年月日及び交付番号

2　氏名又は名称及び住所

3　産業廃棄物を排出した事業場の名称及び所在地

4　管理票の交付を担当した者の氏名

5　運搬又は処分を受託した者の住所

6　運搬先の事業場の名称及び所在地並びに運搬を受託した者が産業廃棄物の積替え又は保管を行う場合には，当該積替え又は保管を行う場所の所在地

7　産業廃棄物の荷姿

8　当該産業廃棄物に係る最終処分を行う場所の所在地

（9，10　略）

11　当該産業廃棄物に石綿含有産業廃棄物，水銀使用製品産業廃棄物又は水銀含有ばいじん等が含まれる場合は，その数量

12　電子情報処理組織使用義務者が第8条の31の4各号のいずれかに該当して管理票を交付した場合には，その理由

②　管理票の様式は，様式第2号の15によるものとする。

（産業廃棄物の無害化処理に係る特例）

第 15 条の 4 の 4　石綿が含まれている産業廃棄物その他の人の健康又は生活環境に
係る被害を生ずるおそれがある性状を有する産業廃棄物として環境省令で定めるも
のの高度な技術を用いた無害化処理を行い，又は行おうとする者は，環境省令で定
めるところにより，次の各号のいずれにも適合していることについて，環境大臣の
認定を受けることができる。

1　当該無害化処理の内容が，当該産業廃棄物の迅速かつ安全な処理の確保に資す
るものとして環境省令で定める基準に適合すること。

2　当該無害化処理を行い，又は行おうとする者が環境省令で定める基準に適合す
ること。

3　前号に規定する者が設置し，又は設置しようとする当該無害化処理の用に供す
る施設が環境省令で定める基準に適合すること。

（②　略）

③　第 8 条の 4 の規定は第 1 項の認定を受けた者について，第 9 条の 10 第 3 項の規
定は第 1 項の認定について，同条第 4 項から第 6 項までの規定は第 1 項の認定を受
けた者について，同条第 7 項及び第 9 項並びに第 15 条第 3 項本文及び第 4 項から
第 6 項までの規定は第 1 項の認定について準用する。この場合において，第 8 条の
4 中「当該許可に係る一般廃棄物処理施設」とあるのは「当該認定に係る施設」と，
「当該一般廃棄物処理施設」とあるのは「当該施設」と，第 9 条の 10 第 4 項中「第 7
条第 1 項若しくは第 6 項又は第 8 条第 1 項」とあるのは「第 14 条第 1 項若しくは第
6 項若しくは第 14 条の 4 第 1 項若しくは第 6 項又は第 15 条第 1 項」と，「一般廃棄
物の」とあるのは「産業廃棄物若しくは特別管理産業廃棄物の」と，「一般廃棄物処
理施設」とあるのは「産業廃棄物処理施設」と，同条第 5 項中「第 7 条第 13 項，第
15 項及び第 16 項」とあるのは「第 14 条第 12 項，第 15 項及び第 17 項又は第 14 条
の 4 第 12 項，第 15 項及び第 18 項」と，「一般廃棄物収集運搬業者又は一般廃棄物
処分業者」とあるのは「産業廃棄物収集運搬業者若しくは産業廃棄物処分業者又は
特別管理産業廃棄物収集運搬業者若しくは特別管理産業廃棄物処分業者」と，同条
第 6 項中「第 2 項第 1 号」とあるのは「第 15 条の 4 の 4 第 2 項第 1 号」と，第 15 条
第 3 項本文中「前項」とあるのは「第 15 条の 4 の 4 第 2 項」と，同条第 4 項中「都
道府県知事は，産業廃棄物処理施設（政令で定めるものに限る。）について」とある
のは「環境大臣は，」と，「第 2 項第 1 号」とあるのは「第 15 条の 4 の 4 第 2 項第 1 号」

と，「書類（同項ただし書に規定する場合にあつては，第2項の申請書）」とあるの
は「書類」と，同条第5項中「都道府県知事」とあるのは「環境大臣」と，「市町村の
長」とあり，及び「市町村長」とあるのは「都道府県及び市町村の長」と，同条第6
項中「当該都道府県知事」とあるのは「環境大臣」と読み替えるほか，これらの規定
に関し必要な技術的読替えは，政令で定める。

※第15条の4の4第3項において読み替えて準用する第8条の4，第9条の10第3〜7項およ
び第9項，第15条第3〜6項は以下のとおり（抜粋）。
（記録及び閲覧）
第8条の4　第8条第1項の許可（同条第4項に規定する一般廃棄物処理施設に係るものに限る。）
を受けた者は，環境省令で定めるところにより，当該認定に係る施設の維持管理に関し環境省
令で定める事項を記録し，これを当該施設（当該施設に備え置くことが困難である場合にあつ
ては，当該施設の設置者の最寄りの事務所）に備え置き，当該維持管理に関し生活環境の保全
上利害関係を有する者の求めに応じ，閲覧させなければならない。
（一般廃棄物の無害化処理に係る特例）
第9条の10　（①〜②　略）
③　環境大臣は，第1項の認定の申請に係る無害化処理が同項各号のいずれにも適合していると
認めるときは，同項の認定をするものとする。
④　第1項の認定を受けた者は，第14条第1項若しくは第6項若しくは第14条の4第1項若し
くは第6項又は第15条第1項の規定にかかわらず，これらの規定による許可を受けないで，
当該認定に係る産業廃棄物若しくは特別管理産業廃棄物の当該認定に係る収集若しくは運搬若
しくは処分を業として行い，又は当該認定に係る産業廃棄物処理施設を設置することができる。
⑤　第1項の認定を受けた者は，第14条第12項，第15項及び第17項又は第14条の4第12項，
第15項及び第18項の規定（これらの規定に係る罰則を含む。）の適用については，産業廃棄物
収集運搬業者若しくは産業廃棄物処分業者又は特別管理産業廃棄物収集運搬業者若しくは特別
管理産業廃棄物処分業者とみなす。
⑥　第1項の認定を受けた者は，第15条の4の4第2項第1号に掲げる事項その他環境省令で
定める事項の変更をしたときは，環境省令で定めるところにより，遅滞なく，その旨を環境大
臣に届け出なければならない。
（⑦〜⑨　略）
（産業廃棄物処理施設）
第15条　（①〜②　略）
③　第15条の4の4第2項の申請書には，環境省令で定めるところにより，当該産業廃棄物処
理施設を設置することが周辺地域の生活環境に及ぼす影響についての調査の結果を記載した書
類を添付しなければならない。ただし，当該申請書に記載した同項第2号から第7号までに掲
げる事項が，過去になされた第1項の許可に係る当該事項と同一である場合その他の環境省令
で定める場合は，この限りでない。
④　環境大臣は，第1項の許可の申請があつた場合には，遅滞なく，第15条の4の4第2項第
1号から第4号までに掲げる事項，申請年月日及び縦覧場所を告示するとともに，同項の申請
書及び前項の書類を当該告示の日から1月間公衆の縦覧に供しなければならない。
⑤　環境大臣は，前項の規定による告示をしたときは，遅滞なく，その旨を当該産業廃棄物処理
施設の設置に関し生活環境の保全上関係がある都道府県及び市町村の長に通知し，期間を指定
して当該都道府県及び市町村の長の生活環境の保全上の見地からの意見を聴かなければならな
い。
⑥　第4項の規定による告示があつたときは，当該産業廃棄物処理施設の設置に関し利害関係を
有する者は，同項の縦覧期間満了の日の翌日から起算して2週間を経過する日までに，環境大
臣に生活環境の保全上の見地からの意見書を提出することができる。

第5章　罰則

第25条　次の各号のいずれかに該当する者は，5年以下の懲役若しくは1,000万円以下の罰金に処し，又はこれを併科する。

（1〜5　略）

6　第6条の2第6項，第12条第5項又は第12条の2第5項の規定に違反して，一般廃棄物又は産業廃棄物の処理を他人に委託した者

（以下　略）

第26条　次の各号のいずれかに該当する者は，3年以下の懲役若しくは300万円以下の罰金に処し，又はこれを併科する。

1　第6条の2第7項，第7条第14項，第12条第6項，第12条の2第6項，第14条第16項又は第14条の4第16項の規定に違反して，一般廃棄物又は産業廃棄物の処理を他人に委託した者

（以下　略）

第30条　次の各号のいずれかに該当する者は，30万円以下の罰金に処する。

（1〜4　略）

5　第12条第8項又は第12条の2第8項の規定に違反して，産業廃棄物処理責任者又は特別管理産業廃棄物管理責任者を置かなかつた者

（以下　略）

第32条　法人の代表者又は法人若しくは人の代理人，使用人その他の従業者が，その法人又は人の業務に関し，次の各号に掲げる規定の違反行為をしたときは，行為者を罰するほか，その法人に対して当該各号に定める罰金刑を，その人に対して各本条の罰金刑を科する。

（1　略）

2　第25条第1項（前号の場合を除く。），第26条，第27条，第27条の2，第28条第2号，第29条又は第30条　各本条の罰金刑

（②　略）

「石綿作業主任者テキスト」執筆者

岡田孝之　　中央労働災害防止協会　労働衛生調査分析センター
　　　　　　化学物質調査分析課長
笠井賢一　　元　株式会社竹中工務店　安全環境本部本部長付
富田雅行　　一般社団法人 JATI 協会　顧問
堀口展也　　興研株式会社　代表取締役副社長
森永謙二　　独立行政法人環境再生保全機構　石綿健康被害救済部顧問医師

〈参考資料〉

・『建築物の解体等工事における石綿粉じんへのばく露防止マニュアル』
　建設業労働災害防止協会
・『建築物の解体・改修工事における石綿障害の予防（特別教育用テキスト）』
　建設業労働災害防止協会
・『建築物等の解体等に係る石綿ばく露防止及び石綿飛散漏えい防止対策徹底マニュ
　アル』厚生労働省労働基準局安全衛生部化学物質対策課，環境省水・大気環境局大
　気環境課

『石綿作業主任者テキスト』(第4版)正誤表

『石綿作業主任者テキスト』(第4版)で以下の部分に誤りがありました。お詫びして訂正いたします。

該当頁・箇所		訂正前	訂正後
7頁 表1-1-3中	1975年10月1日 (S50年)	石綿含有量5%以上	石綿含有量5%超
	1995年4月1日 (H7年)	石綿含有量1%以上	石綿含有量1%超
	2006年9月1日 (H18年)	石綿含有量0.1%以上	石綿含有量0.1%超
22頁 表1-2-4中	規則の名称	じん肺法施行規則第8, 14条	じん肺法第8, 17条
	記録の保存期間	3年間	7年間
43頁 表2-2-2の「●レベル3の除去作業における呼吸用保護具、保護衣等および措置」の表中	作業・建材	石綿含有成形板	石綿含有成形板等
	石綿含有成形板の工法「切断, 穿孔, 研磨等の作業を伴う場合」における措置	・ビニルシート等による隔離(負圧は不要)注)1	削除
	石綿含有成形板の工法「原形のまま取り外し」における措置	・湿潤化注)2	削除

石綿作業主任者テキスト

平成 29 年 12 月 11 日　第 1 版第 1 刷発行
平成 31 年 3 月 29 日　第 2 版第 1 刷発行
令和 3 年 4 月 13 日　第 3 版第 1 刷発行
令和 5 年 2 月 10 日　第 4 版第 1 刷発行
令和 6 年 9 月 24 日　　　　第 12 刷発行

編　者　中央労働災害防止協会
発行者　平山　剛
発行所　中央労働災害防止協会
〒108-0023
東京都港区芝浦 3 丁目 17 番 12 号
吾妻ビル 9 階
電話　販売　03 (3452) 6401
　　　編集　03 (3452) 6209
印刷・製本　新日本印刷株式会社